BIM 应用工程师丛书

中国制造 2025 人才培养系列丛书

装配式 BIM 应用工程师教程

工业和信息化部教育与考试中心　编

机械工业出版社

本书为建筑信息模型（BIM）专业技术技能培训考试（中级）的配套教材之一。全书分为4部分，讲述了装配式建筑的基本概念、发展及建造流程，BIM技术在装配式建筑建造过程中的应用流程，Revit技能实操，其他软件装配式BIM解决方案。书中配有大量实际案例，使读者能更好地了解并学习BIM技术在装配式建筑中的应用。书中穿插了大量的技术要点，旨在让初学者快速掌握装配式建筑BIM建模、出图、出量，帮助初学者快速入门。

本书不仅可以作为BIM应用工程师专业技术技能培训考试用书，还可作为装配式建筑BIM方向从业者的参考用书。

图书在版编目（CIP）数据

装配式BIM应用工程师教程／工业和信息化部教育
与考试中心编. —北京：机械工业出版社，2019.7
（BIM应用工程师丛书. 中国制造2025人才培养系列丛书）
ISBN 978 - 7 - 111 - 63397 - 6

Ⅰ.①装… Ⅱ.①工… Ⅲ.①建筑工程-装配式构件-
工程管理-应用软件-技术培训-教材 Ⅳ.①TU71 - 39

中国版本图书馆CIP数据核字（2019）第170255号

机械工业出版社（北京市百万庄大街22号 邮政编码100037）
策划编辑：李 莉 责任编辑：李 莉 刘思海 覃密道
责任校对：张 薇 封面设计：鞠 杨
责任印制：张 博
北京铭成印刷有限公司印刷
2019年9月第1版·第1次印刷
184mm×260mm·19印张·508千字
标准书号：ISBN 978 - 7 - 111 - 63397 - 6
定价：86.00元

电话服务　　　　　　　　　　　　网络服务
客服电话：010 - 88361066　　　　机 工 官 网：www.cmpbook.com
　　　　　010 - 88379833　　　　机 工 官 博：weibo.com/cmp1952
　　　　　010 - 68326294　　　　金 书 网：www.golden-book.com
封底无防伪标均为盗版　　　　机工教育服务网：www.cmpedu.com

丛书编委会

本书编委会

出版说明

  为增强建筑业信息化发展能力，优化建筑信息化发展环境，加快推动信息技术与建筑工程管理发展深度融合，工业和信息化部教育与考试中心聘任 BIM 专业技术技能项目工作组专家（工信教〔2017〕84 号），成立了 BIM 项目中心（工信教〔2017〕85 号），承担 BIM 专业技术技能项目推广与技术服务工作，并且发布了《建筑信息模型（BIM）应用工程师专业技术技能人才培训标准》（工信教〔2018〕18 号）。该标准的发布为专业技术技能人才教育和培训提供了科学、规范的依据，其中对 BIM 人才岗位能力的具体要求标志着行业 BIM 人才专业技术技能评价标准的建立健全，这将有利于加快培养一支结构合理、素质优良的行业技术技能人才队伍。

  基于以上工作，工业和信息化部教育与考试中心以《建筑信息模型（BIM）应用工程师专业技术技能人才培训标准》为依据，组织相关专家编写了本套 BIM 应用工程师丛书。本套丛书分初级、中级、高级。初级针对 BIM 入门人员，主要讲解 BIM 建模、BIM 基本理论；中级针对各行各业不同工作岗位的人员，主要培养运用 BIM 的技术技能；高级针对项目负责人、企业负责人，将 BIM 技术融入管理。本套丛书具有以下特点：

1. 整套丛书围绕《建筑信息模型（BIM）应用工程师专业技术技能人才培训标准》编写。要求明确，体系统一。
2. 为突出广泛性和实用性，编写人员涵盖建设单位、咨询企业、施工企业、设计单位、高等院校等。
3. 根据读者的基础不同，分适用层次编写。
4. 将理论知识与实际操作融为一体，理论知识以够用、实用为原则，重点培养操作能力和思维方法。

  希望本套丛书的出版能够提升相关从业人员对 BIM 的认知和掌握程度，为培养市场需要的 BIM 技术人才、管理人才起到积极推动作用。

丛书编委会

序

　　国务院办公厅在国办发〔2017〕19号文件中提出"加快推进建筑信息模型（BIM）技术在规划、勘察、设计、施工和运营维护全过程的集成应用，实现工程建设项目全生命周期数据共享和信息化管理，为项目方案优化和科学决策提供依据，促进建筑业提质增效"。国家发展和改革委员会（发改办高技〔2016〕1918号文件）提出支撑开展"三维空间模型（BIM）及时空仿真建模"。同时，住建部、水利部、交通运输部等部委，铁路、电力等行业，以及各地房管局、造价站、质监局等均在大力推进BIM技术应用。建筑业信息化是建筑业发展战略的重要组成部分，也是建筑业发展方式、提质增效、节能减排的必然要求。

　　工业和信息化部教育与考试中心依据当前建筑行业信息化发展的实际情况，组织有关专家，根据BIM人才培训标准，编写了本套BIM应用工程师丛书。希望本套丛书能为我国BIM技术的发展添砖加瓦，为广大建筑业的从业者和BIM技术相关人员带来实质性的帮助。在此，也诚挚地感谢各位BIM专家对此丛书的研发、充实和提炼。

　　这不仅是一套BIM技术应用丛书，更是一笔能启迪建筑人适应信息化进步的精神财富，值得每一个建筑人去好好读一读！

住房和城乡建设部原总工程师

姚兵

18/5/2018.

前　言

　　本书为建筑信息模型（BIM）专业技术技能培训考试（中级）的配套教材之一。全书将装配式 BIM 应用的内容分解为概述、BIM 技术应用、技能实操、其他软件介绍 4 部分。

　　第 1 部分主要介绍装配式建筑。读者通过这一部分的学习，可以了解装配式建筑的基本概念、装配式建筑的发展以及 BIM 应用。

　　第 2 部分主要讲解 BIM 技术在装配式建筑中的应用流程。读者通过这一部分的学习，可以了解 BIM 技术在装配式建筑设计阶段、深化设计阶段、生产阶段、施工阶段等的应用流程。

　　第 3 部分主要讲解 Revit 在装配式建筑中的技能实操。读者通过这一部分的学习，可以掌握 Revit 在装配式混凝土结构建模、出图、出量以及构件碰撞检查中的应用。

　　第 4 部分主要介绍其他软件装配式 BIM 解决方案。读者通过这一部分的学习，可以了解到在装配式建筑 BIM 应用中相关软件的特点及优势。

　　本书得到聊城大学赵永生教授主持的"教育部人文社会科学研究专项任务项目（工程科技人才培养研究）"（项目编号 17DGC027）的支持，并体现了项目研究成果。

　　为方便读者学习，本书配套了书中提到的图纸文件，可扫描以下二维码下载，咨询电话 010 – 88379375。

　　由于编者水平有限，疏漏和不妥之处在所难免，还望各位读者不吝赐教，以期再版时改正。

编　者

目 录

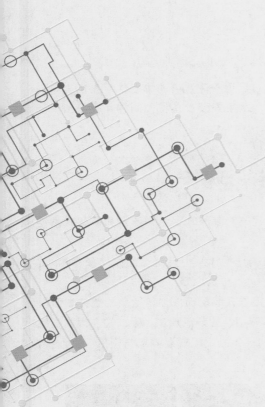

第 1 部分
概　　述

第 1 章　装配式建筑

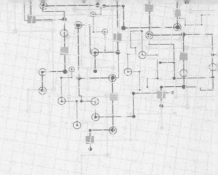

第1章 装配式建筑

第1节 装配式建筑概述

一、装配式建筑的概念

装配式建筑是指由预制部品部件在工地装配而成的建筑。用于建筑内的构配件，先在工厂内进行单体预制，成为单个预制构件，然后运输至施工现场，采用安装设备将预制构件在施工现场装配。

二、装配式建筑分类

1.按主体结构材料分类

装配式建筑按主体结构材料主要分为：装配式混凝土建筑、装配式钢结构建筑和装配式木结构建筑。

（1）装配式混凝土建筑　装配式混凝土建筑是指建筑的结构体系由混凝土部件（预制构件）构成的装配式建筑。

装配式混凝土结构是由预制混凝土构件通过可靠的连接方式装配而成，包括装配整体式混凝土结构、全装配式混凝土结构。图1-1为装配式混凝土结构梁、柱节点连接，梁、柱、板均在工厂内预制，在施工现场按施工图及构件编号安装即可。图1-2为装配式混凝土结构板、墙连接，预制好的板、墙运输至现场直接起吊安装即可。

图1-1

图1-2

装配式混凝土结构的优点有：提升建筑质量、提高建设效率、节能减排环保、缩短现场工期、方便冬期施工、节约材料、节省劳动力并改善劳动条件等。

装配式混凝土结构的缺点有：需要进行较复杂的深化设计、施工技术要求高等。

（2）装配式钢结构建筑　装配式钢结构建筑是指建筑的结构体系由钢构件构成的装配式建筑，如图 1-3 和图 1-4 所示。装配式钢结构的主要竖向、水平受力构件采用钢构件，通过可靠连接方式构成结构抗力体系。

图 1-3　　　　　　　　　　　　　　　　图 1-4

装配式钢结构建筑的优点有：重量轻、强度高、工业化程度高、施工周期短、抗震性能好等。

装配式钢结构建筑的缺点有：耐火性较差、易锈蚀、耐腐蚀性差、隔声效果不佳等。

（3）装配式木结构建筑　装配式木结构建筑是指建筑的结构系统由木结构承重构件组成的装配式建筑。

装配式木结构采用工厂加工的木结构组件和部品，以现场装配为主要建造手段，包括装配式纯木结构、装配式木混结构、装配式钢木结构等。木结构自重较轻，能多次使用，便于运输、装拆，故广泛地用于房屋建筑中，还可用于桥梁和塔架。近代胶合木结构的出现，更扩大了木结构的应用范围。木结构按连接方式和截面形状分为：裂环、齿板或钉连接的板材结构和胶合木结构、螺栓球节点连接的木结构、齿连接的原木或方木结构。图 1-5 为木结构小别墅框架，整个梁、柱、楼板、侧向支撑构件等均采用木结构，制作简单、就地取材、连接多样化。图 1-6 为木结构走廊框架，适合于休闲建筑。

图 1-5　　　　　　　　　　　　　　　　图 1-6

装配式木结构建筑的优点有：质量轻、碳排放量低、隔热性能好等。

装配式木结构建筑的缺点有：耐火性较差、易腐蚀、材料匮乏等。

2. 按结构体系分类

结构体系通常是指建筑结构构件的组合形式。装配式建筑按结构体系主要分成以下几类：装配式框架结构体系、装配式剪力墙结构体系、装配式框架-剪力墙结构体系、集装箱式结构体系等。

（1）装配式框架结构体系　装配式框架结构体系按标准化设计，将柱、梁、板、楼梯、阳台、外墙等构件拆分，在工厂进行标准化预制生产，运至现场采用塔式起重机等大型设备安装，形成房屋建筑。图1-7和图1-8为装配式框架结构体系，其主要竖向承重构件为柱，通过与水平框架梁与连系梁，以刚接节点的形式，构成承重结构体系，水平楼板与屋面板均可采用混凝土预制构件（以下简称PC构件），也可以选择局部现浇。

图1-7　　　　　　　　　　　　　　　　图1-8

典型项目应用案例：建超集团生产基地服务中心1号楼，如图1-9所示。

图1-9

（2）装配式剪力墙结构体系　装配式剪力墙结构体系是装配式混凝土结构中最常见的一种类型。剪力墙预制后在施工现场拼装，墙板间竖向连接缝采用现浇形式、上下墙板间采用受力钢筋浆锚或灌浆套筒连接，梁和楼板一般采用叠合现浇形式。装配式剪力墙结构施工现场如图1-10和图1-11所示。

图1-10　　　　　　　　　　　　　　　　图1-11

典型项目应用案例：清华大学深圳研究生院创新基地，如图1-12所示。

图1-12

（3）装配式框架-剪力墙结构体系 装配式框架-剪力墙结构兼有框架结构和剪力墙结构的特点，体系中剪力墙和框架布置灵活，易实现大空间，适用高度较高。装配式框架-剪力墙体系模型、现场内景分别如图1-13和图1-14所示。

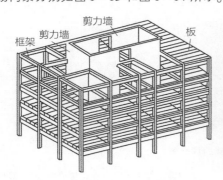

图1-13   图1-14

典型项目应用案例：上海城建浦江PC保障房项目，如图1-15所示。

图1-15

（4）集装箱式结构体系 集装箱式结构体系以集装箱为基本单元，在工厂内完成各模块的改造和内部装修，运输到施工现场后进行快速组装，可形成多种风格的装配式建筑。集装箱式结构体系的装配式建筑外形如图1-16和图1-17所示。

图 1 – 16   图 1 – 17

3. 按装配率分类

（1）装配率　装配率是评价装配式建筑的重要指标之一，也是政府制定装配式建筑扶持政策的主要依据。目前各地对装配率的定义各不相同，应根据当地政策具体实施。

根据《装配式建筑评价标准》（GB/T 51129—2017），装配率是指单体建筑室外地坪以上的主体结构、围护墙和内隔墙、装修和设备管线等采用预制部品部件的综合比例。

（2）装配率计算　装配率算法参照《装配式建筑评价标准》（GB/T 51129—2017）。装配率根据表 1 – 1 中评价项分值按下式计算：

$$P = \left[(Q_1 + Q_2 + Q_3) / (100 - Q_4) \right] \times 100\%$$

式中　P——装配率；

Q_1——主体结构指标实际得分值；

Q_2——围护墙和内隔墙指标实际得分值；

Q_3——装修和设备管线指标实际得分值；

Q_4——评价项目中缺少的评价项分值总和。

表 1 – 1　装配式建筑评分表

评价项		评价要求	评价分值	最低分值
主体结构 （50分）	柱、支撑、承重墙、延性墙板等竖向构件	35% ≤ 比例 ≤ 80%	20 ~ 30 *	20
	梁、板、楼梯、阳台、空调板等构件	70% ≤ 比例 ≤ 80%	10 ~ 20 *	
围护墙和内隔墙 （20分）	非承重围护墙非砌筑	比例 ≥ 80%	5	10
	围护墙和围护墙与保温、隔热、装饰一体化	50% ≤ 比例 ≤ 80%	2 ~ 5 *	
	内隔墙非砌筑	比例 ≥ 50%	5	
	内隔墙与管线、装修一体化	50% ≤ 比例 ≤ 80%	2 ~ 5 *	
装修和设备管线 （30分）	全装修	——	6	6
	干式工法楼面、地面	比例 ≤ 70%	6	
	集成厨房	70% ≤ 比例 ≤ 90%	3 ~ 6 *	
	集成卫生间	70% ≤ 比例 ≤ 90%	3 ~ 6 *	
	管线分离	50% ≤ 比例 ≤ 70%	4 ~ 6 *	

注：表中带"＊"项的分值采用"内插法"计算，计算结果取小数点后 1 位。

（3）评价等级划分　当评价项目满足以下规定：主体结构部分的评价分值不低于 20 分，围护墙和内隔墙部分的评价分值不低于 10 分，采用全装修、装配率不低于 50%，且主体结构竖向构件中预制部品部件的应用比例不低于 35% 时，可进行装配式建筑等级评价。

装配式建筑评价等级应划分为 A 级、AA 级、AAA 级，划分标准如下：

1）装配率为 60%~75% 时，评价为 A 级装配式建筑。

2）装配率为 76%~90% 时，评价为 AA 级装配式建筑。

3）装配率为 91% 及以上时，评价为 AAA 级装配式建筑。

4. 按专业分类

装配式建筑由许多构配件组成，按构件在建筑内所承担的功能，可以将其归类为以下几个主要专业：结构专业、装饰专业、机电设备专业、幕墙专业等，后续章节将对各专业的具体内容进行阐述。

（1）结构专业　结构是建筑的支撑与围护系统，是建筑的骨架，也是重要的组成部分，其主要包括主体结构、围护结构与内隔墙结构。具体的构件有柱、梁、支撑、板、外围护墙、内隔墙、阳台、楼梯、空调板等。

（2）机电设备专业　机电设备是实现建筑各功能的辅助系统，在建筑内部具有非常重要的作用。机电设备基本都是成品安装的，在投入使用后还要保养与维修。在建筑内部，根据实际的需要，一般会包含以下机电设备：电梯、发电机、抽排水设备等。

（3）装饰专业　装饰专业在装配式建筑中主要指装配式全装修，主要采用干法施工，将工业化生产的内装装饰部件在现场进行组合安装，以全部完成建筑功能空间的固定面装修和设备设施安装，达到建筑使用功能和建筑性能的基本要求。根据《装配式建筑评价标准》（GB/T 51129—2017）规定，"实现全装修"已成为评判是否为装配式建筑的一票否决项。

装配式全装修内容主要包括干式工法楼地面、集成吊顶、集成装饰墙面、集成厨房、集成卫生间、集成管线等形成的功能性的装饰空间。装配式全装修具有三个要素：工厂化生产的装饰构件、干法施工、产业化工人组装。

（4）幕墙专业　幕墙是建筑的外墙围护，它不承重，像幕布一样挂上去，故又称为"帷幕墙"，是现代大型和高层建筑常用的带有装饰效果的轻质墙体。幕墙由面板和支承结构体系组成，可相对主体结构有一定位移能力或自身有一定变形能力，是一种不承担主体结构作用的建筑外围护结构或装饰性结构（外墙框架式支撑体系也是幕墙体系的一种）。

幕墙是外墙轻型化、装配化比较理想的形式，尤其是单元式幕墙能更好地实现机械化、工厂化，是发展比较早且成熟的装配部品。单元式幕墙是指以各种墙面板与支承框架在工厂制作成完整的幕墙结构为基本单位，直接安装在主体结构上的建筑幕墙。单元式幕墙是由若干个独立的单元组合而成，每个独立的单元组件内部的所有板块均在工厂内加工组装而成，分类编号按照工程安装顺序运往工地吊装，有玻璃面板、金属面板、铝塑板、石材面板、轻质混凝土面板等多种面板形式；支承框架一般为铝合金型材。

第 2 节　装配式建筑建造全过程概述

目前，我国的装配式建筑建造主要集中于装配式混凝土结构，因此本节主要以装配式混凝土结构为例进行介绍。

一、设计阶段

装配式建筑设计是一个有机的过程，"装配式"的概念应贯穿设计全过程，需要建筑师、结构设计师和其他专业设计师密切合作与互动，需要设计人员与制作厂和安装施工单位的技术人员密切合作与互动。BIM 技术能够有效地建立参数化的预制构件模型库，并且将预埋件及设施设备库与设计软件无缝对接，使设计人员可以在不同的项目中，依据不同的结构体系、连接方式等，制定不同的预制构件深化设计方案。同时，构件模型库、预埋件及设施设备库作为装配式建筑设计的基本单元，为设计人员能够顺利地开展设计工作奠定基础。

1. 概念设计阶段

工程设计尚未开始时，关于装配式的分析就应当先行。设计者首先需要对项目是否适合做装配式进行定量的技术经济分析，对约束条件进行调查并做出结论。

2. 方案设计阶段

在方案设计阶段，建筑师和结构设计师需根据装配式建筑的特点和有关规范的规定确定方案。方案设计阶段关于装配式的设计内容包括：

1）在确定建筑风格、造型、质感时分析判断装配式的影响和实现可能性。例如，装配式建筑不适宜选择造型复杂且没有规律性的立面或无法提供连续的无缝建筑表皮。

2）在确定建筑高度时考虑装配式的影响。

3）在确定形体时考虑装配式的影响。

4）一些地方政府在土地招拍挂时设定了装配率的刚性要求，建筑师和结构设计师在方案设计时须考虑实现这些要求的做法。

3. 施工图设计阶段

（1）建筑设计　在施工图设计阶段，建筑设计关于装配式的内容包括：

①与结构工程师确定预制范围，哪些层、哪些部分预制。

②设定建筑模数，确定模数协调原则。

③在进行平面布置时考虑装配式的特点与要求。

④在进行立面设计时考虑装配式的特点，确定立面拆分原则。

⑤依照装配式特点与优势设计表皮造型和质感。

⑥进行外围护结构建筑设计，尽可能实现建筑、结构、保温、装饰一体化设计。

⑦设计外墙预制构件接缝防水防火构造。

⑧根据门窗、装饰、厨卫、设备、电源、通信、避雷、管线、防火等专业或环节的要求，进行建筑构造设计和节点设计，与构件设计对接。

⑨将各专业对建筑构造的要求汇总等。

（2）结构设计　在施工图设计阶段，结构设计关于装配式的内容包括：

①与建筑师确定预制范围，哪些层、哪些部分预制。

②因装配式而附加或变化的作用与作用分析。

③对构件接缝处水平抗剪能力进行计算。

④因装配式所需要进行的结构加强或改变。

⑤因装配式所需要进行的构造设计。

⑥依据等同原则和规范确定拆分原则。

⑦确定连接方式，进行连接节点设计，选定连接材料。

⑧对夹芯保温构件进行拉结节点布置、外叶板结构设计和拉结件结构计算，选择拉结件。

⑨对预制构件承载力和变形进行验算。

⑩将建筑和其他专业对预制构件的要求集成到构件制作图中。

（3）其他专业设计 给水、排水、暖通、空调、设备、电气、通信等专业须将与装配式有关的要求，准确定量地提供给建筑师和结构工程师。

4．深化设计阶段

装配式建筑项目中，深化设计是一个关键环节，起到了整合设计、生产、施工信息的作用。由于施工图设计图纸仅包含设计阶段的信息，未包含构件生产和施工阶段的信息，不足以指导装配式建筑的生产施工过程，需要对施工图进行深化设计，达到图纸深度要求。

装配式建筑设计与传统结构设计比较，建筑附属配件、施工等工作内容应前置，为深化设计工作开展提供基础。在设计指标允许的情况下，建筑工程师应参考结构工程师的意见进行建筑布局。目前国内大型开发商已开始进行标准化户型的研究，力求做到标准化预制构件、部品、功能房间，提高装配效率。

1）建筑工程师完成平面布局后，应协调建设单位、设计单位、构件加工厂、施工总包各方之间的关系，并应加强建筑、结构、设备、装修等专业之间的配合。深化设计阶段各单位及专业分工见表1-2。

表1-2 深化设计阶段各单位及专业分工

参与方	分工
建设单位	协调建设单位、设计单位、构件加工厂、施工总包各方之间的关系
设计单位	1. 设计平面图 2. 统筹各专业设计图纸
施工单位	1. 确定安装措施以及临时加固措施方案 2. 采用 BIM 模型进行预拼装模拟检查，将安装过程中出现的矛盾反馈至结构工程师
预制构件厂	1. 设计模具 2. 设计构件运输和堆放方案
结构工程师	1. 根据预制率要求确定构件类型、构件平面及立面范围 2. 整合各专业图纸，确定构件拆分方案，确定构件的节点连接形式 3. 完成装配设计说明、钢筋连接形式、深化构件加工详图等设计，整合安装措施和临时加固措施
机电设备专业工程师	1. 合理布置各专业管线 2. 合理布置各专业机房的设备位置 3. 综合协调竖向管井的管线布置
幕墙专业工程师	1. 对幕墙中的收口部位进行细化补充设计 2. 优化设计和对局部不安全、不合理的地方进行改正
装修专业工程师	1. 协调空间排布关系 2. 检测出与其他专业产生碰撞的内容并改正

2）预制构件深化设计要求。预制构件深化设计应满足如下要求：

①按照建筑使用功能、模数、标准化的要求进行优化设计。

②根据预制构件的功能和安装部位、加工制作及施工精度等要求，确定合理的公差。

③深化设计应满足制作、运输、存放、安装及质量控制要求。

3）深化设计图应包括：

①构件布置图，区分现浇部分及预制部分构件。

②预制构件之间和预制与现浇构件之间的相互定位关系，构件代号，连接材料，附加钢筋（或预埋件）的规格、型号和连接方法，对施工安装、后浇混凝土的有关要求等。

③连接节点详图。

④预制构件模板图。应表示构件尺寸，预留洞及预埋件位置、尺寸，预埋件编号、必要的标高等；后张预应力构件尚需表示预留孔道的定位尺寸、张拉端、锚固端等。

⑤预制构件配筋图。应采用纵剖面与横剖面表示：纵剖面应表示钢筋形式、箍筋直径与间距，配筋复杂时宜将非预应力筋分离绘出；横剖面注明断面尺寸、钢筋规格、位置、数量等。

⑥采用夹心保温墙板时，应绘制拉接件布置及连接详图。

二、生产阶段

1. PC 构件生产工艺流程

PC 构件生产工艺流程为：选择 PC 构件制作工艺→设计模具→绑扎钢筋、定位连接套筒→组装与检查模具→涂刷脱模剂→钢筋入模、预埋件安装→浇筑混凝土→养护浇筑构件→拆除模具→起吊堆放，如图 1 – 18 所示。

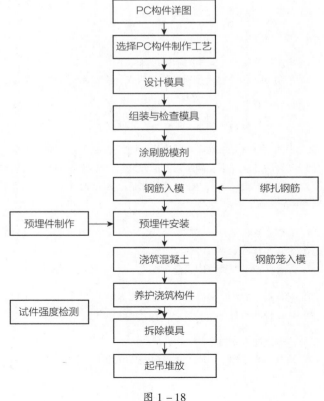

图 1 – 18

（1）选择 PC 构件制作工艺

1）固定模台工艺。

① 工艺流程：a. 根据构件制作图计划采购各种原材料（钢筋、水泥、石子、中砂、预埋件、涂装材料等），包括固定模台与侧模；b. 将模具按照模具图组装，然后吊入已加工好的钢筋骨架，同时安放好各种预埋件（脱模、支撑、翻转、固定模板等）；c. 将预拌好的混凝土通过布料机注入模具内，浇筑后就地覆盖构件，经过蒸汽养护使其达到脱模强度；d. 脱模后如需要修补涂装，则经过修补涂装后搬运到存放场地，待强度达到设计强度的 75% 时即可出厂安装。固定模台工艺流程如图 1-19 所示。

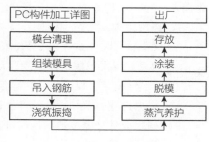

图 1-19

② 适用范围：固定模台工艺使用范围比较广，适合于各种构件，包括标准化构件、非标准化构件和异形构件。具体构件包括柱、梁、叠合梁、后张法预应力梁、叠合楼板、剪力墙板、外挂墙板、楼梯、阳台板、飘窗、空调板、曲面造型构件等。

③ 优点：投资少、适用范围广、机动灵活。

④ 缺点：用工量大、占地面积大、效率低。

2）流水线工艺。

① 工艺流程：按自动化程度分为全自动流水线、半自动流水线、手控流水线。

全自动化流水线由混凝土成型设备及全自动钢筋加工设备两部分组成。通过计算机编程软件控制，将设备实现全自动对接。图样输入、模台清理、划线、组模、脱模剂喷涂、钢筋加工、钢筋入模、混凝土浇筑、振捣、养护等全过程都由机械设备自动完成，真正意义上实现全过程自动化，如图 1-20 所示。

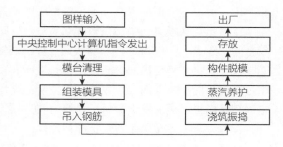

图 1-20

半自动化流水线包括混凝土成型设备，但不包括全自动钢筋加工设备。半自动化流水线实现了图样输入、模板清理、划线、组模、脱模剂喷涂、混凝土浇筑、振捣等自动化，但是钢筋加工、入模仍然需要人工作业。

手控流水线是将模台通过机械装置移送到每一个作业区，完成一个循环后进入养护区，实现了模台的流动。人员相对固定，可在固定的作业区完成浇筑和振捣。

② 适用范围：流水线工艺最适合生产标准化板类构件，例如叠合楼板、内隔墙板、不带装饰层的外墙板、双层墙板等。也可生产复杂一些的板类构件，但效率会降低，实现自动化也有难度。

③ 优点：用工量小、节约用地，效率较固定模台高。

④ 缺点：投资大、回报周期长、产品适用面窄。

3）立模工艺。

① 工艺流程：立模的工艺流程与固定台模基本一致，只是模具和组模环节不同。

② 适用范围：内隔墙板，单层、大面积、钢筋密集程度相对较低的混凝土预制构件。

③ 优点：占地面积小、构件立面无压光面、模具成本低。

④ 缺点：适用范围窄。

4）预应力工艺。

① 工艺流程：预应力工艺与固定模台工艺基本一样，是在固定模台上制作出构件后再张拉钢筋。

② 适用范围：大跨度楼板。

③ 优点：可用于大跨度结构、设备投入低。

④ 缺点：应用范围窄、生产自动化程度低。

（2）设计模具　模具设计内容包括：

1）根据构件类型和设计要求，确定模具类型与材质。

2）确定模具分缝位置和连接方式。

3）进行脱模便利性设计。

4）计算模具强度与刚度，确定模具厚度和肋的设置。

5）验算立式模具的稳定性。

6）预埋件、套筒、孔眼内模等定位构造设计，保证振捣混凝土时不移位。

7）对出筋模具的出筋方式和防漏浆部位进行设计。

8）外表面反打装饰层模具要考虑装饰层下铺设保护隔垫材料的厚度尺寸。

9）钢结构模具焊缝有定量要求，既要避免焊缝不足导致强度不够，又要避免焊缝过多导致变形。

10）有质感表面的模具应选择表面质感模具材料，与衬托模具如何结合等。

11）钢结构模具边模加强板宜采用与面板同样材质的钢板，厚 8～10mm，宽度为 80～100mm，设置间距应当小于 400mm，与面板通过焊接连接在一起。在钢筋绑扎区，根据预制 PC 构件加工详图，按与连接套筒连接的钢筋直径、长度下料；在钢筋的一端车丝，拧入连接套筒，根据图纸要求进行钢筋的配料、加工，并绑扎成型；将绑扎好的钢筋笼吊至 PC 构件生产区，在与连接套筒固定的模具端板上覆盖发泡塑料；用螺钉将连接套筒固定在模具端板上，使其精确定位在模具端板上，再连接套筒安装灌浆塑料管等预埋件。

（3）组装与检查模具　生产 PC 构件的模具一般由模数化、有较高精度的固定底模和根据施工要求设计的侧模板组成。这类模板在我国的 PC 构件生产中具有较好的制作通用性、加工简易性和市场通用性。在生产前要用电动钢丝刷清理模具底板和侧板，按尺寸安放两侧板。模板组装时应先敲紧销钉，控制侧模定位精度，拧紧侧模与底模之间的连接螺栓。组装好的模板按图纸要求进行检查，模板组装就位时，要保证模板截面的尺寸、标高等符合要求。验收合格后方可转入下一道工序。

（4）涂刷脱模剂　将模具表面除锈并清理干净，在模板表面涂上防锈蚀的脱模剂，涂抹擦拭均匀，使得脱模剂的极性化学键与模具表面通过相互作用形成具有再生力的吸附型薄膜。

（5）绑扎钢筋　根据构件的不同类型进行钢筋绑扎，注意要与图纸要求的间距相符且不要与预埋件相互干涉。

（6）钢筋入模、预埋件安装　将绑扎好的钢筋笼放在通用化的底模模板上。入模时应按图纸严格控制位置，放置端板，装入使钢筋精确定位的定位板，拧紧钢筋端部的紧定螺钉，以防钢筋变形。安装固定模具上部的连接板，埋件安装位置要准确、牢固。

（7）浇筑混凝土　运用混凝土输送设备在预支好的模板中进行混凝土浇筑，浇筑到适宜位置后，用振捣设备进行振捣密实，达到图纸尺寸的标准与精度。

（8）养护浇筑构件　对浇筑的构件按标准进行静停、升温、恒温、降温四个阶段的低热养护。

(9) 拆除模具　养护并达到设计要求的强度后，进行模具拆除工作。拆除模具时，应采用相应的辅助工具作业，避免大力操作损伤模具或 PC 构件。

(10) 起吊堆放　按构件的类型制订不同的起吊措施，并按要求分类堆放。

2. PC 构件的存储和堆放

(1) PC 构件的存储注意事项

1) 养护时不要进行急剧干燥，以防止影响混凝土强度的增长。

2) 采取保护措施保证构件不会发生变形。

3) 做好成品保护工作，尤其是装饰化一体构件，要采取防污染措施。

4) 长时间存储时，要对金属配件和钢筋等进行防锈处理。

(2) 构件的堆放注意事项

1) 成品应按合格、待修和不合格区分类堆放，并标识，如工程名称、构件符号、生产日期、检查合格标志等。

2) 堆放构件时，应使构件与地面之间留有空隙，须放置在木头或软性材料上（如塑料垫片），堆放构件的支垫应坚实。堆垛之间宜设置通道，必要时应设置防止构件倾覆的支撑架。

3) 连接止水条、高低口、墙体转角等薄弱部位，应采用定型保护垫块或专用式套件进行加强保护。

4) PC 构件重叠堆放时，每层构件间的垫木或垫块应处于同一垂直线上。

5) 预制外墙板宜采用插放或靠放，堆放架应有足够的刚度，并应支垫稳固；对采用靠放架立放的构件，宜对称靠放与地面倾斜角度宜大于 80°；宜将相邻堆放架连成整体。

6) 顶制构件的堆放应预埋吊件向上，标志向外；垫木或垫块在构件下的位置宜与脱模、吊装时的起吊位置一致。

7) 应根据构件自身荷载、地坪、垫木或垫块的承载能力及堆垛的稳定性确定堆垛层数。

3. PC 构件的运输

PC 构件运输应注意：

1) 运输线路须事先与货车驾驶员共同勘察，有没有过街桥梁、隧道、电线等对高度的限制，有没有大车无法转弯的急弯或限制重量的桥梁等。

2) 制订运输方案。此环节需要根据运输构件实际情况、装卸现场及运输道路的情况、施工单位或当地的起重机械和运输车辆的供应条件以及经济效益等因素综合考虑，最终选定运输方法、起重机械（装卸构件用）、运输车辆和运输路线。应按照客户指定的地点及货物的规格和重量制订特定的路线，确保运输条件与实际情况相符。

3) 选择的运输车辆须满足构件的重量和尺寸要求，宜采用低平板车。目前已经有运输墙板的专用车辆。

4) 对驾驶员进行运输要求交底，如不得急刹车、急提速，转弯要缓慢等。

5) PC 构件的运输应根据施工安装顺序来制订，如有施工现场在车辆禁行区域则应选择夜间运输，且要保证夜间行车安全。

三、施工阶段

1. 装配式混凝土结构施工阶段施工现状

装配式混凝土结构按结构类型划分，主要包括框架结构、框架-剪力墙结构以及剪力墙结构。

近年来，装配式混凝土结构施工发展取得较好成效，部分龙头企业经过多年研发、探索和实践积累，形成了与装配式建筑施工体系相匹配的施工工艺、工法。在装配式混凝土结构项目中，主要采取的连接技术有灌浆套筒连接和固定浆锚搭接连接方式。部分施工企业注重装配式建筑施工现场组织管理，生产施工效率、工程质量不断提升。越来越多的企业日益重视对项目经理和施工人员的培训，一些企业探索成立专业的装配式建筑施工队伍，承接装配式建筑项目。在装配式建筑发展过程中，一些施工企业注重延伸产业链条发展壮大，正在由单施工主体发展成为含有设计、生产、施工等板块的集团型企业；一些企业则探索出施工与装修同步实施、穿插施工的生产组织方式和实施模式，可有效缩短工期、降低造价。

装配式混凝土结构的施工发展虽然取得了一定进展，但是整体还处于百花齐放、各自为营的状态，需要进一步的研发，并通过大量项目实践和积累来形成系统化、标准化的施工安装组织模式和操作工法。

2. 装配式混凝土结构关键施工工艺流程

装配式混凝土结构总体施工工艺流程如图 1-21 所示。注意：总体施工工艺流程应根据装配式结构体系的不同、构件类型的不同、施工方法的不同进行调整。

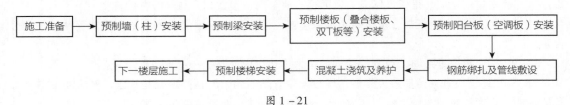

图 1-21

1）预制剪力墙、柱安装工艺流程如图 1-22 所示。

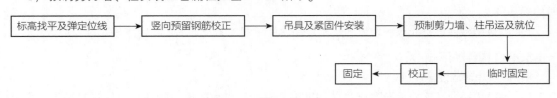

图 1-22

2）预制外挂板安装工艺流程如图 1-23 所示。

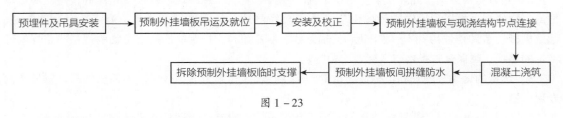

图 1-23

3）叠合楼板安装工艺流程如图 1-24 所示。

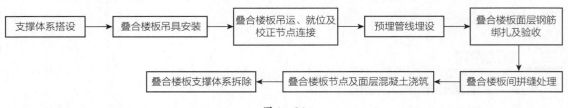

图 1-24

4）预制阳台（空调板）安装工艺流程如图 1 - 25 所示。

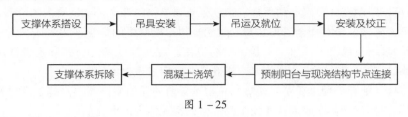

图 1 - 25

5）预制楼梯安装工艺流程如图 1 - 26 所示。

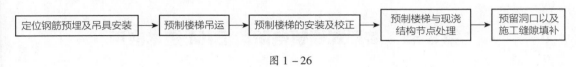

图 1 - 26

6）连接工艺流程。套筒灌浆连接工艺流程如图 1 - 27 所示；螺栓连接工艺流程如图 1 - 28 所示。

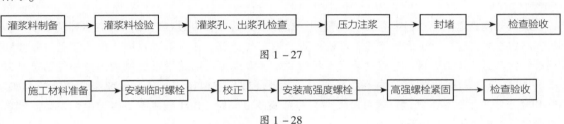

图 1 - 27

图 1 - 28

由于装配式建筑的工业化特性以及施工时连接方式的复杂性，故需要利用 BIM 等新技术来保证施工高速、高质量完成。例如，在装配式建筑施工过程中应用 BIM 技术和 RFID 技术能够实时监测构件信息和施工人员的安全情况，使建筑施工信息得以实时反馈修改 BIM 模型使其更加符合现场施工需求，提高建筑施工规划的完成度，保障施工人员和设备的安全。此外，利用 BIM 模型还可以进行施工过程荷载验算、进度物料控制、施工质量检查等。

四、 运维阶段

1. 运维管理的定义

运维管理指建筑在竣工验收完成并投入使用后，整合建筑内人员、设施及技术等关键资源，通过运营充分提高建筑的使用率，降低其经营成本，增加投资收益，并通过维护尽可能延长建筑的使用周期而进行的综合管理。

2. 运维管理的主要内容

1）空间管理。空间管理主要是对建筑物空间的规划使用进行管理，包括空间分配、空间规划、租赁管理、统计分析等。空间管理可以帮助企业提升对空间的利用率、明确空间的成本、计算空间收益、实现对空间的更好利用等。

2）资产管理。资产管理主要是对建筑物及其附属设备、设施进行经营管理，包括数量管理、状态管理、折旧管理、报表管理等。资产管理可以帮助企业明确资产价值、减少闲置浪费、提升资产使用效率，达到增加企业效益的目的。

3）维护管理。维护管理主要是对建筑物进行维护维修的管理，包括建立台账、日常养护、定义保养周期并按周期维护、组织定期或不定期巡检并形成运行记录、故障维修、局部或全面改造等。维护管理可以帮助企业更好地利用建筑物，延长建筑物的寿命，实现更大的价值。

4）公共安全管理。公共安全管理主要是对建筑物可能发生的危害使用者人身、财产安全的突发事件进行预防管理，包括火灾自动报警、安防巡更、应急联动等。公共安全管理应建立应急及长效的防范保障机制，提升危机处理能力，降低企业应用建筑物的风险。

5）能耗管理。能耗管理主要是对建筑物日常运营所消耗的电、气、水等资源进行管理，统计相关消耗数据，查找可能存在的浪费并加以改进，以实现能耗的优化。

第3节　装配式建筑各阶段 BIM 技术应用

一、BIM 技术在装配式建筑建设过程中应用的必要性

装配式建筑建造全过程中存在构件预制、运输、组装等多个过程，且预制构件种类繁多，施工参与方众多，容易产生信息传递不准确而导致返工的情况；在运输过程中，构件信息的收集和存档也会产生大量工作量，对应性差且不易查找，导致施工进度管理难度增加；各构件信息难以准确把握，已经装配好的建筑中不合格或损坏的部品部件难以排查，容易造成整个建筑的损失。将 BIM 技术应用到装配式建筑项目中能够有效解决以上问题。BIM 技术在工程建设全生命周期各阶段的应用如图 1 – 29 所示。

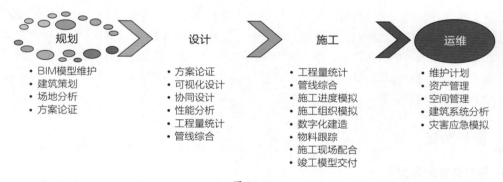

图 1 – 29

二、BIM 技术在工程建设过程中的应用内容

1. 设计阶段

建筑方案与装配式设计应协调统一。"少规格、多组合"是装配式建筑中预制构件设计的重要内容。PC 构件生产时，模具的种类是决定成本高低及生产工期的重要因素，单个模具的周转次数一般为 80～120 次，如果预制构件重复使用量不高，则会造成极大的浪费。利用 BIM 技术，在设计阶段可高效地完成深化设计，如构件拆分、构件加工图绘制等；通过与机电、装饰等专业，可实现标准一体化设计，解决管线碰撞、钢筋量统计等问题。

2. 生产阶段

（1）优化整合预制构件生产流程　装配式建筑的预制构件生产阶段是装配式建筑生产周期中的重要环节，也是连接装配式建筑设计与施工的关键环节。为了保证预制构件生产中所需加工信息的准确性，预制构件生产厂家可以从 BIM 模型直接调取预制构件的几何尺寸信息，制订相应的构件生产计划，并在预制构件生产的同时，向施工单位传递构件生产的进度信息。为了保证预制构件的质量和建立装配式建筑质量可追溯机制，生产厂家可以在预制构件生产阶段为各类预制构件植入含有构件几何尺寸、材料种类、安装位置等信息的 RFID 芯片。通过 RFID 技术对预制构件进行物流管理，提高预制构件仓储和运输的效率。

（2）加快预制构件试制过程　为了保证施工的进度和质量，在装配式建筑设计方案完成后，设计人员将 BIM 模型中所包含的各种构配件信息与预制构件生产厂商共享，生产厂商可以直接获取产品的尺寸、材料、预制构件内钢筋的等级等参数信息，所有的设计数据及参数可以通过条形码的形式直接转换为加工参数，实现 BIM 模型中的预制构件设计信息与装配式建筑预制构件生产系统直接对接，提高装配式建筑预制构件生产的自动化程度和生产效率。还可以通过 3D 打印的方式，直接将构件 BIM 模型打印出来，从而极大地加快预制构件的试制过程，并可根据打印出的构件模型校验原有构件设计方案的合理性。

3. 施工阶段

在 BIM 模型数据库的基础上，借助 BIM 管理平台（如 ITWO 系统），可以实现基于 WEB 的施工信息化管理。现场 BIM 技术人员将 BIM 模型与项目施工进度计划连接起来，以动态的三维模式模拟整个施工装配过程，产生具有时间属性的 4D 模型和具有成本属性的 5D 模型，可对施工工序的可操作性进行检验。同时，利用 BIM 模型可以分析、对比不同方案的优缺点，及时发现潜在问题，并为优化施工方案（包括场地的平面布置、起重机的位置及作用范围、构件碰撞、空间冲突等）、调整施工进度计划提供数据支持，如图 1 - 30 和图 1 - 31 所示。

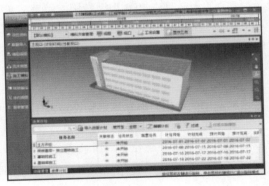

图 1 - 30

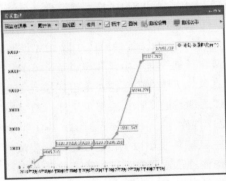

图 1 - 31

此外，在 BIM 管理平台中将 BIM 模型与企业定额相关联，将不同构件、不同工作子项所需要的人工、材料、机械设备进行分类统计，以实时反映不同阶段的人工、材料的需要量以及机械设备的进场时间，动态比较多个可能方案之间的成本差别，通过分析和优化，选择成本最优的方案实施，使项目在节约工程成本的同时，为优化整体施工进度提供了帮助。

随着 BIM 技术的不断发展，还可利用移动终端（如手机、平板电脑等）结合 BIM 技术，开发施工管理系统，指导施工人员吊装定位，实现构件参数属性查询、施工质量指标提示、施工安全管理等，并可将竣工信息上传到数据库，做到施工质量记录可追溯。

第4节 预制构件的物流管控

一、 预制构件物流管控流程

长期以来，建筑质量管理主要分为质量保证体系建设、现场质量验收和成品质量缺陷管理，多以施工任务形式开展，没有针对工程结构的质量过程管理。随着 BIM 技术应用程度不断加深，通过"构件化结构物、标准化构件生产工序、精细化匹配工序与验收项目"等方式，让基于构件的质量验收管理探索成为可能。例如，通过扫描条形码、二维码或 RFID 标签，对预制构件生产质检、出厂、运输、进场的整个流程进行跟踪管理，如图 1－32 所示。

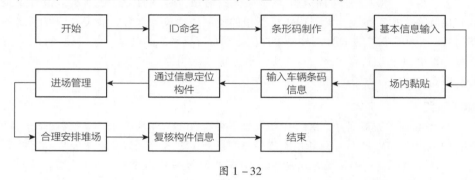

图 1－32

二、 BIM 技术和 RFID 技术在物流管控过程中的集成应用

将 BIM 技术和 RFID 技术相结合，可创建出新型管理平台，即在 BIM 模型数据库中添加两个属性——位置属性和进度属性，则可得到构件在模型中的位置信息和进度信息，具体应用如下：

1）构件制作、运输阶段。以 BIM 模型建立的数据库作为数据基础，将 RFID 收集到的信息及时传递到基础数据库中，并通过定义好的位置属性和进度属性与模型相匹配。此外，通过 RFID 反馈的信息，可精准预测构件是否能按计划进场，从而做出实际进度与计划进度对比分析，如有偏差，适时调整进度计划或施工工序，避免出现窝工或构配件的堆积，以及场地和资金占用等情况。

2）构件入场、现场管理阶段。构件入场时，将 RFID Reader 读取到的构件信息传递到数据库中，并与 BIM 模型中的位置属性和进度属性相匹配，保证信息的准确性；同时通过 BIM 模型中定义的构件的位置属性，可以明确显示各构件所处区域位置，在构件或材料存放时，做到构配件点对点堆放，避免二次搬运。

3）构件吊装阶段。若只有 BIM 模型，单纯地依靠人工输入吊装信息，不仅容易出错而且不利于信息的及时传递；若只利用 RFID 技术，则只能在数据库中查看构件信息，通过二维图纸进行抽象的想象，进行基于个人的主观判断，其结果可能不尽相同。BIM 技术与 RFID 技术相结合，有利于信息的及时传递，从具体的三维视图中可以及时呈现进度对比和预算对比。

三、 构件运输的动态管理

借助条形码、二维码或者射频芯片等方式，使用移动端（手机或者平板电脑）进行预制构件生产和运输过程的动态管理，实时查询构件运输情况，进行动态管理。

　　运输路线需重点策划。关注沿途限高（如天桥下机动车道限高 4.5m，非机动车道限高 3.5m）、限行规定（如特定时段无法驶入市区）、路况条件（如是否存在转弯半径无法满足要求情况）等。最好进行实际线路勘查，避免由于道路原因造成运输降效或者影响施工进度；对构件运输过程中稳定构件的措施提出明确要求，确保构件运输过程中的完好性；预制外墙板需采用专用运输架竖立方式运输，且架体应设置于枕木上，避免外墙板运输损坏。通过 BIM 技术进行运输模拟和动态管理，可以按照安装进度合理安排堆放位置，在构件安装前进行各类运输方案模拟，提供技术保障。

第5节　课后练习

1. 装配率为（　　　）时，可评为 AA 级装配式建筑。

    A. 50% ~ 75%　　　　　　B. 60% ~ 75%　　　　　　C. 70% ~ 90%　　　　　　D. 76% ~ 90%

2. 《民用建筑设计通则》（GB 50352—2005）中规定，把总高度超过（　　　）m 的公共建筑和综合建筑称为高层建筑。

    A. 24　　　　　　　　　　B. 30　　　　　　　　　　C. 34　　　　　　　　　　D. 45

3. 目前常用的装配式结构不包括（　　　）。

    A. 装配式混凝土结构　　　　　　　　　　　　B. 装配式钢结构

    C. 装配式木结构　　　　　　　　　　　　　　D. 装配式砖混结构

4. 下列关于装配式建筑特点描述错误的一项是（　　　）。

    A. 标准化设计　　　　　　　　　　　　　　　B. 工业化生产

    C. 装配化施工　　　　　　　　　　　　　　　D. 信息化教育

5. 下列有关降低预制构件成本的措施中错误的一项是（　　　）。

    A. 适度提高预制率和构件标准化

    B. 优化设计

    C. 改变构件装运形式，提高运输效率

    D. 可使用少量劣质材料生产构件

6. 下列有关推进装配式建筑发展的途径说法正确的是（　　　）。

    A. 健全标准规范体系　　　　　　　　　　　　B. 创新装配式建筑设计

    C. 优化部品部件生产　　　　　　　　　　　　D. 以上说法均正确

答案：BADDDD

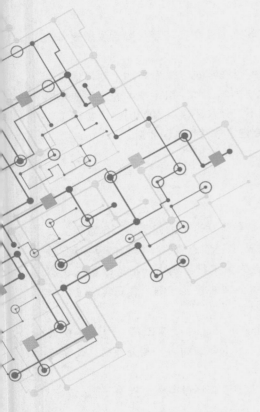

第 2 部分
BIM 技术应用

PART 02

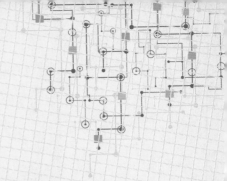

第2章 BIM技术应用流程概述

第1节 BIM技术在工程应用中的基本要求

随着我国城市化进程的加快和可持续绿色建设的需要，建筑工业化和信息化融合发展逐渐成为建筑行业发展的必然趋势。

BIM技术的工程应用是建筑领域的一场技术性革命，它能够在建筑全生命周期中利用信息共享和交换，对建筑物进行可视化模拟、统计性分析、一体化协同等工作。BIM技术的工程应用可以从根本上解决规划、设计、施工、运维、拆除等阶段信息不连续和不能共享的问题，实现工程信息在整个建筑生命周期内的合理利用与过程管理，从而提高建设效益和工程质量。

一、BIM技术应用文件管理和命名规则

1. 文件管理

在《建筑工程设计信息模型交付标准》征求意见稿中，将数据状态分为四类：工作数据、共享数据、发布数据、存档数据；将BIM交付物分为六类：建筑工程信息模型、模型工程视图/表格、碰撞检测报告、BIM策略书、工程量清单、检视视频。在大量工程实例中，正是以数据状态划分或交付物类型作为文件管理架构的划分标准。下文将以两个文件管理案例，展现实际工程中文件管理的具体应用。

案例一：按照英国BIM标准，根据"工作数据（Working In Progress，WIP）""共享数据（Shared Date）""发布数据（Published Date）"和"存档数据（Archived Date）"划分原则，设置项目的文件夹结构，也就是按数据状态进行划分，如图2-1所示。

1）工作数据：一家公司或一个专业内部的工作。有些信息还没有经过审核或批准，因此尚不适于在项目团队中共享。

2）共享数据：经过审核和批准的信息，可分享给整个项目团队，包括在不同BIM软件之间的数据交换信息。

3）发布数据：包括正式图纸和其他一些从共享信息中生成的数据。这类信息通常包括施工图、报表和规格书。

4）存档数据：所有BIM输出的档案归档，都应存储在此工程项目文件夹中，其中包括发布、修改和竣工的工程图及信息。

5）临时共享区域（TSA）：当模型变更时，需要一定程度的非正式沟通，以避免使用频繁变

化中的数据，利用临时共享区域存储 WIP 模型用于数据的沟通。

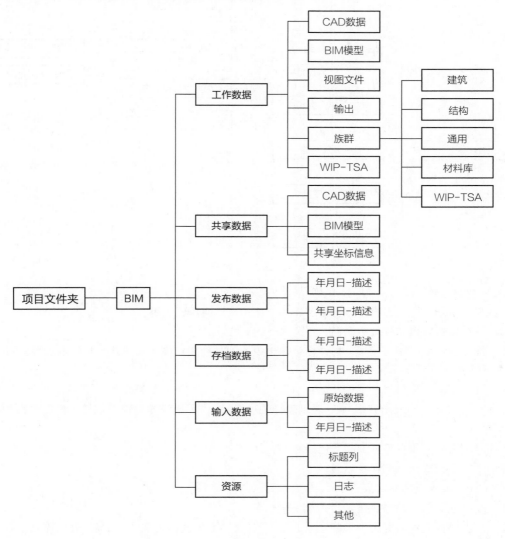

图 2 - 1

案例二：国内某 BIM 项目的文件管理架构（见图 2 -2），其是按交付物的分类进行划分，该实例中模型文件又划分为过程文件和最终版文件，较好地体现了对数据状态的记录。

2. 命名规则

根据中国建筑设计研究院编制的《中国院 BIM 标准系列 – 命名规则》对 BIM 技术应用文件命名的基本原则如下：

（1）文件命名考虑因素

1）项目、子项、专业、功能区、视图、图纸。

2）文件、类型与实例、参数。

3）不同 BIM 软件、文件格式、数据管理与共享。

4）连接符、分隔符、中英文应用、构件统计、构件选择等。

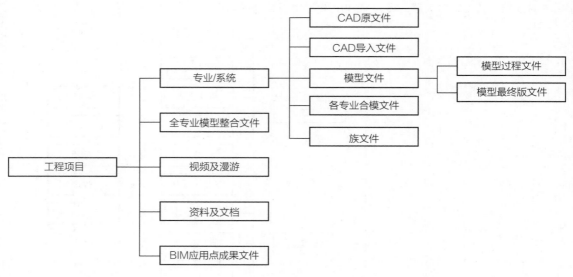

图 2 - 2

（2）命名原则

1）易于识别、记忆、操作、检索：使用专业术语、通用代码等。

2）结合数据管理结构分级命名，避免太长的名称。

3）除专业代码、项目编号、构件标记等通用的缩写英文、数字代码外，其他名称尽量使用中文，方便识别。

4）连接符、分隔符、井字符、括号：只用"－""_""#"字符分隔（"－"表示分隔或并列的文件内容，"_"表示到，"#"表示项目子项编号）；不使用或少使用空格；需要注释的可以用西文括号"（""）"。

5）日期格式：年月日，中间无连接符，例如 20140801。

6）不得修改或删除文件名后缀。

（3）BIM 文件通用命名规范

1）Revit 主设计文件按协同设计规则需要命名。

2）以主设计文件名称为中心，其他 Revit 设计文件之外的相关文件（如导出的 DWG 文件、打印的 PDF 文件、导出的 NWC 碰撞检查文件等）遵循"以主设计文件名称为中心"原则，即相关文件名称与对应的 Revit 主设计文件名称/ Revit 图纸名称/ Revit 视图名称等保持一致或基本一致，必要时增加"说明注释"关键字或增加数字序号/版本号、日期等。

3）其他文件：与 Revit 设计文件相对独立的其他文件，按工作需要命名。

（4）装配式建筑文件命名规则案例

例一

原命名规则：单体－专业－图纸编号－版本－日期．PDF

其中：

①单体若为多单体，需要以分号隔开。

②所有的符号以半角英文符号为准，不允许中文符号或者全角符号。

③所有的数据要求上下格式一致，例如不允许出现"1 号楼""1#楼""B1"等情况，要求统一，以一种方式呈现。

正确的命名规则：B14；B15－建筑－建施 18－C－170809．PDF

例二

设计单位 PC BIM 管理要求为：

①设计单位负责 PC 施工图模型、PC 深化设计模型的建模、更新。

②要求对 PC 模型中每个构件进行编码，图模编码能够对应，编码命名符合命名规则，模型中构件类型编码、唯一编码填写方式应满足平台工作要求。PC 构件编码按照"楼栋号 – 楼层号 – 构件类型编码 – 唯一编码"的规则进行，如位于 3 栋楼 2 层编号为 11 – 19 的预制阳台板模型的编码应为"3 – 2 – YZYTB11 – 19"。项目中每个 PC 构件编码不重复，具备唯一编码。类型编码在 Revit 模型的"族类型"中设置，唯一编码在模型"标记"中设置。

③要求 PC 模型每个单体、每个楼层、每个构件都需要保持独立模型，便于施工总承包单位及相关单位进行整合、使用模型，便于平台构件管控应用。

④PC 模型每周要求提交一次，成果递交要求详见《BIM 成果递交要求》，由施工总承包单位进行 PC 综合模型整合。

以上命名规则是针对整个建筑行业而言的，而装配式建筑涉及的文件相较于传统建筑更为复杂，构件编码文件也具有其独有的特色。PC 构件编码一般按照"工程号 – 项目号 – 楼栋号 – 楼层号 – 构件类型编码 – 构件唯一编码"的规则进行编码，图模编码能够对应，项目中每个 PC 构件编码不重复，具备唯一性。类型编码在 Revit 模型的"族类型"中设置，唯一编码在模型"标记"中设置。

二、 BIM 技术在装配式建筑中的精度标准

1. 模型深度

BIM 建模精度在建模过程中也称建模精度，英文称为 Level of Details，也称为 Level of Development，简称 LOD。为了建立 BIM 软件间的直接交流通道，确保 BIM 模型分阶段的表达效果，美国建筑师协会（AIA）为了规范 BIM 参与各方及项目各阶段的界限，将 LOD 定义为 5 个等级，按 100 进位，即 LOD100 ~ LOD500。在实际应用中，根据项目具体情况和不同表达需要，也可以在 LOD 相邻等级间按 50 进位递增。不同阶段的 BIM 模型深度见表 2 – 1。不同 BIM 模型深度下（LOD100、LOD200、LOD300、LOD400、LOD500）钢架柱效果图分别如图 2 – 3 ~ 图 2 – 7 所示。

表 2 – 1　不同阶段的 BIM 模型深度

BIM 模型深度	实施阶段	内容描述
LOD100	概念/方案设计阶段	模型可用于可行性研究和建筑整体概念设计；可分析建筑体量、朝向、日照等
LOD200	初步/扩初设计阶段	模型可用于项目规划评审报批、建筑方案评审报批、设计概算；包括预制构件大致的数量，预制构件大小、形状、位置以及方向等
LOD300	施工图设计阶段	模型可用于专项评审报批、节能评估、预制构件造价估算、预留洞口位置、建筑工程施工许可、施工准备、施工招投标计划等
LOD400	模拟/深化设计阶段	模型可用于预制构件加工、施工模拟、产品选用及采购；包含了预留洞口尺寸，预埋件位置、连接件尺寸等内容，也包含了制造、组装、细部施工所需的完整信息

（续）

BIM 模型深度	实施阶段	内容描述
LOD500	竣工验收 归档阶段	模型可用于竣工结算、数据归档、模型整合、运营维护等环节

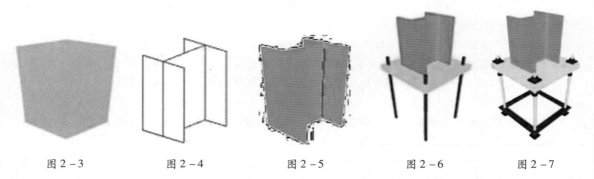

图 2 - 3　　　　　图 2 - 4　　　　　图 2 - 5　　　　　图 2 - 6　　　　　图 2 - 7

2. 工程信息模型交付标准

参照湖南省 2018 年 3 月 1 日起正式实施的《湖南省建筑工程信息模型交付标准》（DBJ 43/T 330—2017），将工程信息各阶段模型具体交付标准建议如下：

（1）规划报建阶段

1）模型应能满足方案漫游展示、比选，建筑功能和性能分析，工程项目的技术可行性和经济合理性论证等需求。

2）利用模型能进行性能分析和方案评估分析，动态生成建筑主要技术经济指标表。

3）通过模型能生成平面图、立面图、剖面图以及分析图等用于方案评审的各种二维图纸。

4）以模型为基础能制作渲染图、动画等方案展示成果。

（2）设计交付阶段

1）设计交付分为概念/方案设计、初步/扩初设计、施工图设计、深化设计四个阶段，模型深度分别对应 LOD100、LOD200、LOD300、LOD400。

2）在各设计交付阶段，模型深度应满足对应阶段工程项目的使用需求。

3）在各设计交付阶段，模型应满足对应阶段工程建设经济指标的计量要求。概念/方案设计阶段的模型应支持投资估算，初步/扩初设计阶段的模型应支持设计概算，施工图设计阶段的模型应支持施工图预算、工程量清单与招标控制。

（3）设计招投标阶段

1）方案阶段应建立 BIM 模型，且应满足概念/方案设计阶段的模型深度要求和构件几何信息等级要求。

2）根据项目实际需要，模型可用于主要技术经济指标核算、景观视线分析、绿色建筑分析、交通分析、多方案对比分析等，并提供相应分析结论。

3）模型应考虑为后续方案优化、初步设计、施工图设计等阶段的模型建立提供便利，减少重复建模和过度建模。

（4）施工招投标阶段

1）模型深度应达到施工图设计阶段的模型深度要求和构件几何信息等级要求。

2）模型应能用于辅助工程量计算和编制工程量清单。

3）模型应能辅助进行模拟施工、虚拟建造、合理确定工期、成本管理等应用。

（5）施工交付阶段

1）施工交付阶段分为施工图深化、施工管理、竣工验收三个阶段，模型深度分别对应 LOD400、LOD450、LOD500。

2）在各施工交付阶段，施工单位应及时提交能精确表达相关施工信息的施工模型。

3）在各施工交付阶段，模型应满足对应阶段工程建设经济指标的计量要求。施工图深化阶段的模型应满足作为现场施工依据的需求，施工管理阶段的模型应满足通过模型对施工现场进行各项工作管理的需求，竣工验收阶段的模型应满足施工验收和下一步进行归档数据整理的需求。

（6）运维交付阶段

1）运维交付阶段模型中的信息应包含但不限于：

①设计相关类信息：几何信息、技术信息、材质信息、类型信息、清单、图纸等。

②施工相关类信息：主要是建造信息。

③采购相关类信息：产品信息、厂商技术信息、供应商信息等。

④运维相关类信息：设备管理信息、维保信息、人员及工单信息。

2）交付模型要求为：

①运维模型应满足运维管理的需要，即空间管理、资产管理、运维管理、公共安全管理、能耗管理五个方面。

②运维阶段的模型深度不低于 LOD300 时，项目宜由运维单位进行运维数据检测。

③运维模型宜包含建筑竣工验收和运维过程的历史数据信息。

3）其他要求：

①运维单位应根据建筑在使用过程中产生的局部改造、系统更改等对运维模型进行动态更新，确保运维模型始终与实际建筑一致。

②运维单位应保证运维模型信息的安全性，除合同各方及政府相关部门外，不得向其他任何人或机构传递模型信息。

第 2 节　BIM 技术在各阶段的应用流程

一、BIM 技术在设计阶段的应用流程

1. 基于 BIM 技术的协同设计

建筑项目一般分为概念设计（可研阶段）、方案设计（报审阶段）、初步设计（技术阶段）、施工图设计（出图阶段）、施工准备、施工实施、项目运维等阶段。装配式建筑设计中，由于需要对预制构件进行各类预埋和预留的设计，因此更加需要各专业的设计人员密切配合。利用 BIM 技术所构建的设计平台，装配式建筑设计中的各专业设计人员能够快速地传递各自专业的设计信息，对设计方案进行"同步"修改。借助 BIM 技术与"云端"技术，各专业设计人员可以将包含有各自专业的设计信息的 BIM 模型统一上传至 BIM 设计平台，通过碰撞与自动纠错功能，自动筛选出各专业之间的设计冲突，帮助各专业设计人员及时找出专业设计中存在的问题。装配式建筑中预

制构件的种类和样式繁多，出图量大，通过 BIM 技术的"协同"设计功能，某一专业设计人员修改的设计参数能够同步、无误地被其他专业设计人员调用，方便了配套专业设计人员进行设计方案的调整，节省各专业设计人员由于设计方案调整所耗费的时间和精力。建筑项目全生命期 BIM 应用总体流程如图 2－8 所示，初步设计阶段 BIM 应用流程如图 2－9 所示，施工图设计阶段 BIM 应用流程如图 2－10 所示。

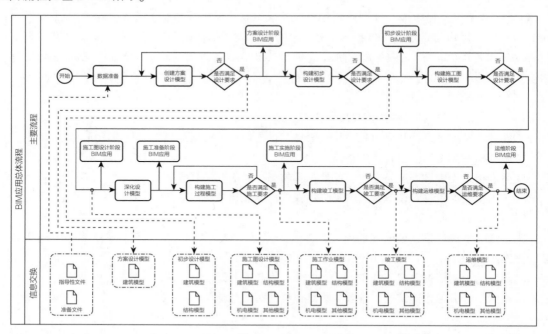

图 2－8

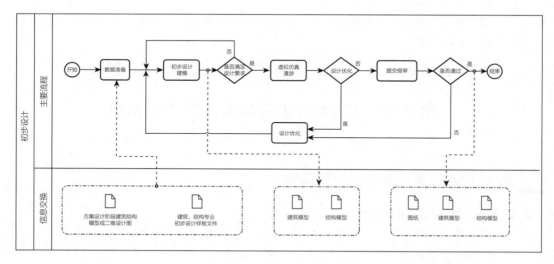

图 2－9

基于 BIM 技术的协同设计的特点主要有三个。

一是"形神兼备"。"形"指建筑的外观，即三维模型结构本身，"神"指建筑所包含的信息与参数等。BIM 模型不只是一个独立的三维建筑模型，模型中包含了建筑生命周期各个阶段所要

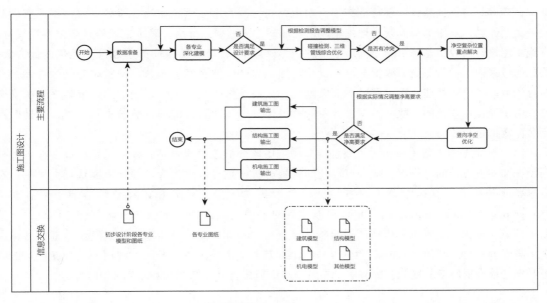

图 2 – 10

的信息，而且这些信息"可协调""可计算"，是现实建筑的真实反映，所以说 BIM 技术的价值不是三维模型本身，而是存放在模型中的专业信息（建筑、结构、机电、热工、材料、价格、规范、标准等）。从根本上说 BIM 技术应用是一个创建、收集、管理和应用信息的过程。

二是可视化与可模拟性。可视化不仅指三维的立体实物图形可视，也包括项目设计、建造、运维等全寿命周期过程可视，而且 BIM 模型的可视化具有互动性，信息的修改可自动反馈到模型上。模拟性是指在可视化的基础上做仿真模拟应用，例如在建筑物建造前，模拟建筑的施工情况以及建成后使用的情况，模拟的结果是基于实际情况的真实体现，最终可以根据模拟结果来优化设计方案。

三是"一处修改，处处修改"。所有的图纸和信息都与 BIM 模型关联，BIM 模型建立的同时，相关的图纸和文档自动生成，且具备关联修改的特性，这是 BIM 的核心价值，即协同工作。

协同从根本上减少了重复劳动和信息传递的损失，大大提高工程各参与方的效率，BIM 的应用不仅需要项目设计方内部的多专业协同，而且需要与构件厂商、业主、总承包商、施工单位、工程管理公司等不同工程参与方的协同作业。基于 BIM 技术的协同设计工作流程如图 2 – 11 所示。

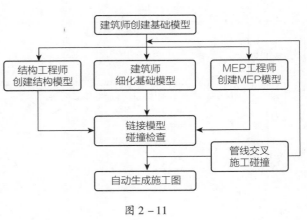

图 2 – 11

2. 基于 BIM 技术的建筑性能分析

建筑性能分析在方案设计、初步设计、施工图设计阶段均有应用。在方案设计阶段，基于 BIM 技术的建筑性能分析能帮助设计师确定合理的建筑方案，例如通过日照模拟分析建筑和周边环境的日照及遮挡情况，确定合理的建筑形体。在初步设计阶段，基于 BIM 技术的建筑性能分析能帮助设计师确定合理的建筑内部功能布局及机电系统方案，例如通过能耗模拟分析对比不同空调系统方案的优劣，从中选择高效合理的空调系统形式；通过采光分析，确定合理的开窗位置及尺寸。在施工图设计阶段，基于 BIM 技术的建筑性能分析用于验证设计方案的合理性，优化设计方案，例如通过室内空调气流组织模拟分析，优化送回风口的位置及气流参数，使室内空间的舒适性和系统的节能性达到最佳平衡；通过对火灾烟气和人员疏散的模拟分析，验证建筑消防设计的安全性。由于流程基本相同，故在方案设计阶段对场地分析及建筑性能模拟分析进行描述，其他阶段不做重复描述。

（1）场地分析　场地分析的主要目的是利用场地分析软件或设备，建立场地模型，在场地规划设计和建筑设计的过程中，提供可视化的模拟分析数据，以作为评估设计方案选项的依据。在进行场地分析时，宜详细分析建筑场地的主要影响因素。利用 BIM 技术结合地理信息系统（Geographic Information System，GIS）可以实现对现有空间进行分析以及场地分析可视化，利用 ArcGIS 软件对某一场地地形进行高程分析，其分析结果如图 2 – 12 所示，通过颜色的渐变显示出地形高程的变化。利用 ArcGIS 软件对某一场地以及周边的坡度进行分析，根据不同的颜色可以明确看出场地地形坡度的变化，如图 2 – 13 所示。场地分析 BIM 应用流程如图 2 – 14 所示。

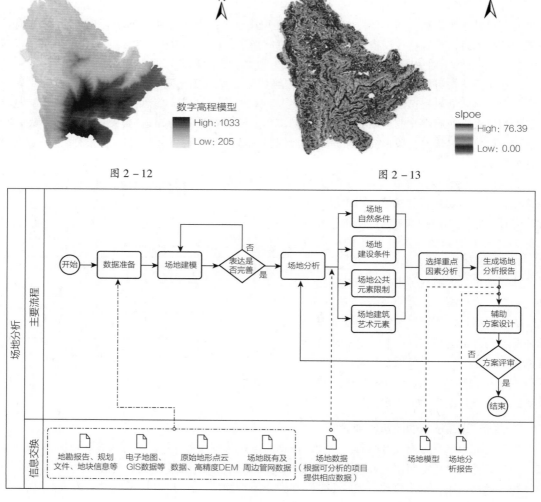

图 2 – 12　　　　　　　　　　　　　　　　图 2 – 13

图 2 – 14

（2）建筑性能模拟分析　建筑性能模拟分析的主要目的是利用专业的性能分析软件，使用 BIM 模型或者通过建立分析模型，对建筑物的日照、采光、通风、能耗、人员疏散、火灾烟气、声学、结构、碳排放等进行模拟分析，以提高建筑的舒适、绿色、安全和合理性。基于 BIM 技术的可持续性设计分析软件及其主要功能见表 2–2。

表 2–2　基于 BIM 技术的可持续性设计分析软件及其主要功能

	流体动力学分析软件	能耗分析及建筑全生命周期分析软件	日照及采光分析软件	声环境分析	人员疏散模拟
软件分类	Ansys CFX Fluent Airpak Phoenics	eQUEST DeST Energyplus Design Builder IES < VE >	Autodesk Ecotect Radiance DTALux	CadnaA	Legion Pathfinder Steps
主要功能	1. 建筑风环境分析 2. 民用建筑自然、机械通风效果分析 3. 工业通风效果分析 4. 建筑污染物扩散分析	1. 建筑全年能耗分析 2. 全生命周期分析 3. 改造节能率效果评价	1. 日照分析 2. 建筑采光分析 3. 室内眩光及显色指数分析 4. 建筑可视度分析	建筑环境噪声分析	交通安全评价、交通运营分析、交通流模型、交通设施设计、交通新技术评价

（3）风环境模拟　主要采用 CFD（Computational Fluid Dynamics）技术，对建筑周围的风环境进行模拟评价，从而帮助设计师推敲建筑物的体型和布局，并对设计方案进行优化，以达到有效改善建筑物周围的风环境的目的。

例如，创建规划小区的 BIM 体量模型，以 gbxml 文件格式倒入 Autodesk Ecotect 软件中，借助 winair 插件测试基地的风环境，直接导出关于基地以及基地周边不同空间高度上的风速分布状况，如图 2–15 所示。红色、黄色表示风速正常，紫色表示风速较低，蓝色表示该区域处于风力漩涡区域，风速过低。影响居住区的风速的因素包括建筑物的定位、朝向、层数、功能空间的摆放、流线的组织等，可以改变这些参数达到适宜人居住的风环境指标。

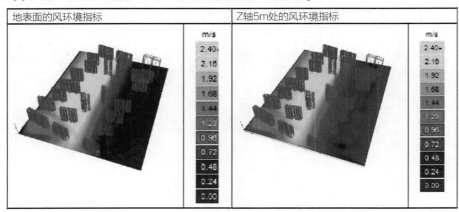

图 2–15

（4）能耗模拟分析　主要是对建筑物的负荷和能耗进行模拟分析，在满足节能标准的各项要求基础上，帮助设计师提供可参考的最低能耗方案，以达到降低建筑能耗的目的。

（5）遮阳和日照模拟　主要是对建筑和周边环境的遮阳和日照进行模拟分析，在满足建筑日照规范的基础上，从而帮助设计师进行日照方案比对，达到提升建筑的日照要求，降低对周围建筑物遮阳的影响。

例如，使用 Revit 软件建模，导出 gbxml 文件格式到 Autodesk Ecotect 中进行性能分析。在 Autodesk Ecotect 软件中设置基地地点和日照时间段，可算出该时间段满窗日照时间，以某住宅为例，计算了我国某地区冬至日某住宅满窗日照时间（6 月 21 日 8:00—18:00），如图 2 - 16 所示。

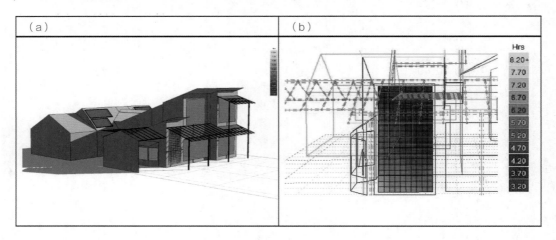

图 2 - 16

二、　BIM 技术在深化设计阶段的应用流程

深化设计阶段是装配式建筑项目实现过程中的重要一环，起着承上启下的作用。通过深化设计阶段的 BIM 技术实施，将建筑的各个要素进一步细化成单个构件，包含钢筋、预埋线盒、线管和设备等全部设计信息。在 BIM 模型的基础上进行构件拆分，可精确统计预制构件的体积和重量，指导预制率和装配率的计算，并形成各个预制构件的模型。之后，在预制构件模型上进行深化设计，布置钢筋与各类埋件，直接生成构件生产所需的图纸，并准确统计钢筋规格与长度、埋件型号与数量等。预制构件深化设计 BIM 应用流程如图 2 - 17 所示，深化过程分解如图 2 - 18 所示。

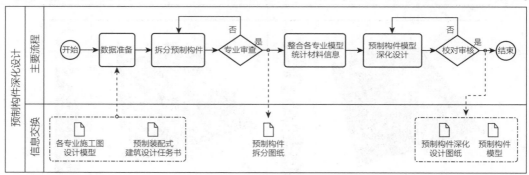

图 2 - 17

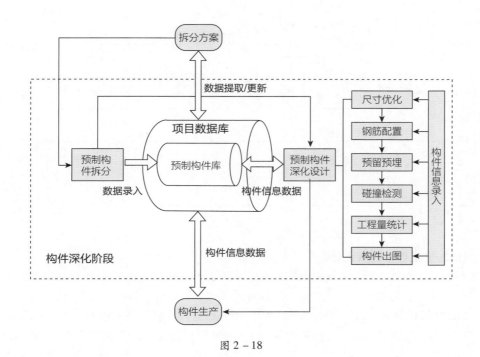

图 2 - 18

1. 构件拆分

预制构件拆分对建筑功能、建筑平立面、结构受力状况、预制构件承载能力、工程造价等都会产生很大的影响。根据功能与受力的不同，构件主要分为竖向构件、水平构件及非受力构件。竖向构件主要是预制剪力墙。水平构件主要包括预制楼板、预制阳台空调板、预制楼梯等。非受力构件包括 PCF 外墙板及丰富建筑外立面、提升建筑整体美观性的装饰构件等。预制构件分解如图 2 - 19 所示。

对构件的拆分主要考虑五个因素：一是受力合理性的要求；二是制作、运输和吊装的要求；三是预制构件配筋构造的要求；四是连接和安装施工的要求；五是预制构件标准化设计的要求。在满足建筑功能和结构安全要求的前提下，预制构件应符合模数协调原则，优化预制构件的尺寸，减少预制构件的种类，最终达到"少规格、多组合"的目的。

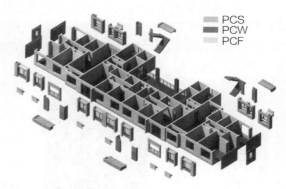

PCS
PCW
PCF

图 2 - 19

2. 碰撞检查

预制构件深化设计的目的是为了保证每个构件到现场都能进行准确地安装，不发生错漏碰缺。但是一个普通装配式建筑项目的预制构件往往有数千个，要保证每个预制构件在现场拼装不发生问题，靠人工校对和筛查是很难完成的，而利用 BIM 技术可以快速准确地把可能发生在现场的冲突与碰撞在 BIM 模型中事先消除。

利用 BIM 技术，可以将预制构件模型按照设计要求，并结合施工顺序在 BIM 软件中进行预拼装，对拼接位置进行碰撞检测，检查预制构件与现浇部分的关系、预制构件与预制构件（包括伸出的钢筋）之间的关系，以及预制构件和机电管道之间的关系，避免施工现场的错误与返工。预制构件碰撞检测 BIM 应用流程如图 2 – 20 所示。

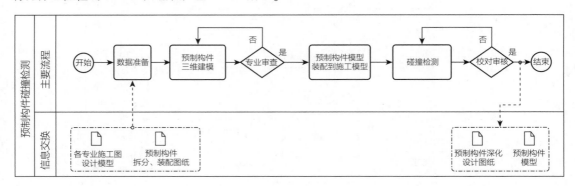

图 2 – 20

3. 图纸的生成与工程量统计

三维模型和二维图纸是两种不同形式的建筑制图表示方法。三维的 BIM 模型不能直接用于预制构件的加工生产，需要将包含钢筋信息的 BIM 结构模型转换成二维的加工图纸。Tekla、Planbar、Bentley、PKPM 软件等 BIM 软件能够基于 BIM 模型进行智能出图，可在配筋模型中直接生成预制构件生产所需的加工图纸，模型与图纸关联对应，BIM 模型修改后，二维的图纸也会随模型更新。

（1）构件加工图纸的自动生成　装配式建筑预制构件多，深化设计的出图量大，采用传统方法手工出图工作量相当大，而且很难避免各种错误。利用 BIM 软件的智能出图和自动更新功能，在完成了对图纸模板的相应定制工作后，可自动生成构件平、立、剖面图以及深化详图，整个出图过程无需人工干预，而且有别于传统 CAD 创建的二维图纸。BIM 软件自动生成的图纸和模型是动态链接的，一旦模型数据发生修改，与其关联的所有图纸都将自动更新。图纸能精确表达构件相关钢筋的构造布置、各种钢筋弯起的做法、钢筋的用量等，可直接用于预制构件的生产，总体上能够实现预制构件的自动出图，图纸完成率在 80% ~ 90% 之间。

（2）工程量的自动统计　在生成加工图纸时还需要对钢筋及混凝土的用量进行统计，以便加工生产。基于整体配筋模型，利用 BIM 软件中自带的各类工程量模板进行快速统计分析，减少人工操作和潜在错误，实现工程量信息与设计方案的完全一致，如图 2 – 21 所示。

图 2 – 21

此外，还可根据需要，通过 BIM 软件定制输出各种形式的统计报表。清单的输出内容包括构件的截面尺寸、编号、材质、混凝土的用量，钢筋的编号及数量，钢筋的用量等信息，减少了错误，提高了出图效率。

三、　BIM 技术在构件生产阶段的应用流程

1. 基于 BIM 技术的构件生产管理流程

根据预制构件深化设计单位提供的包含完整设计信息的预制构件 BIM 模型，添加生产与运输所需的信息，完成模具设计与制作、材料采购准备、模具安装、钢筋下料、埋件定位、构件生产、编码及装车运输等工作。如有条件，可利用预制构件信息模型导出的数据对接生产设备完成自动化生产。考虑到工程管理的需要，也为了方便构件信息的采集和跟踪管理，在每个预制构件中都安装 RFID 芯片，芯片的编码与构件编码一致，同时将芯片的信息录入 BIM 模型，通过读写设备实现了装配式建筑在构件设计、制造和现场施工、管理的数据采集和数据传输（见图 2 – 22）。采用 BIM 技术辅助生产管理，将有利于构件生产厂商提高生产效率，提升产品质量。预制构件生产加工 BIM 应用流程如图 2 – 23 所示。

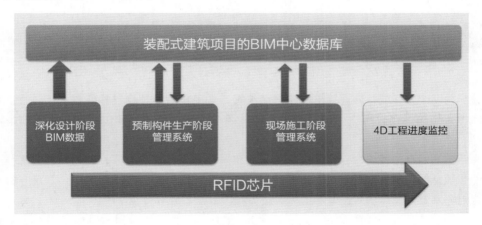

图 2 – 22

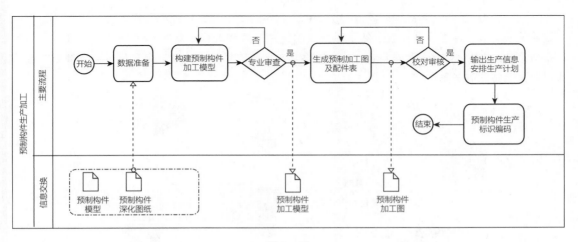

图 2 – 23

2. 基于 BIM 技术的构件生产过程管理信息

构件生产信息管理系统涉及构件生产过程信息的采集，需要配合读写器等设备才能完成，因此根据信息管理系统的需要开发相应的读写器系统，以便快捷有效地采集构件的信息以及与管理系统进行信息交互。

（1）系统功能及组织流程

1）功能结构。该系统是装配式建筑信息管理平台的基础环节，通过 RFID 技术的引入，使整个预制构件的生产规范化，也为整个管理体系搭建起基础的信息平台。根据实际生产的需要，规划系统的功能结构如图 2－24 所示。

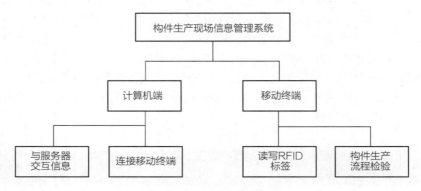

图 2－24

系统分为两个工作端，即计算机端和移动终端，其工作对象是预制构件的生产过程。系统通过与后台服务器的连接，初步构建整个体系的框架，为后续更加细致化的信息化管理手段打下基础。

计算机端通过自主开发的软件系统与读写器和服务器进行信息交互，也分两部分工作：一是按照生产需要从服务器端下载近期的生产计划并将生产计划导入到移动终端中；二是在每日生产工作结束后将移动终端中的生产信息上传到服务器。

手持移动终端主要完成两个工作：一是作为 RFID 读写器，完成对构件中预埋标签的读写工作；二是通过平台下的生产检验程序来控制构件生产的整个流程。

2）系统组织流程。系统组织流程如图 2－25 所示。上班前，构件厂工作人员通过计算机链接系统服务器下载构件生产计划表，然后手持移动终端连接计算机下载生产计划表，生产过程中通过手持移动终端对 RFID 芯片进行读写操作并做记录，下班后将构件生产信息储存到计算机中，再通过网络上传到服务器。

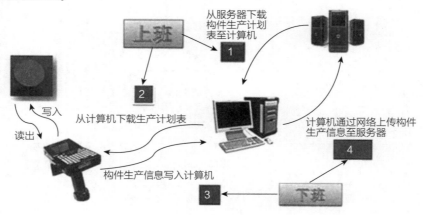

图 2－25

（2）手持移动终端工作流程设计　通过手持移动终端系统检验构件的生产工序并对生产过程进行记录，保证生产流程的规范化。某预制构件生产流程如图 2 – 26 所示。根据生产流程设计手持移动终端系统的应用流程。

1）进行移动终端初始化工作，包括生产计划的更新、手持移动终端的数据同步、质检员身份确认等过程。

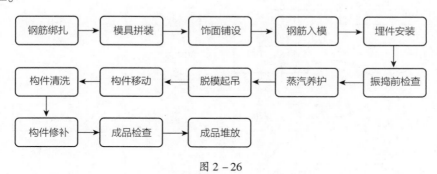

图 2 – 26

2）钢筋绑扎是第一道工序，该工序完成后会将每个构件与对应的 RFID 芯片绑定。工作人员手持移动终端在生产车间扫描构件深化设计图纸上的条形码，正确识别后，进行钢筋绑扎的工作。绑扎完毕后由质检员进行钢筋绑扎质量的检查，当所有项目检查合格后扫描构件的 RFID 标签，完成在标签中写入构件编码、工序信息、工序号、检查结果、工作人员编号、检查人员编号、完成时间等具体信息。具体流程如图 2 – 27 所示。

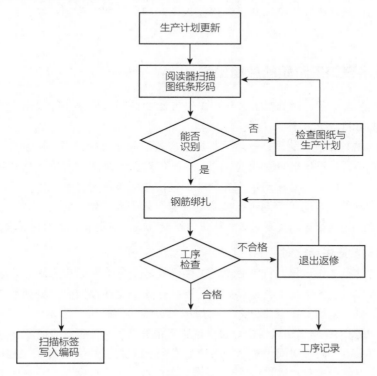

图 2 – 27

3）构件生产过程中，每个工序必须进行检查和记录。如图 2 - 28 所示，某项特定工序完成后可通过扫描标签或扫描图纸条形码的方式进入系统相应的检查项目，按照系统界面进行相关操作，手持移动终端记录每个完成工序的信息，当天完工后，需将移动终端记录的构件工序信息通过同步的方式上传到生产管理系统平台中。构件生产完成如果检查不合格，在根据相关的规定必须要报废的情况下，质检员可对该构件进行报废管理。构件报废流程如图 2 - 29 所示。

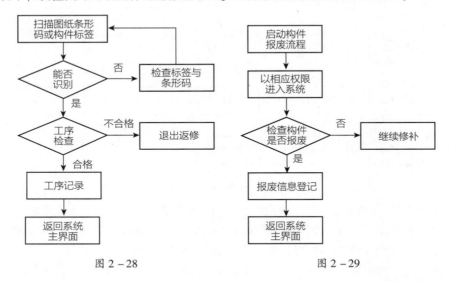

图 2 - 28   图 2 - 29

4）构件生产检验合格后系统将更新构件的信息并安排堆场存放。构件进场堆放时要登记检查，即用阅读器扫描构件标签，确认并记录构件入库时间，数据上传到系统，系统会更新堆场构件信息。

四、 BIM 技术在施工阶段的应用流程

装配式项目的施工阶段，对施工工艺和施工进度比传统项目要求高。快速准确的构件定位和高质量的安装需要 BIM 技术支持。

基于 BIM 技术的施工现场管理，一般是将施工准备阶段完成的模型，配合选用合适的施工管理软件进行集成应用，其不仅是可视化的媒介，而且能对整个施工过程进行优化和控制，有利于提前发现并解决工程项目中的潜在问题，减少施工过程中的不确定性和风险。同时，按照施工顺序和流程模拟施工过程，可以对工期进行精确的计算、规划和控制，也可以对人、机、料、法等施工资源统筹调度、优化配置，实现对工程施工过程交互式的可视化和信息化管理。

1. 虚拟进度与实际进度比对

施工是复杂的动态工作过程，它包括多道工序，其施工方法和组织程序存在多样性和多变性的特点，目前对施工方案的优化主要依赖施工经验，存在一定的局限性。如何有效地表达施工过程中各种复杂的关系，合理安排施工计划，实现施工过程的信息化、智能化、可视化管理，一直是待解决的关键问题。4D 施工仿真模拟为解决这些问题提供了一种有效的途径。4D 仿真模拟技术是在三维模型的基础上，附加时间因素（施工计划或实际进度信息），将施工过程以三维动态的方式表现出来，并能对整个变化过程进行优化和控制。4D 施工仿真模拟是一种基于 BIM 技术的技术手段，通过它来进行施工进度计划的模拟、验证及优化。

利用 BIM 模型进行 4D 施工仿真模拟，可以实现与 Microsoft Project 的无缝数据传递。在模型中

导入 Microsoft Project 编制完成的项目施工计划甘特图，将 BIM 模型与施工计划相关联，将施工计划时间写入相应构件的属性中，这样就在三维模型基础上加入了时间因素，使其变成一个可模拟现场施工及吊装管理的四维模型。在四维模型中，可以输入任意一个日期去查看当天现场的施工情况，并能从模型中快速地统计当天和之前已施工完成的工作量。BIM 模型与施工计划的 4D 应用如图 2 – 30 所示。

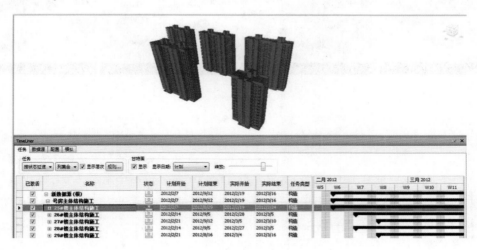

图 2 – 30

　　虚拟进度与实际进度比对主要是通过方案进度计划和实际进度的比对，找出差异，分析原因，实现对项目进度的合理控制与优化。虚拟进度与实际进度比对 BIM 应用流程如图 2 – 31 所示。

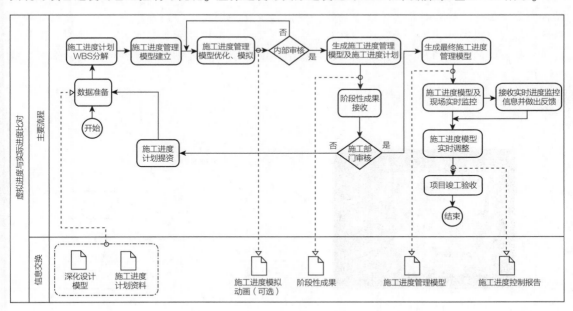

图 2 – 31

2. 构件吊装动态仿真模拟技术

　　除了进行项目的 4D 仿真模拟之外，还可以根据施工方案和 BIM 模型，采用 Dassalt-Delmia 等软件对项目进行动态的施工仿真模拟，在 Dassalt-Delmia 中赋予预制构件装配时间和装配路径，并建立流程、人和设备资源之间的关联，从而实现装配式建筑的虚拟建造和施工进度的可视化模拟。在 BIM 模型中，可针对不同预制率以及不同吊装方案进行模拟比较，实现未建先造，得到最优预制率设计方案及施工方案，如图 2 - 32 所示。

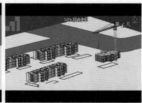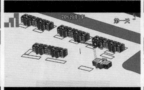

图 2 - 32

装配式建筑相比传统的现浇建筑，施工工序相对较复杂，每个构件的吊装过程都是一个复杂的运动过程，通过在 BIM 模型中进行构件吊装模拟，查找可能存在的构件运动中的碰撞问题，提前发现并解决这些问题，避免可能导致的延误和停工。通过 BIM 模型，生成施工仿真模拟视频，实现全新的培训模式，项目施工前让各参与人员直观地了解任何一个施工细节，减少人为失误，提高施工效率和质量。

3. 构件现场吊装管理及远程可视化监控

施工方案确定后，将储存构件吊装位置及施工时序等信息的 BIM 模型导入手持移动终端中，基于三维模型检验施工计划，实现施工吊装的无纸化和可视化辅助，如图 2 - 33 所示。构件吊装前必须进行检验确认，通过手持移动终端更新当日施工计划后对工地堆场的构件进行扫描，在正确识别构件信息后进行吊装，并记录构件施工时间。构件施工准备流程如图 2 - 34 所示。构件安装就位后，检查员负责校核吊装构件的位置及其他施工细节，检查合格后，通过现场手持移动终端扫描构件芯片，确认该构件施工完成，同时记录构件完工时间。所有构件的组装过程、实际安装的位置和施工时间都记录在系统中，以便检查。这种方式减少了错误的发生，提高了施工管理的效率。

图 2 - 33

图 2 - 34

当日施工完毕后，手持移动终端，将记录的构件施工信息上传到系统中，可通过网络远程访问，了解和查询工程进度，系统将施工进度通过三维的方式动态显示。如图 2 - 35 所示，深色的构件表示已经安装完成，红色的构件表示正在吊装。

图 2 - 35

4. 设备与材料管理

运用 BIM 技术达到按施工作业面配料的目的，实现施工过程中设备、材料的有效控制，提高工作效率，减少浪费。设备与材料管理 BIM 应用流程如图 2 - 36 所示。

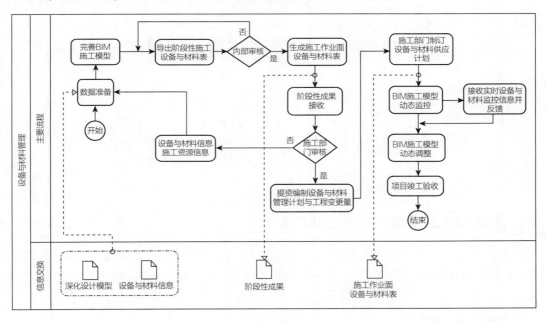

图 2 - 36

5. 质量与安全管理

基于 BIM 技术的质量与安全管理是通过现场施工情况与模型的比对，提高质量检查的效率与准确性，并有效控制危险源，进而实现项目质量、安全可控的目标。质量与安全管理 BIM 应用流程如图 2 - 37 所示。

6. 竣工模型构建

在建筑项目竣工验收时，将竣工验收信息添加到施工过程模型，并根据项目实际情况进行修正，以保证模型与工程实体的一致性，进而形成竣工模型。竣工模型创建 BIM 应用流程如图 2 - 38 所示。

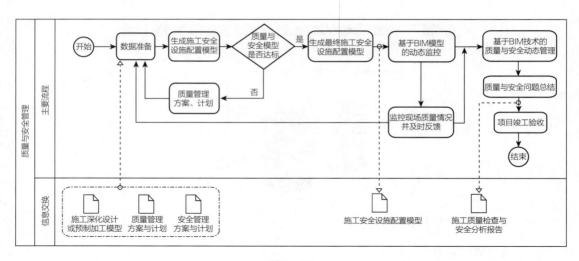

图 2 – 37

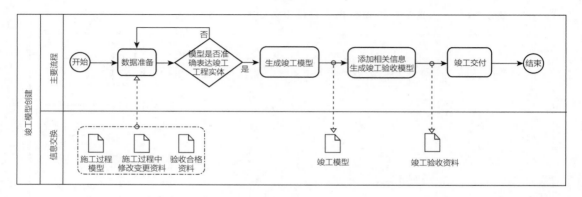

图 2 – 38

五、 BIM 技术在运维阶段的应用流程

运维阶段是建筑全生命期中时间最长、管理成本最高的重要阶段。BIM 技术在运维阶段应用的目的是提高管理效率、提升服务品质及降低管理成本，为设施的保值增值提供可持续的解决方案。

1. 运维管理方案策划

运维管理方案是指导运维阶段 BIM 技术应用不可或缺的重要文件，宜根据项目的实际需求制订。基于 BIM 技术的运维方案宜在项目竣工交付和项目试运行期间制订。运维方案宜由业主运维管理部门牵头、专业咨询服务商支持、运维管理软件供应商参与共同制订。运维管理方案流程如图 2 – 39 所示。

2. 运维管理系统搭建

运维系统搭建是该阶段的核心工作。运维系统应在运维管理方案的总体框架下，结合短期、中期、远期规划，本着"数据安全、系统可靠、功能适用、支持拓展"的原则进行软件选型和搭建。运维管理系统操作流程如图 2 – 40 所示。

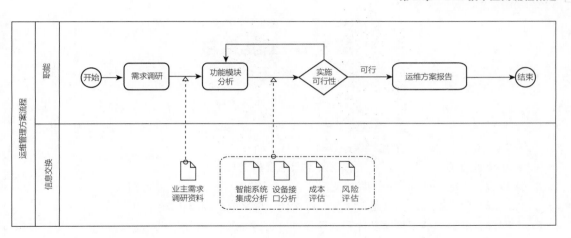

图 2－39

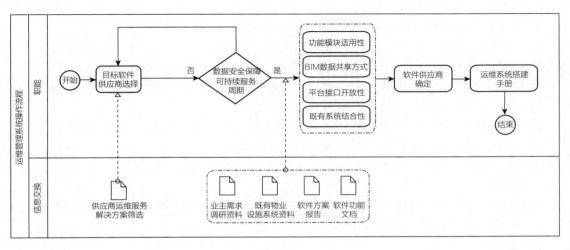

图 2－40

3. 运维管理的内容

基于 BIM 技术的运维管理的内容主要包括：空间管理、资产管理、设施设备维护管理、公共安全管理、能耗管理，如图 2－41 所示。

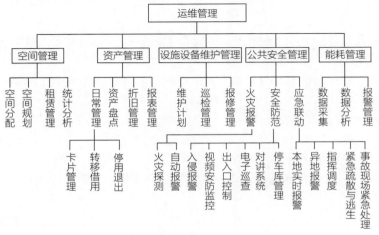

图 2－41

第3节 课后练习

1. 工艺投资少、适用范围广、机动灵活是下列 PC 构件制作工艺中（　　）的特点。

　　A. 固定模台工艺　　　　B. 流水线工艺　　　　C. 立模工艺　　　　D. 预应力工艺

2. 下列关于 PC 构件的养护中，错误的是（　　）。

　　A. 养护要进行急剧干燥，以防止影响混凝土强度的增长

　　B. 采取保护措施保证构件不会发生变形

　　C. 做好成品保护工作，尤其是装饰化一体构件，要采取防污染措施

　　D. 长时间存储时，要对金属配件和钢筋等进行防锈处理

3. 装配式建筑运维管理的主要内容不包括（　　）。

　　A. 空间管理　　　　　　B. 人员管理　　　　　　C. 资产管理　　　　D. 公共安全管理

4. BIM 技术在装配式建筑施工管理中的应用中不包括（　　）。

　　A. 施工场地管理　　　　B. 5D 动态成本控制　　　C. 优化施工规划　　D. 可视化交底

5. 下列构件运输控制要点中，错误的是（　　）。

　　A. 运输路线需重点策划，关注沿途限高、限行规定和路况条件等，最好进行实际线路勘查，避免由于道路原因造成运输降效或者影响施工进度

　　B. 对构件运输过程中稳定构件的措施提出明确要求，确保构件运输过程中的完好性

　　C. 为避免延误工期和影响施工进度，要选用最近的道路

　　D. 预制外墙板需采用专用运输架以竖立方式运输，且架体应设置于枕木上，避免外墙板运输损坏

6. 在满足建筑功能和结构安全要求的前提下，预制构件应符合模数协调原则，优化预制构件的尺寸，实现（　　），减少预制构件的种类。

　　A. "少规格、少组合"　　　　　　　　B. "少规格、多组合"

　　C. "多规格、多组合"　　　　　　　　D. "多规格、少组合"

7. BIM 的装配式构件生产管理总体流程是（　　）。

　　A. PC 构件生产阶段管理系统→深化设计阶段 BIM 数据→现场施工阶段管理系统→4D 工程进度监控

　　B. 深化设计阶段 BIM 数据→PC 构件生产阶段管理系统→现场施工阶段管理系统→4D 工程进度监控

　　C. 现场施工阶段管理系统→PC 构件生产阶段管理系统→深化设计阶段 BIM 数据→4D 工程进度监控

　　D. PC 构件生产阶段管理系统→现场施工阶段管理系统→深化设计阶段 BIM 数据→4D 工程进度监控

8. （　　）不是构件的编码原则。

　　A. 复杂性　　　　　　　B. 唯一性　　　　　　　C. 简易性　　　　　D. 完整性

9. 预制构件编码 mnk 中的 m 为（　　）。

　　A. 项目流水号　　　　　B. 单体流水号　　　　　C. 甲方识别　　　　D. 乙方识别

答案：AABCCBBAC

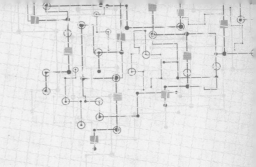

第3章 设计阶段 BIM 技术应用

第1节 方案设计阶段

一、方案设计阶段 BIM 应用内容

方案设计阶段涉及前期策划、概念设计、方案优化和规划报批等内容，主要包括场地选址、项目建议书、可行性研究报告、建设立项、方案优化和规划报批等环节。此阶段的任务，主要是对建筑的总体方案进行初步的评价、优化和确定。

方案设计阶段 BIM 技术应用的主要目的是：验证项目可行性研究报告提出的各项指标，进一步推敲、优化设计方案；借助场地 BIM 模型分析建筑物所处位置的场地环境；搭建建筑单体方案设计阶段 BIM 模型，为初步设计阶段的 BIM 应用及项目审批提供数据基础。

1. 场地选址

1）场地选址主要分析项目选址的影响因素，判断是否需要调整项目选址。

2）基础数据源：可选用地理信息系统（GIS）数据、策划与规划阶段收集的相关调查信息、项目规划建设主管部门对项目的建设要求数据信息、建设单位的建设需求数据信息。

3）实施步骤：基于三维基础数据，建立三维可视化场地模型；借助专业场地分析软件，分析项目选址的各项因素，如交通的便捷性、公共设施服务半径、开发强度、控制范围等；依据分析结果，进行场地选址的科学性与合理性评估，并给出评估建议。

4）场地选址比选应提供以下成果：基于三维可视化场地模型的各项分析报告；包含场地相关信息的 BIM 模型。

2. 场地与规划条件分析

1）借助场地分析软件，建立场地建筑信息模型，在建筑方案设计过程中，利用场地模型分析建筑场地的主要影响因素，为不同的建筑方案评审提供依据。

2）基础数据源：主要是前期工程勘察数据信息，包括项目地块信息、现有规划文件、工程勘察报告、工程水文资料等；项目场地周边地形信息，可来源于 GIS 数据、电子地图等。

3）场地与规划条件分析应包括以下内容：项目所处场地分析，包括等高线、流域、纵横断面、填挖方、高程、坡度、方向等；项目场地周边环境分析，包括物理环境（例如气候、日照、采光、通风等）、出入口位置、车流量、人流量、节能减排等。

4）场地与规划条件分析应提供以下成果：场地分析报告，体现场地分析结构、不同场地设计方案分析数据比对结果等；场地模型，体现场地边界（例如项目用地红线、项目正北向、高程、退距等）、地形表面、场地道路、建筑地坪等。

3. 方案 BIM 模型构建

1）依据设计条件，为建设项目提出空间架构设想、创意表达形式及结构方式的初步解决方案，搭建建筑单体方案设计阶段 BIM 模型，为初步设计阶段的 BIM 应用及项目审批提供数据基础。

2）基础数据源：概念设计说明及相关资料、方案设计依据及相关资料。

3）方案 BIM 模型构建应包括以下内容：项目场地模型信息；建筑单体主体外观形状；建筑标高、基本功能分隔构件；建筑主要空间功能及参数要求；主要技术经济指标；绿色建筑及装配式建筑设计指标；建筑防火、人防类别与等级。

4）方案 BIM 模型构建应提供以下成果：方案建筑信息模型、项目各项指标数据。

4. 建筑性能模拟分析

1）建筑性能模拟分析主要是为提高项目的性能、质量、安全和合理性，借助相关专业性能分析软件，基于方案 BIM 模型，对项目的可视度、采光、通风、人员疏散、结构、节能减排等进行专项分析。

2）基础数据源：方案 BIM 模型；项目周边环境数据，包括气象数据、热负荷数据、热工参数等。

3）实施内容：根据相关专业性能分析专业要求，调整方案 BIM 模型，构建各类性能分析软件所需的模型；分别进行各项性能分析，并获取单项性能分析报告；综合各类性能分析报告，并进行评估；通过调整设计方案，确定最优性能的设计方案。

4）成果提供：宜提供最优性能方案的分项性能分析报告及综合性能分析报告；提供最优性能方案的专项性能分析模型数据。

5. 设计方案比选

1）基于最优性能分析方案 BIM 模型，通过局部调整的方式形成多个备选设计方案 BIM 模型，并经过多方沟通、讨论、调整，最终形成最佳的设计方案，为初步设计阶段提供基础数据。

2）基础数据源：最优性能分析方案 BIM 模型。

3）实施内容：收集各方对最优性能分析方案 BIM 模型的调整意见；根据调整意见，调整设计方案模型，形成备选方案模型；从项目可行性、功能性、美观性等多方面进行多方可视化方案评选，形成方案比选报告；多轮方案评选后，确定最终设计方案 BIM 模型。

4）成果提供：备选设计方案模型、方案比选报告、最终设计方案 BIM 模型。

6. 项目各项指标分析

1）本阶段项目各项指标主要包括技术经济指标、绿色建筑设计指标、装配式建筑设计指标等。

2）基础数据源：最终设计方案 BIM 模型。

3）各项指标细化分析范围：建筑总体平面布置及主体模型主要构件信息及几何尺寸、结构主体构件信息及几何尺寸、各项指标分析统计。

4）项目各项指标细化分析宜提供下列成果：满足方案设计深度要求的 BIM 模型；技术经济指标分析统计表；绿色建筑设计目标和采用的绿色建筑技术和措施；装配式建筑设计的目标、定位以及主要的技术措施。

7. 建筑造价估算

1）本阶段建设造价估算是对建设项目设计方案进行分析测算，估算建设项目的投资造价，反

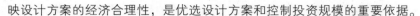

映设计方案的经济合理性，是优选设计方案和控制投资规模的重要依据。

2）基础数据源：最终设计方案 BIM 模型、项目涉及的造价指标或定额、项目设计的设备材料供应选型及价格等、与本项目具有可比性的已完项目造价资料。

3）实施方法：了解项目所在地区以及项目的情况，理解项目设计方案，掌握项目所包含的主要技术参数；通过 BIM 模型提取工程量清单，依据项目造价定额，结合主要材料设备供应选型、价格以及同类项目的造价资料进行项目估算编制；将工程估算信息更新并导入设计方案 BIM 模型。

4）成果提供：造价估算编制说明、投资估算分析、总投资估算表、单项工程估算表、主要技术经济指标、包含项目建筑造价估算信息的 BIM 模型。

二、方案设计阶段 BIM 模型深度

方案设计阶段各专业 BIM 模型需要表达的主要内容和模型深度见表 3 – 1。结合工程项目实际情况或 BIM 应用需求，可对模型所需的内容和信息进行修改及补充。

表 3 – 1　方案设计阶段 BIM 模型深度

专业	模型深度	
	模型内容	基本信息
建筑	1. 场地：场地边界（用地红线、高程、正北）、地形表面、建筑地坪、场地道路等 2. 建筑功能区域划分：主体建筑、停车场、广场、绿地等 3. 建筑空间划分：主要房间、出入口、垂直交通运输设施等 4. 建筑主体外观形状、位置等	1. 场地：地理区位、水文地质、气候条件等 2. 主要技术经济指标：建筑总面积、占地面积、建筑层数、建筑高度、建筑等级、容积率等 3. 建筑类别与等级：防火类别、防火等级、人防类别等级、防水防潮等级等
结构	1. 钢筋混凝土结构主要构件布置：柱、梁、剪力墙等 2. 钢结构主要构件布置：柱、梁等 3. 其他结构主要件布置	1. 自然条件：场地类别、基本风压、基本雪压、气温等 2. 主要技术经济指标：结构层数、结构高度等 3. 建筑类别与等级：结构安全等级、建筑抗震设防类别、钢筋混凝土结构抗震等级等

第 2 节　初步设计阶段

一、初步设计阶段 BIM 应用内容

初步设计阶段是介于方案设计和施工图设计之间的过程，是对方案设计进行细化的阶段。在本阶段，需要深化结构建模设计和分析核查、推敲完善方案设计 BIM 模型；利用各专业 BIM 模型进行设计优化，为项目建设的批复、核对、分析提供准确的工程项目设计信息，并为施工图设计阶段提供数据基础；应用 BIM 软件对专业间平面、立面、剖面等图位置进行一致性检查，将修正

后的模型进行剖切，生成平面、立面、剖面等图，形成初步设计阶段的建筑、结构模型和二维设计图。

1. 各专业 BIM 模型构建

1）构建各专业 BIM 模型时，其模型深度宜符合初步设计深度要求，为后续初步设计阶段的 BIM 技术应用提供模型数据依据。

2）基础数据源：通过相关监管方及责任方审核确认的方案设计 BIM 模型；通过相关监管方及责任方审核确认的方案设计二维图纸。参与各专业 BIM 模型构建前，应统一建模规则并设置对应的项目样板文件，项目样板至少包括：项目基本信息，如建设单位、项目名称、项目地址、项目编号等；专业信息，如标高、轴网、文字样式、字体大小、标注样式、线型等。

2. 各专业 BIM 模型检查优化

本阶段的模型检测优化主要针对专业内部及专业之间相互提资。

1）模型检测优化范围：模型生成的三维透视图，平面、立面、剖面视图是否统一；各专业设计是否有漏项，是否通过协同配合优化设计；各专业模型深度是否达到初步设计阶段深度要求。

2）各专业模型检测优化宜提供成果：本专业模型达到初步设计建模深度的确认报告；各专业对相互成果模型的确认文件；各专业模型检测优化调整后的 BIM 模型文件。

3. 项目各项指标细化分析

本阶段各项指标主要包括技术经济指标、绿色建筑设计指标、装配式建筑设计指标。

1）基础数据源：优化调整后的各专业 BIM 模型。

2）各项指标细化分析范围：模型构建是否满足项目建设批复的相关要求；建筑总平面及主体模型主要构件信息及定位尺寸是否满足要求；结构主体构件信息及定位尺寸是否满足要求；机电专业复核相关专业互提资料信息是否满足要求；各类指标分析统计是否满足要求。

3）项目各项指标细化分析宜提供下列成果：满足初步设计深度要求的各专业 BIM 模型、技术经济指标分析统计表、绿色建筑设计技术的内容、装配式建筑设计技术的内容。

4. 性能化分析

初步设计阶段性能化分析的目的是：在满足建筑功能需求的基础上，实现建筑全生命期内的资源节约和环境保护，提供健康、舒适和高效的使用空间。

1）基础数据源：满足初步设计阶段深度要求的各专业 BIM 模型。

2）实施方法：完善各专业 BIM 模型，添加性能化分析需求的关键参数，通过 BIM 软件自动统计或性能化分析软件，与国家或地方标准进行对比或进行专项，评定是否达到相关星级的绿色建筑标准；

借助相应性能化分析软件，进行专项计算分析，评定是否达到相关星级的绿色建筑标准。

3）性能化分析宜提供下列成果：性能化分析报告、达到相关星级成果要求的优化建议。

5. 设计概算

设计概算由设计单位主导，用于确定和控制建设项目全部投资，包括建设项目从立项、可行性研究、设计、施工、试运行到竣工验收等的全部建设资金。设计概算 BIM 模型是在初步设计 BIM 模型的基础上，按照设计概算建模规范进行模型深化，配合相关行业定额、设备材料价格等数据，实现工程量计算和计价的 BIM 模型。

1）基础数据源：满足初步设计阶段深度要求的各专业 BIM 模型、参与各方都认可的设计概算建模规范、项目涉及的概算指标或定额、项目设计的设备材料供应及价格等。

2）实施方法：了解项目所在地区自然条件、社会条件、项目技术复杂度及有关文件、合同、协议等；参与各方应对初步设计模型进行深化，形成满足规范要求的初始设计概算 BIM 模型；

通过初始设计概算 BIM 模型提取概算工程量及主要材料设备信息，根据工程所在地的概算定额或行业概算定额以及工程费用定额做出设计概算，编制单位工程概算、单项工程综合概算、建设项目总概算三级概算文件；将工程概算造价信息更新进入初始设计概算 BIM 模型，形成最终设计概算 BIM 模型。

3）成果提供：项目概算信息的设计概算 BIM 模型；概算编制说明：项目概况、计算范围、设计概算建模规范、主要技术经济指标、资金来源、编制依据、其他需要说明的问题、总说明；单位工程概算；单项工程综合概算；建设项目总概算。

二、 初步设计阶段 BIM 模型深度

初步设计阶段各专业 BIM 模型需要表达的模型深度见表 3 – 2。结合工程项目实际情况或 BIM 应用需求，可对模型所需的内容和信息进行修改及补充。

表 3 – 2   初步设计阶段 BIM 模型深度

专业	模型深度	
	模型内容	基本信息
建筑	1. 主要建筑构造部件的基本尺寸和位置：非承重墙、门窗（幕墙）、楼梯、电梯、自动扶梯、阳台、雨篷、台阶等 2. 主要建筑设备的大概尺寸（近似形状）和位置：卫生器具等 3. 主要建筑装饰构件的大概尺寸（近似形状）和位置：栏杆、扶手等	1. 场地：地理区位、水文地质、气候条件等 2. 主要技术经济指标：建筑总面积、占地面积、建筑层数、建筑高度、建筑等级、容积率等 3. 建筑类别与等级：防火类别、防火等级、人防类别等级、防水防潮等级等 4. 主要建筑构件材料信息 5. 建筑功能和工艺等特殊要求：声学、建筑防护等
结构	1. 基础的基本尺寸和位置：桩基础、筏形基础、独立基础等 2. 混凝土结构主要构件的基本尺寸和位置：柱、梁、剪力墙、楼板等 3. 钢结构主要构件的基本尺寸和位置：柱、梁等 4. 空间结构主要构件的基本尺寸和位置：桁架、网架等 5. 主要设备安装孔洞大概尺寸和位置	1. 自然条件：场地类别、基本风压、基本雪压、气温等 2. 主要技术经济指标：结构层数、结构高度等 3. 建筑类别与等级：结构安全等级、建筑抗震设防类别、结构抗震等级等 4. 增加特殊结构及工艺等要求：新结构、新材料及新工艺等
暖通	1. 主要设备的基本尺寸和位置：冷水机组、新风机组、空调器、通风机、散热器等 2. 主要管道、风道干管的基本尺寸、位置及主要风口位置 3. 主要附件的大概尺寸（近似形状）和位置：阀门、计量表、开关、传感器等	1. 系统信息：热负荷、冷负荷、风量、空调冷热水量等基础信息 2. 设备信息：主要性能数据、规格信息等 3. 管道信息：管材信息及保温材料等

（续）

专业	模型深度	
	模型内容	基本信息
给排水	1. 主要设备的基本尺寸和位置：水泵、锅炉、换热设备、水箱、水池等 2. 主要构筑物的大概尺寸和位置：阀门井、水表井、检查井等 3. 主要干管的基本尺寸和位置 4. 主要附件的大概尺寸（近似形状）和位置：阀门、仪表等	1. 系统信息：水质、水量等 2. 设备信息：主要性能数据、规格信息等 3. 管道信息：管材信息等
电气	1. 主要设备的基本尺寸和位置：机柜、配电箱、变压器、发电机等 2. 宜增加其他设备的大概尺寸（近似形状）和位置：照明灯具、视频监控、报警器、警铃、探测器等	1. 系统信息：负荷容量、控制方式等 2. 设备信息：主要性能数据、规格信息等 3. 电缆信息：材质、型号等

第 3 节　施工图设计阶段

一、施工图设计阶段 BIM 应用内容

施工图设计是建筑项目设计的重要阶段，是项目设计和施工的桥梁。本阶段主要通过施工图图纸及模型，表达建筑项目的设计意图和设计结果，并作为项目现场施工制作的依据。

施工图设计阶段的 BIM 应用是各专业 BIM 模型构建并进行优化设计的复杂过程。各专业 BIM 模型包括建筑、结构、给排水、暖通、电气等专业。在此基础上，根据专业设计、施工等知识框架体系，进行碰撞检测、三维管线综合、竖向净空优化等基本应用，完成对施工图阶段设计的多次优化。针对某些会影响净高要求的重点部位，进行具体分析并讨论，优化机电系统空间走向排布和净空高度。

1. 各专业 BIM 模型构建

构建各专业 BIM 模型时，其深度宜符合施工图设计深度要求，为后续施工图深化阶段的 BIM 技术应用提供模型数据依据。

1）基础数据源：通过相关责任方评审的初步设计阶段各专业 BIM 模型；通过项目建设批复的初步设计阶段各专业二维图纸。

2）各专业 BIM 模型构建协同工作方式：可采用 BIM 软件自带的协同功能与其他专业进行协同工作，各专业依据相关标准、规范要求，在同一平台上各自完成施工图 BIM 模型搭建。

3）施工图阶段各专业 BIM 模型成果应满足规范及本阶段各专业 BIM 模型深度要求。

2. 建筑与结构专业 BIM 模型的对应检测

建筑与结构的 BIM 模型同步叠合对应检测，主要目的是通过建筑 BIM 模型与结构 BIM 模型的叠合比对，检查建筑与结构构件在平面、立面、剖面位置的尺寸是否相互对应以及有无冲突和碰撞。

1）基础数据源：为同一版本且通过专业会签的建筑与结构专业 BIM 模型。

2）检测范围：建筑与结构专业构件的空间位置及尺寸、预留洞口等，检查模型中是否存在错漏碰缺等问题。

3）检测内容：建筑与结构柱网、柱（剪力墙等）、梁、板、墙体、楼梯、节点构造等构件尺寸及位置在建筑平面、立面、剖面、大样的一致性；预留洞口尺寸及位置的一致性。

4）检测成果提供：土建冲突及碰撞检测报告，应记录冲突及碰撞内容的节点位置等，并提出调整建议提交责任方审定及调整。

3. 机电管线综合检测及优化

机电管线综合检测优化是指：基于各专业施工图阶段的 BIM 模型，检测机电管线的"错、漏、碰、缺"问题，优化机电管线布置方案，提高施工图设计质量，避免将设计阶段的不合理问题传递到施工阶段。

1）基础数据源：为同一版本且通过专业会签的施工图阶段各专业 BIM 模型。

2）检测范围：机电专业与土建专业之间管线综合检测，包含给排水、暖通、电气、智能化等专业分别与建筑、结构相关构件之间的碰撞检测、间距复核、预留孔洞检测；机电专业之间管线综合检测，包括给排水、暖通、电气、智能化等专业相互之间的系统管道碰撞检测、间距复核；机电单专业内部管线检测，包括给排水、暖通、电气、智能化等专业内部的各系统管线缺项、碰撞检测、间距复核。

3）检测内容：机电各专业内部管线体系的主要部件漏项问题；机电管线平面布置及空间位置关系；机电管线检修空间、系统之间避让空间问题；机电专业与土建专业的图纸对应性和一致性。

4）机电管线综合检测优化应提供：管线碰撞检测报告，报告中应记录管线碰撞内容，包含碰撞分布情况、碰撞节点位置、对应碰撞构件 ID 号、各类型碰撞统计等，并提出优化调整建议，最终形成机电管线综合图；优化后的各专业 BIM 模型应符合施工图阶段 BIM 模型深度要求。

4. 空间净高检测优化

空间净高检测优化可与机电管线综合检测优化同步进行，主要是基于施工阶段各专业 BIM 模型，对建筑物内部竖向空间进行检测分析，在满足建筑使用功能和规范要求的前提下，进一步优化净高。

1）基础数据源：为同一版本的施工图阶段各专业 BIM 模型。

2）检测范围：地下室停车位、行车道空间和地下室汽车坡道；设备用房区域；室内主要通道、地下室主楼门厅和门厅出户前一跨区域；楼梯梯段及平台；室内使用功能区域；对净高有特殊要求的区域。

3）检测内容：检测范围内上方机电管道、结构梁、吊顶设置是否满足净高要求，结构预留孔洞位置是否与机电管道需求对应；楼梯梯段及平台上方结构梁是否满足梯段及平台净高要求。

4）室内净高检测优化应提供：净高分析报告，可与管线碰撞检测报告合并，宜记录不满足净高要求的节点位置、不满足原因及优化建议；优化后的各专业 BIM 模型应符合施工图阶段 BIM 模型深度要求。

5. 虚拟仿真漫游

虚拟仿真漫游可用于方案设计阶段、初步设计阶段、施工图设计阶段等，其主要目的是基于各阶段 BIM 模型数据，利用软件平台提供的漫游、动画功能，依据建设单位或设计单位的工程负责人指定的漫游路线制作建筑物内外部虚拟动画，便于相关人员直观感受建筑物三维空间，辅助设计评审、优化设计方案。

1）基础数据源：为同一版本的相关专业 BIM 模型。

2）操作流程：收集数据，并确保数据的准确性；将 BIM 模型导入具有虚拟动画制作功能的 BIM 软件中，根据建筑项目实际场景的情况，赋予模型相应的材质、灯光、配景等；设定视点和漫游路径，该漫游路径应当能反映建筑物整体布局、主要空间布置以及重要场所设置，以呈现设计表达意图；漫游文件可采取多种视频格式播放、可以 VR、AR、MR 等方式表达。

3）成果提供：成果应当能清晰表达建筑物的设计效果，并反映主要空间布置。

6. 项目各项指标复核

核对初步设计批复的深化及修改要求、复核施工图评审要求的相关指标。

1）基础数据源：完善的施工图阶段各专业 BIM 模型。

2）指标复核的主要内容：核实主要技术经济指标，复核初步设计批复的深化及修改要求；复核道路红线、建筑红线等建筑控制线与场地内的相关建筑定位关系；统计单体建筑面积明细，复核主要设备明细表；计算并复合是否达到绿色建筑设计要求及装配式建筑设计要求。

3）成果提供：主要技术经济指标统计表；单体建筑面积统计表；主要设备明细表；绿色建筑设计说明；标准化设计要点、预制部位及预制率计算等技术应用说明。

7. 性能化分析

施工图设计阶段性能化分析应运用专业的性能分析软件结合 BIM 模型，对建筑物的可视度、采光、通风、人员疏散、结构、能耗排放等进行模拟分析，以提高建筑项目的性能、质量、安全和合理性。

1）基础数据源：满足施工图设计阶段深度要求的各专业 BIM 模型。

2）实施方法：完善各专业 BIM 模型，添加性能化分析需求的关键参数，通过相关性能化分析软件模拟计算，与《绿色建筑评价标准》（GB/T 50378—2014）相关条文对比，评定是否达到相关星级的绿色建筑评价标准；根据分析结果，寻求建筑综合性能平衡点，最大化提高建筑物性能。

3）成果提供：性能化分析报告，宜包含达到相关星级成果要求的优化建议。

8. 施工图预算

为提高造价工作效率和准确性，根据已批准的施工图 BIM 模型和现行的预算定额、费用定额和地区人工、材料、设备与机械台班等资源价格，按照施工图预算建模规范进行模型深化，确定施工图预算。

1）基础数据源：完善的施工图阶段各专业 BIM 模型；招投标要求的计算范围、计量要求及计价依据等文件；参与各方都认可的施工图预算建模规范；供招投标使用的施工图设计文件；已批准的工程概算成果，现行的预算定额、人工、材料、设备与机械台班等资源价格。

2）实施方法：参与各方审核施工图预算建模规范，确认无异议后，基于此规范，在不改变原设计要求的条件下，深化已批准的施工图 BIM 模型，完善模型信息，特别是构件信息，形成满足规范要求的初始施工图预算 BIM 模型。初始施工图预算 BIM 模型的构件边界、属性、归类以及模型深度等各项要求符合规范及建模规定，并经过复核和批复；根据招投标要求的计算范围、计量要求及计价依据等文件，结合已批复的初始施工图预算 BIM 模型的实际模型深度，确定基于初始施工图预算模型的造价计算范围和要求，并经过复核和批复；基于已批复的初始施工图预算模型提取构件信息，进行分类统计；构件进行统一编码，并套用工程量清单；对项目工程量清单进行组价，套用各专业预算定额，应用当地主要材料设备价格，根据最新工程费用定额进行汇总计算，形成单位工程施工图工程预算；汇总所有单位工程施工图预算，形成单项工程预算；汇总所有单项工程施工图预算，形成最终建设项目建安工程总预算；将项目预算造价信息更新进入初始施工图预算 BIM 模型，形成最终施工图预算 BIM 模型。

3）成果提供：包含项目预算信息的施工图预算模型；预算编制说明：项目概况、计算范围、编制依据、施工图预算建模规范、总说明以及其他需要说明的问题等；单位工程施工图预算，包括建筑工程预算和设备安装工程预算；单项工程施工图预算；建设项目建安工程总预算。

二、专业间协同设计提资内容

专业间协同设计需要相互提资的主要内容见表 3 - 3。结合工程项目实际情况或 BIM 应用需求，可对提资内容和信息进行修改及补充。

表 3 - 3　专业间协同设计需要相互提资的主要内容

提资专业	施工图阶段	接收专业
建筑	1. 与施工图一致的模型，尺寸、标高齐全，轴线关系明确，门窗位置，电梯、防火卷帘位置，楼梯位置，擦窗机位，承重墙与非承重墙的位置等能满足结构设计所需尺寸。对结构件尺寸有特殊要求的部位（如降板区、特殊构造位置）提供局部详细尺寸 2. 建筑物各部位的构造做法，各层材料的厚度 3. 雨篷、阳台、挑檐的具体尺寸及女儿墙的高度 4. 电梯井道及机房的布置详细尺寸 5. 提供门窗表，由结构专业确定过梁型号及做法 6. 特殊工艺的工艺要求 7. 二次装修设计的区域和范围 8. 总图竖向设计详细尺寸	结构
	1. 与施工图一致的模型，轴线、尺寸、标高齐全，要标示卫生间、沐浴间的布置；需用水池，水盆的要标示位置 2. 管道竖井的位置，如设吊顶或技术层时，表明底标高及技术层的净高尺寸（指楼板到梁底） 3. 在确定层高时对梁底与窗顶之间要留出走管道的位置 4. 提供卫生间与沐浴间布置的详细尺寸 5. 室内明沟的位置、起止点的沟底标高 6. 开水房的平面布置详细尺寸 7. 提供须作防火分隔水幕和防护冷却水幕的位置 8. 民用建筑中工艺或设备的特殊用水要求（高纯水、放射性污废水等） 9. 二次装修设计的区域和范围 10. 总图化污池、污水处理站可选择位置（与给水排水专业共同协商） 11. 总图竖向设计详细尺寸	给水排水

（续）

提资专业	施工图阶段	接收专业
建筑	1. 与施工图一致的模型，尺寸、标高齐全，轴线关系明确，表明门窗位置，墙厚及房间编号或名称 2. 提供建筑物各部位的构造及材料做法，并注明厚度（保温材料与暖通商定） 3. 提供门窗明细表，选定标准图型号 4. 提供有吊顶的房间的分布位置 5. 高层建筑防烟楼梯的布置，以及竖井及风机房的详细尺寸 6. 提供共用竖井或设置技术层时的详细尺寸 7. 空调设备有防噪声要求的，建筑专业要提供隔声措施，说明选用材料及做法 8. 对室内装修要求高的房间吊顶的平面布置与灯具、报警器喷淋点、风口、吊顶装饰共同布置确定位置 9. 特殊工艺的工艺要求 10. 二次装修设计的区域和范围 11. 节能设计相关计算数据	暖通
	1. 与施工图一致的模型，尺寸、标高齐全，轴线关系明确，标明房间名称及编号 2. 提供电梯、自动扶梯、电动卷帘门、自动门等的位置及设计要求 3. 提供建筑用电设备，如电动天窗及侧窗开关器的设计要求 4. 防雷接地，室内电气插座的数量及位置的要求 5. 对室内装修要求高的房间吊顶的平面布置，其灯具位置要与其他专业相协调，提供吊顶平面布置 6. 提供建筑物室内外装修及各部位构造材料做法，注明垫层隔声层的厚度 7. 变形缝位置、尺寸 8. 二次装修设计的区域和范围 9. 特殊工艺的工艺要求	电气
	1. 与施工图一致的模型，尺寸、标高齐全，轴线关系明确，标明门窗位置、墙厚及房间编号或名称 2. 各类构件尺寸、标高明确 3. 说明构件材料及做法 4. 特殊工艺的工艺要求 5. 专用设备的相关信息	建筑经济
结构	1. 当有地下室时，提供地下室底板、顶板和墙的厚度、四周挑出长度及底板底的埋深（基底标高） 2. 建筑物的结构形式，梁、板、柱的断面尺寸，牛腿尺寸和顶标高 3. 柱间支撑的位置形式和断面尺寸 4. 电梯井的井壁厚度 5. 砌体结构的材料强度等级，窗间墙及转角处的最小尺寸 6. 圈梁和构造柱设置位置和断面尺寸、顶标高 7. 变形缝、沉降缝、抗震缝的位置、尺寸及其与定位轴线的关系	建筑

（续）

提资专业	施工图阶段	接收专业
结构	1. 建筑物的结构形式，梁、板、柱的断面尺寸，相应的平面关系 2. 预留孔洞位置及尺寸 3. 集水坑平面位置及剖面详图	给水排水
	1. 建筑物的结构形式、梁、板、柱的断面尺寸，相应的平面关系 2. 预留孔洞位置及尺寸	暖通
	建筑物的结构形式，梁、板、柱的断面尺寸，相应的平面关系	电气
	1. 建筑物的结构形式，梁、板、柱的断面尺寸，相应的平面关系 2. 梁、板、柱、墙等的钢筋配置情况 3. 各类构件的混凝土强度等级，用钢等级	建筑经济
给水排水	1. 本专业的工艺建筑物或构筑物，提供工艺平面布置图，包括控制尺寸、层高、房间分配及各类房间的特殊要求等，如隔声、防腐、防潮、防水以及起重吊装设备和安装孔洞等 2. 建筑给水排水，提供给水排水设施的辅助用房位置、占用面积、要求层高及对建筑方面的特殊要求等 3. 各类建筑物内消防给水设施的布置，有暗设者提供墙洞位置及几何尺寸标高等；各种管道需要竖井时，协商竖井位置及几何尺寸，并协商各种架空管道走向及控制标高等 4. 室内本专业需设置排水沟时，协商位置及做法，包括断面尺寸、控制标高及各种特殊要求等 5. 屋面雨水沟、雨水斗的位置，过水孔、溢流口的尺寸、标高、位置或数量	建筑
	1. 本专业的工艺建筑物、构筑物，应提构造要求、设备基础、吊装设备和吊轨需求，标高和净高要求 2. 降板、降梁、管沟、回填区域面积、位置和高度的要求 3. 水池的检修口、取水口、吸水坑等的位置、尺寸、深度等；水箱的位置、荷载，面积、基础 4. 穿梁、剪力墙、地下室外墙超过 $\phi300$ 的预留洞 5. 超过 $\phi400$ 的管道位置和单位长度满水荷载	结构
	污水泵房、加药间等存在和产生有毒有害气体空间的换气次数要求	暖通
	1. 各用电设备的具体位置和安装容量、控制要求、额定电压、功率因数、工作效率等 2. 电磁阀、信号阀、消火栓、水流指示器、气体灭火等消防设施位置和控制原理 3. 水池、水箱的溢流报警控制要求 4. 感应式洁具的位置和用电要求 5. 室内干管的垂直、水平通道	电气
	1. 与施工图一致的模型，尺寸、标高齐全，轴线关系明确，标明门窗位置、墙厚及房间编号和名称 2. 机电设备、管道、管件等规格、尺寸、标高明确，阀门连接方式明确 3. 说明构件材料及做法	建筑经济

（续）

提资专业	施工图阶段	接收专业
暖通	1. 本专业所需各种空调、进排风机房、冷冻站、水池、热交换间等准确的平面布置、尺寸及净高要求 2. 地下风道和管沟准确的平面布置、断面尺寸以及防潮、防水、排水等要求 3. 竖井风道、管道井的位置、断面尺寸，检查门的位置、尺寸等要求 4. 围护结构需保温时，与土建配合确定保温材料及厚度、隔汽层的要求 5. 设备进出机房所的洞口尺寸、位置 6. 有吊顶要求的部位 7. 各种管道及配件在围护结构及管井上需留洞的尺寸、位置、标离及需要预埋件的位置、尺寸等要求 8. 需要时，提出外窗层数及遮阳要求 9. 需要时，提出外窗密闭及隔声要求	建筑
	1. 本专业大型设备的详细重量及位置 2. 所有本专业需在结构承重墙、楼板上的开洞详细尺寸及位置	结构
	1. 寒冷地区未设采暖的房间区域 2. 需要给水、排水的房间及排水的方式（压力或重力） 3. 本专业与给水、排水的接口及具体的水量、水处理需求	给水排水
	1. 提出需要防雷接地和防静电接地的设备 2. 排烟阀、加压送风阀、需要电气或信号控制的阀件等数量及控制要求和位置；各用电设备的具体位置及其电气安装容量、控制要求、额定电压、功率因数、工作效率等 3. 各系统风管敷设路径	电气
	1. 与施工图一致的模型、尺寸、标高齐全，轴线关系明确，标明门窗位置、墙厚及房间编号或名称 2. 机电设备、管道、管件等规格、尺寸、标高明确，阀门连接方式明确 3. 说明构件材料及做法	建筑经济
电气	1. 电气用房和竖井的具体位置、面积、层高及防火要求；电气用房的预埋件、预留洞等 2. 变压器室的具体位置、面积及层高；预埋件、预留洞、通风百叶窗面积 3. 建筑物内电缆沟的布置、尺寸、预埋件及防火要求 4. 配电箱（盘）在墙上嵌装的预留洞位置、尺寸、标高 5. 建筑物明设接闪网及引下线的位置、预埋件等 6. 电气线路进出建筑物位置、主要敷设通道	建筑
	1. 设备管井预留洞位置、尺寸，暗装于剪力墙的配电箱留洞位置及尺寸 2. 进出建筑物预留穿墙套管位置及管径 3. 变压器、柴油机、高低压配电柜等位置及相应荷载、卫星电视设备的位置及相应荷载 4. 对结构有特殊要求时应向结构专业提出（包括设备吊装及运输通道要求、安装在屋顶或楼板上较重设备的安装要求等）	结构

（续）

提资专业	施工图阶段	接收专业
电气	1. 变配电房电缆沟低洼处，设集水坑及相应排水要求 2. 柴油机房进出水管位置及尺寸 3. 需要给水排水设施的设备、机房的位置及水量、水压、水质要求 4. 电气线路进出建筑物、主要管线、桥架敷设路径	给水排水
	1. 根据柴油机发电机设备功率，提供进排风口面积大小 2. 变配电房的设备布置、尺寸 3. 电气线路进出建筑物、主要管线、桥架敷设路径	暖通
	1. 与施工图一致的模型，尺寸标高齐全，轴线关系明确，标明门窗位置、墙厚及房间编号和名称 2. 电气设备、管线等规格、尺寸、标高明确 3. 说明构件及做法	建筑经济

三、施工图设计阶段 BIM 模型深度

施工图设计阶段各专业 BIM 模型深度见表 3 –4。结合工程项目实际情况或 BIM 应用需求，可对模型所需的内容和信息进行修改及补充。

表 3 –4　施工图设计阶段 BIM 模型深度

专业	模型深度	
	模型内容	基本信息
建筑	1. 主要建筑构造部件深化尺寸和定位信息：非承重墙、门窗（幕墙）、楼梯、电梯、自动扶梯、阳台、雨篷、台阶等 2. 其他建筑构造部件的基本尺寸和位置：夹层、天窗、地沟、坡道等 3. 主要建筑设备和固定家具的基本尺寸和位置：卫生器具等 4. 大型设备吊装孔及施工预留孔洞等的基本尺寸和位置 5. 主要建筑装饰构件的大概尺寸（近似形状）和位置：栏杆、扶手、功能性构件等 6. 细化建筑经济技术指标的基础数据	1. 场地：地理区位、水文地质、气候条件等 2. 主要技术经济指标：建筑总面积、占地面积、建筑层数、建筑高度、建筑等级、容积率等 3. 建筑类别与等级：防火类别、防火等级、人防类别等级、防水防潮等级等 4. 主要建筑构件材料信息 5. 建筑功能和工艺等特殊要求：声学、建筑防护等 6. 主要建筑构件技术参数和性能（防火、防护、保温等） 7. 主要建筑构件材质等 8. 特殊建筑造型和必要的建筑构造信息
结构	1. 基础深化尺寸和定位信息：桩基础、筏形基础、独立基础等 2. 钢筋混凝土结构主要构件深化尺寸和定位信息：柱、梁、剪力墙、楼板等 3. 钢结构主要构件深化尺寸和定位信息：柱、梁、复杂节点等 4. 空间结构主要构件深化尺寸和定位信息：桁架、网架、网壳等	1. 自然条件：场地类别、基本风压、基本雪压、气温等 2. 主要技术经济指标：结构层数、结构高度等 3. 建筑类别与等级：结构安全等级、建筑抗震设防类别、结构抗震等级等 4. 增加特殊结构及工艺等要求：新结构、新材料及新工艺等

（续）

专业	模型深度	
	模型内容	基本信息
结构	5. 结构其他构件的基本尺寸和位置：楼梯、坡道、排水沟、集水坑等 6. 主要预埋件布置 7. 主要设备孔洞准确尺寸和位置 8. 构件配筋信息	5. 结构设计说明 6. 结构材料种类、规格、组成等 7. 结构物理力学性能 8. 结构施工或预制构件制作、安装要求等
暖通	1. 主要设备深化尺寸和定位信息：冷水机组、新风机组、空调器、通风机、散热器、水箱等 2. 其他设备的基本尺寸和位置：伸缩器、入口装置、减压装置、消声器等 3. 主要管道、风道深化尺寸、定位信息（如管径、标高等） 4. 次要管道、风道的基本尺寸、位置 5. 风道末端（风口）的大概尺寸、位置 6. 主要附件的大概尺寸（近似形状）和位置：阀门、计量表、开关、传感器等 7. 固定支架位置	1. 系统信息：热负荷、冷负荷、风量、空调冷热水量 2. 设备信息：主要性能数据、规格信息等 3. 管道信息：管材信息及保温材料等 4. 系统信息：系统形式、主要配置信息、工作参数要求等 5. 设备信息：主要技术要求、使用说明等 6. 管道信息：设计参数、规格、型号等 7. 附件信息：设计参数、材料属性等 8. 安装信息：系统施工要求、设备安装要求、管道敷设方式等
给水排水	1. 主要设备深化尺寸和定位信息：水泵、锅炉、换热设备、水箱水池等 2. 给水排水干管、消防管干管等深化尺寸、定位信息，如管径、埋设深度或敷设标高、管道坡度等。管件（弯头、三通等）的基本尺寸、位置 3. 给水排水支管、消防支管的基本尺寸、位置 4. 管道末端设备（喷头等）的大概尺寸（近似形状）和位置 5. 主要附件的大概尺寸（近似形状）和位置：阀门、仪表等 6. 固定支架位置	1. 系统信息：水质、水量等 2. 设备信息：主要性能数据、规格信息等 3. 管道信息：管材信息等 4. 系统信息：系统形式、主要配置信息等 5. 设备信息：主要技术要求、使用说明等 6. 管道信息：设计参数（流量、水压等）、接口形式、规格、型号等 7. 附件信息：设计参数、材料属性等 8. 安装信息：系统施工要求、设备安装要求、管道敷设方式等
电气	1. 主要设备深化尺寸和定位信息：机柜、配电箱、变压器、发电机等 2. 其他设备的大概尺寸（近似形状）和位置：照明灯具、视频监控、报警器、警铃、探测器等 3. 主要桥架（线槽）的基本尺寸、位置	1. 系统信息：负荷容量、控制方式等 2. 设备信息：主要性能数据、规格信息等 3. 电缆信息：材质、型号等 4. 系统信息：系统形式、联动控制说明、主要配置信息等 5. 设备信息：主要技术要求、使用说明等 6. 电缆信息：设计参数（负荷信息等）、线路走向、回路编号等 7. 附件信息：设计参数、材料属性等 8. 安装信息：系统施工要求、设备安装要求、线缆敷设方式等

第4节　课后练习

1. 在设计阶段，BIM 技术不可以进行下列哪一项分析（　　）。

　　A. 消防分析、功能分区、空间组合分析

　　B. 交通分析（人流及车流的组织、停车场的布置及停车泊位数量等）

　　C. 地形分析、绿地布置、日照分析、景观分析

　　D. 房屋销售量分析、居住率分析

2. 对于装配式建筑专业模型，一般不需要按照（　　）进行拆分。

　　A. 分包区域　　　　　　B. 楼层　　　　　　C. 系统　　　　　　D. 构件类型差异

3. 初步设计阶段性能化分析的目的不包括（　　）。

　　A. 满足建筑功能需求

　　B. 实现建筑全生命期内的资源节约和环境保护

　　C. 为使用者提供健康、舒适和高效的使用空间

　　D. 只为省事、省力、省钱、促进经济发展

4. 方案报批阶段成果不需要提供（　　）。

　　A. 备选设计方案模型　　　　　　　　B. 方案比选报告

　　C. 最终设计方案模型　　　　　　　　D. LOD500 精度模型

5. 建筑性能模拟分析不包括（　　）。

　　A. 可视度、采光　　　　　　　　　　B. 通风、节能减排、人员疏散

　　C. 结构分析　　　　　　　　　　　　D. 碰撞分析

答案：DCDDD

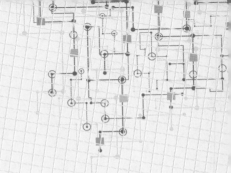

第 4 章　深化设计阶段 BIM 技术应用

第 1 节　模型拆分与拆分方案的确定

一、模型拆分要求

1. 建筑标准化设计

合理的装配式建筑不应是从结构设计完成后才开始考虑构件拆分，而是应从建筑方案选型开始，通过建筑的标准化设计实现"模数统一、模块协同、少规格、多组合"的目标。由于预制构件制造过程中模板制作占用费用较高，因此采用标准化构件可以提高模板重复利用率，大大降低每个构件分摊的模板制作成本。只有达到标准化设计，采用更多的标准化构件，才能降低建造成本、提高建造速度与质量。

建筑标准化设计中的标准化包括：平面标准化、立面标准化、构件标准化、部品部件标准化。

（1）平面标准化　平面标准化，即通过定义出一些常用的标准户型、功能单元，在建筑平面设计时由这些标准单元进行不同的模块化组合，实现建筑平面的多样化，即有限模块的无限生长。

（2）立面标准化　立面标准化是指将外墙板、门窗、阳台、空调板、色彩单元等进行模块化集成。如图 4-1 所示，通过 4 种窗模块、8 种墙模块、3 种阳台模块、4 种空调板模块及 4 种色彩的排列组合，最多可形成 1536 种立面组合效果。图 4-2 为通过预制挂板的形式变化、组合，形成的立面效果的示例。

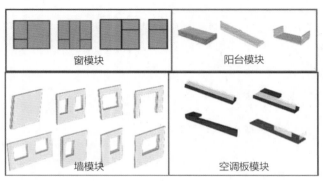

图 4-1

图 4 - 2

（3）构件标准化　装配式建筑是将工厂生产的预制构件和部品部件在工地装配而成的建筑，必然要求构件标准化。

采用标准化的户型模块保证了构建模块的预制构件规格少，标准化程度高。非竖向承重部分的外墙及内墙，适宜进行标准化，采用专项技术，将其做成标准件，可有效降低成本。对于现浇部分节点，通过结构优化，也可实现标准化，便于施工。

构件标准化设计中，可通过采用最大公约数确定构件基本规格，使之重复使用率最高。对其余构件，采取统一边长、另一边长按模数系列化变化的方化，便于生产组织。

（4）部品部件标准化　建筑部品部件是指具有相对独立功能的建筑产品，如厨房、卫生间、装饰部件等。对厨房、卫生间等功能模块进行标准化设计，能覆盖多种标准户型，可有效提高标准化程度。

例如：在厨房部品标准化设计中，以烹饪、备餐、洗涤和存储厨房标准化功能单元模块为基础，通过模数协调和模块组合，满足多种户型的需求，实现厨房部品的标准化设计；在卫生间部品标准化设计中，以洗漱、淋浴、盆浴、如厕卫生间标准化功能单元模块为基础，通过模数协调和模块组合，满足多种户型的需求，实现卫生间部品的标准化设计。

2. 模型拆分设计需满足的要求

模型中构件的拆分方案设计是装配式设计的关键环节。拆分设计需满足建筑功能设计，符合结构分析结果，并考虑生产及施工等多种因素。模型构件拆分的具体实施阶段，一般是在结构设计完成，开始进入深化设计时进行。对于模型拆分设计需满足以下要求：

（1）采用预制装配构件的范围要求　确定全楼中采用预制装配式构件的范围时，需要考虑满足建筑功能要求，参照建筑标准化中拆分方案、结构规范的约束要求以及项目要求（预制率、装配率等指标），最终明确全楼需要做预制装配的楼层以及单层中预制构件的定位。

（2）预制构件类型要求　预制构件类型需综合建筑、结构方案以及项目要求、项目所处地区预制构件厂生产能力等考虑，确定合适的预制构件类型。

（3）预制构件尺寸要求　决定预制构件拆分尺寸时，需参考相关结构规范要求，并满足实际工程方案需求。此外，生产中脱模要求、运输最大重量要求、施工吊装条件要求等，都是影响拆分过程中选取构件尺寸的因素。

（4）结构构件连接要求　进行结构构件拆分设计时，需选定可靠的结构连接方式。要遵守结构设计规范进行连接节点和后浇混凝土的结构构造设计，制订好预制构件拆分原则。

二、 模型的导入

由于结构安全的重要性，深化设计阶段模型首先考虑的是结构设计模型的导入。当结构方案完成，在保证结构指标（如周期比、位移比、刚度比等）满足条件后方可进行装配式拆分方案设计。借助 BIM 平台对于三维模型数据的高效处理能力，BIM 类装配式设计软件可有多种形式创建结构模型：

方式一：直接进行三维结构模型创建，通过建模工具在三维环境下完成结构模型的搭建。

方式二：导入结构二维图纸，辅助创建结构三维模型。由程序自动识别二维图纸所表达的构件平面轮廓，同时读取构建三维模型所需信息，快速形成三维模型。

方式三：装配式 BIM 软件接收结构设计模型数据，直接导入三维结构模型。由于设计院结构专业工程师均是采用的结构设计软件完成设计，故已具有结构模型数据，此时将模型数据导入装配式设计软件进行后续设计是最佳途径。

方式四：由建筑模型转化生成结构模型，然后对结构模型进行补充及调整。此方式实现一模多用，避免了二次建模工作，但对于建筑设计师建模要求较高。若建筑师建模时对结构计算规则考虑不周，则会造成结构构件连接等问题，会影响模型与结构设计结果的对接。理想的 BIM 工作流程是：结构工程师的结构设计模型就是由建筑模型转换生成的，在此基础上对转换后得到的结构模型进行调整，使设计模型各个构件之间连接正确，保证结构计算分析的准确性。如果能这样实现，也就回归到了方式三。

由于此时得到的结构模型中不含非结构构件，所以通过以上方式导入结构模型后，还需通过补充建模完成建筑填充墙和外挂墙板的输入，得到完整的深化设计模型。

为保证后续深化设计模型拆分方案的有效确定，在进行拆分方案设计之前，需要对该模型进行局部调整及完善。例如，由于结构计算的需要，通常结构计算模型会在主次梁搭接位置以及多洞口墙中间设置有节点，但实际拆分并不受制于这些节点，故需在拆分前对此类梁和墙进行合并工作，如图 4-3 和图 4-4 所示。

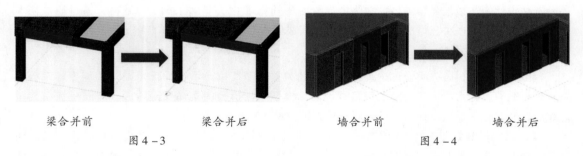

梁合并前 　　　　　梁合并后 　　　　　墙合并前 　　　　　墙合并后

图 4-3 　　　　　　　　　　　　　　　　图 4-4

三、 构件拆分方案的确定

由前述步骤得到装配式深化设计模型后，下一步要进行拆分方案设计。拆分方案分为水平构件体系拆分与竖向构件体系拆分。前者包括梁、楼板、阳台板等；后者包括柱、结构墙、内隔墙、外挂墙板等。应根据当地建造政策、预制装配率要求、预制厂生产工艺等综合考虑拆分哪类构件。针对构件具体来说，设计拆分方案设计应遵循下述计算原则及工艺原则。

1. 计算原则

拆分方案设计首先需要明确计算原则，装配式混凝土结构设计以《装配式混凝土结构技术规程》（JGJ 1—2014）为主要设计依据。通过采用可靠的连接技术以及必要的结构构造措施，装配式结构设计可等同现浇结构设计，与现浇结构一样采用极限状态设计方法。

根据《装配式混凝土结构技术规程》（JGJ 1—2014）中 6.1.10 之规定：装配式结构构件及节点应进行承载能力极限状态及正常使用极限状态设计，并应符合现行国家标准《混凝土结构设计规范》（GB 50010—2010）、《建筑抗震设计规范》（GB 50011—2010）和《混凝土结构工程施工规范》（GB 50666—2011）等的相关规定。

根据《装配式混凝土结构技术规程》（JGJ 1—2014）中 6.3.2 之规定：装配式整体结构承载能力极限状态及正常使用极限状态的作用效应分析可采用弹性方法。

因此在装配式混凝土结构拆分计算中考虑各种荷载作用时，与现浇结构采用相同的作用和作用组合。除此之外，PC 构件在工厂生产以及施工生产环节涉及的脱模、吊装的短暂工况验算等需要额外考虑。

拆分方案制订时还应满足建筑预制率、装配率的要求。建筑单体的预制率一般是指工业化建筑中室外地坪以上墙体、梁柱、楼板、楼梯、阳台等预制构件的混凝土用量占对应构件混凝土总用量的体积比。装配率一般是指工业化建筑中预制构件、建筑部品的数量（或面积）占同类构件或部品总数量（或面积）的比率，例如有的地区是对水平构件按支模面积统计装配率。

2. 工艺原则

工艺原则选定之初需对构件最大规格有大致衡量。出于对施工安装效率和便利性的考虑，预制构件尺寸在满足"标准化、模数化"的基础上应尽量增大尺寸，但应考虑构件制作、运输、施工过程中设备及场地条件等限制。拆分方案设计之前，通过调研工厂起重机能力、模台尺寸、运输限高、施工现场起重机能力限制等因素，明确预制构件生产的最大重量及尺寸。此外，装配式方案设计阶段需明确连接节点做法，例如剪力墙纵向、水平连接形式，主次梁搭接处的连接形式等。以下将按构件类型分别阐述每类构件在拆分设计过程中，如何确定其具体拆分原则。

初步拆分方案形成后，可通过参数检查工具检验方案质量。在方案设计阶段首先需考虑预制率/装配率等指标是否达到项目要求，当考虑了各种拆分方案仍达不到指标要求时，只能再考虑引入装配式装修来达到指标要求。其次需要对于拆分方案进行构件规格检查，是否存在超重、超大的构件，若超过生产及施工设备承载能力，仍需进一步调整拆分方案。拆分方案质量检查通过后方可进行后续设计。

第 2 节　构件拆分设计

一、构件拆分编号规则

1. 常见规则

装配式建筑的构件拆分编号常见规则有：

1）预制构件编号一般表示为"编号前缀 – 顺序号 – 分类序号"或"编号前缀 – 顺序号"。当考虑了全楼预制构件之间的归并后，具体由归并原则决定。

2）当不考虑本楼层中预制构件间的相同归并时，预制构件编号也可直接表示为："编号前缀 – 顺序号"，即相同标准层之间，同一位置采用统一顺序号。

2. 编号内容

1）编号前缀。常规情况下，参与的预制构件编号的构件类型与默认编号前缀为：叠合梁（PCL）、预制柱（PCZ）、叠合板（PCB）、预制内墙（NQ）、预制外墙（WQ）、外挂墙板（GB）、空调板（KTB）、阳台板（YTB）、预制楼梯（LT）等。各设计单位也可按各自的惯例自定义前缀，并在说明中标注出。

2）顺序号。不论是否考虑了预制构件间的归并，常规的编号顺序是由左至右、由下至上。如果不考虑归并，本楼层内每个预制构件都有一个序号；考虑归并时，相同构件为同一序号。

3）分类序号。如果预制构件编号分类原则是当几何尺寸（包括细部构造）与配筋设计均相同时才归并为一类，则不需要分类序号。当预制构件编号分类原则是仅按几何尺寸（包括细部构造）进行归并排出序号时，配筋设计的差异用分类序号表示。

预制构件的归并有利于生产排产，节省模具。但归并是一个细致、烦琐的工作，靠一般通用的非专业软件是难以实现的，此时只能采用不归并的方法。当应用专业的装配式建筑设计软件时，则可方便地进行自动归并，还能指定归并规则、进行修改调整等一系列功能。

二、 构件信息录入要求

构件信息是预制构件类中的基本参数。在深化设计阶段，需要对预制构件的细节进行设计，包括混凝土尺寸及细部构造、连接设计、内部钢筋的设计调整、预留预埋设计等几个大类，每类中均含有一系列参数信息。

PC 构件除外形尺寸基本信息外，还包含常见的混凝土墙板或楼板细部构造做法，如预制构件在脱模的过程中，为了保证与模板顺利分离，需要做一些倒角，倒角也需要在拆分设计中形成，如图 4-5 所示。

预埋件的设计在本章第 3 和第 4 节中介绍。本节主要以板、墙、梁等预制构件为例，介绍预制构件中钢筋、连接等相关的信息内容。

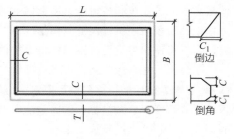

图 4-5

1. 钢筋桁架叠合预制板信息

1）板底计算配筋：可直接取施工图配筋或重新指定配筋值。

2）桁架类型：可取无桁架、跨长方向、宽度方向。

3）桁架排布方法：关联底筋或自由布置。关联底筋时只在有板底筋的位置布置钢筋桁架；自由布置时钢筋桁架布置与板底筋无关，位置自由。

4）竖向桁架边距最小值。竖向桁架为沿板跨长方向的钢筋桁架。当布置该类桁架时，边距不会小于该限值。

5）桁架规格：A80/A90/A100/B80/B90/B100/自定义。

6）横向桁架板宽度最小值：该参数仅在设置横向桁架时生效，当叠合板宽度大于该限值时，将布置横向桁架。

7）横向桁架边距：该参数仅在设置横向桁架时生效，将参考该边距布置横向桁架。

8）沿跨长钢筋间距、直径、级别。

9）沿宽度钢筋间距、直径、级别。

10）是否设置板边加强筋：若设置可参考国标图集《桁架钢筋混凝土叠合板（60mm 厚底板）》（15G 366-1）中的钢筋桁架叠合板做法，选在距板边 25mm 位置设置垂直于桁架的板边加强筋（不伸出预制混凝土部分），如图 4 - 6 所示。

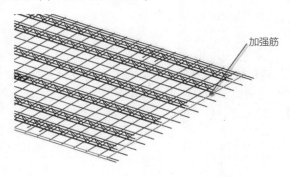

图 4 - 6

11）钢筋保护层厚度：该值用于板底筋排布，应与计算板底配筋时的参数保持一致。

12）钢筋相对位置：沿宽度钢筋在上或沿跨长钢筋在上。该信息可用于调整板底筋及分布筋相对位置。

2. 墙设计信息

1）墙体计算配筋。可直接取施工图配筋或重新指定配筋值。

2）墙上边距与墙下边距。

3）侧面接缝宽度。该参数为三明治外页板间的接缝宽度。

4）侧面是否设置抗剪键槽。参照《装配式混凝土结构技术规程》（JGJ 1—2014）中 6.5.5 之规定：预制剪力墙侧面与后浇混凝土的结合面应设置粗糙面，也可以设置键槽。

5）侧面是否设置粗糙面。参照《装配式混凝土结构技术规程》（JGJ 1—2014）中 6.5.5 之规定：预制剪力墙侧面与后浇混凝土的结合面应设置粗糙面，也可以设置键槽。

6）竖向连接方式：套筒连接或浆锚搭接。相关设计应参照《装配式混凝土结构技术规程》（JGJ 1—2014）中 6.5.3、6.5.4、8.2.4 及 8.3.5 等的规定。套筒连接时将在预制墙底部预埋全灌浆或半灌浆套筒用于竖向连接；浆锚搭接时将在预制墙内预留插筋孔用于竖向钢筋的锚固搭接与注浆。

7）连接约束方式：约束锚固或非约束锚固。当采用浆锚搭接时选择。约束锚固时要在搭接位置设置螺旋箍筋进行锚固约束；非约束锚固时可不在搭接位置设置螺旋箍筋。

8）连接端选定：单侧连接或双侧连接。当采用浆锚搭接时选择。单侧连接时仅在预制墙底部预留插筋孔用于竖向钢筋的锚固搭接与注浆；双侧连接时在预制墙的底部和顶部均预留插筋孔用于竖向钢筋的锚固搭接与注浆。

9）套筒连接做法：交叉或一字方式。当采用套筒连接时选择。交叉做法时套筒将依据墙身竖向分布筋排布，以交错方式布置（隔一布一）；一字做法时套筒在墙身中独立布置，呈一字形排布，不再依附于竖向分布筋。

10）套筒类型选定：半灌浆套筒或全灌浆套筒。当采用套筒连接时选择。半灌浆套筒时套筒上部采用直螺纹连接，下部采用灌浆连接；全灌浆套筒时套筒上下部均采用灌浆连接。

11）墙体内分布筋层数：双层配筋或单层配筋。双层配筋时墙体内采用双层分布筋；单层配筋时墙体内仅采用一层钢筋网片，套筒只能采用一字排布，一般仅适用于较单薄墙体。

12）套筒外保护层厚度。参照《装配式混凝土结构技术规程》（JGJ 1—2014）中 6.5.3 的规定：预制剪力墙中钢筋接头处套筒外侧钢筋的混凝土保护层厚度不应小于 15mm。

13）外墙反边类型：不设置或外侧设置。当外墙类型为剪力墙时，可选择不设置翻边或在外侧设置翻边以实现免外模设计。

14）外墙反边厚度。当采用剪力墙外墙外侧翻边时设置。

15）外墙反边钢筋直径。当采用剪力墙外墙外侧翻边时设置，设置翻边内单根附加水平筋的直径。

16）墙箍筋配筋形式：组合封闭箍或组合开口箍。该参数指定墙体水平分布箍筋的形式，可参照国标图集节点要求选择。组合封闭箍时箍筋伸出部分为封闭箍，如图 4−7a 所示；组合开口箍时箍筋伸出部分为开口箍（135°弯钩），如图 4−7b 所示。

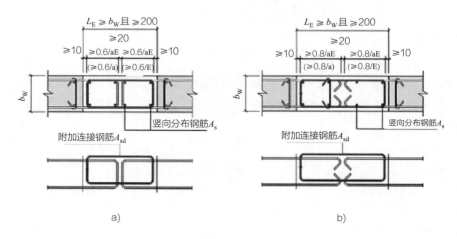

图 4−7

17）墙身拉筋做法：交叉或矩形方式。可参照国标图集《混凝土结构施工图平面整体表示方法制图规则和构造详图（现浇混凝土框架、剪刀墙、梁、板）》（16G 101—1）中 3.2.4 的示例，墙身拉筋有交叉布置（又称为梅花布置）和矩形布置两种方式。

18）拉筋布置最大间距。可参照国标图集《混凝土结构施工图平面整体表示方法制图规则和构造详图（现浇混凝土框架、剪刀墙、梁、板）》（16G 101—1）中 3.2.4 的示例，布置墙身拉筋拉筋。

19）封边钢筋直径。可参照国标图集《预制混凝土剪力墙外墙板》（15G 365—1）及《预制混凝土剪力墙内墙板》（15G 365—2）的示例，在墙体靠近现浇节点处设置封边钢筋，该参数设定封边钢筋直径。

20）外叶墙是否配筋。当选定外叶墙配筋时，需在外叶墙板内设置单层钢筋网片，并给出配筋值，也可选择不在外叶墙板内布置钢筋。

21）墙内暗柱箍筋是否加密。可选择在墙洞边暗柱位置设置加密箍筋，也可选择不额外补充箍筋。

22）墙体连梁钢筋信息。该信息用于墙洞上方的连梁设计。

23）填充墙搭接类型：上下或左右搭接方式。参照国标图集《预制混凝土剪力墙外墙板》（15G 365—1）及《预制混凝土剪力墙内墙板》（15G 365—2）的示例，窗洞下填充部分采用 C 形竖向钢筋搭接。

3. 梁设计信息

1）梁计算配筋。可直接取施工图配筋或重新指定配筋值。

2）梁底纵筋竖向避让方式：梁底筋不做竖向避让处理，梁底筋竖向弯折避让或设置一层钢筋网片（即梁底筋整体垫高）方式避让。

3）梁底纵筋竖向避让距离。该参数在选择了梁底筋竖向避让时采用，此距离为避让后的梁底筋抬升高度。

4）梁底纵筋水平避让方式：梁底筋不做水平避让处理，在原底筋位置加布一根不出头构造筋并把原底筋水平移位完成避让、梁底筋伸出构件部分进行弯折避让、在预制截面内梁底纵筋弯折避让。

5）梁底纵筋水平避让距离。该参数在选择了梁底筋水平避让时采用，此距离为避让后的梁底筋平移或弯折距离。

6）梁箍筋形式：组合封闭箍、焊接封闭箍、非加密区开口、传统箍。

7）梁箍筋肢数。需综合考虑梁上下纵筋根数及位置。

8）梁底纵筋左（右）侧连接方式：直锚、螺纹、机械连接、套筒灌浆、焊接、弯钩、直角弯头、锚固板。计算锚固长度时可参照《混凝土结构设计规范》（GB 50010—2010）第 8.3.3 条规定：当纵向受拉普通钢筋末端采用弯钩或机械锚固措施时，包括弯钩或锚固端头在内的锚固长度（投影长度）可取为基本锚固长度 l_{ab} 的 60%。

直锚、螺纹、机械连接、套筒灌浆、焊接连接时梁底筋水平伸出，形式如图 4-8a 所示；弯钩连接方式时梁底筋端部 45°弯钩形式如图 4-8b 所示；直角弯头连接方式时梁底筋端部 90°弯钩形式如图 4-8c 所示；锚固板连接方式时梁底筋端部圆形锚固板形式如图 4-8d 所示。

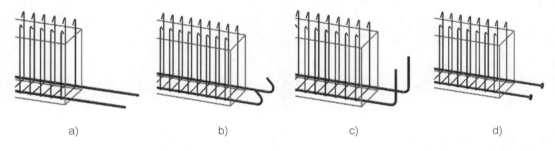

a)　　　　　　b)　　　　　　c)　　　　　　d)

图 4-8

9）梁腰筋左（右）侧连接方式：直锚、螺纹、机械连接、套筒灌浆、焊接、弯钩、直角弯头、锚固板。当腰筋需伸入现浇节点进行锚固时采用，方式同梁底纵筋。

三、构件拆分设计流程

各种预制构件根据构件拆分方案得到拆分后的预制构件，这类构件中混凝土信息是完整的，但没有钢筋信息。进行预制构件信息录入时，选择已经拆分好的预制构件进行配筋设计。完成对构件进行配筋设计之后，可以形成拆分设计后的预制构件，这类构件中包含完整的混凝土信息以及各种钢筋信息，如图 4-9 所示。

图 4-9

总结起来，构件拆分设计流程，如图 4-10 所示。

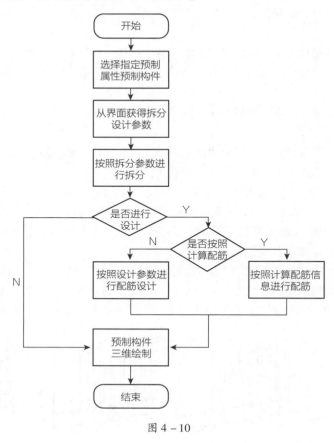

图 4-10

四、钢筋碰撞检查

钢筋的碰撞检查，是装配式建筑设计完成后必须进行的步骤。装配式建筑设计中钢筋碰撞检查分为预制构件内碰撞检查与构件间的钢筋碰撞检查。由于预制构件的钢筋都比较粗，如果施工现场出现钢筋碰撞无法安装时，很难再进行弯折等处理，还容易损坏构件。

预制构件内碰撞检查主要包括：钢筋之间、钢筋与各种埋件之间、钢筋与预留洞之间的碰撞检查。如果采用了专业的装配式建筑设计软件，一般程序中已能自动完成检查与规避设计工作。如果是通用 BIM 平台设计预制构件，进行预制构件设计时需人工完成构件内碰撞规避设计。

预制构件间的碰撞检查，是基于构件设计完成后，预制构件进行组装时的碰撞检查，包括构件水平连接之间与竖向连接之间的碰撞检查。检查内容有：钢筋之间、钢筋与构件之间、构件与构件之间是否发生碰撞。此部分工作一般都在具有碰撞检查功能的 BIM 平台上完成。平台会给出碰撞点列表，并可快速定位到模型视图方便地查看具体碰撞情况，如图 4-11 所示，但具体规避处理工作都需要人工完成。在专业装配式建筑设计软

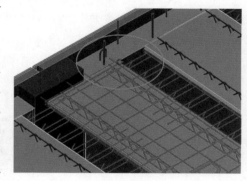

图 4-11

件中，此时软件会提供一些工具协助设计人员快速完成规避处理工作。

第 3 节　预制构件与机电模型协同

一、预埋件布置

装配式建筑的深化设计中，在完成预制构件的拆分、配筋、连接等主要工作后，还有一项重要工作，即与机电专业和施工安装的协同配合。在预制构件设计中，还应包含涉及机电专业的各种预埋件、管线、预留孔槽以及涉及施工安装所需的吊件、安装预埋件、安装孔洞等，如图 4 – 12 所示。

涉及机电专业的预埋件主要有：预制楼板中的电气（灯具等）预埋吊件、管道支吊架所需预埋件等；预制墙板中的电气预埋件（接线盒、配电箱、开关、插座等）、散热器支托架螺栓等。涉及预制墙、楼板开洞的机电设备主要有：风管、水管、桥架、线管等。

涉及施工安装的预埋件主要有：各种预制构件脱模、吊装所需的吊件；预制墙、预制柱施工安装所需支撑/拉结等预埋件。吊件形式可为吊钩或螺栓，吊点周围应增补加强筋，且吊件本身尺寸及布置位置还需要设计计算，其计算方法将在本章第 4 节中介绍。

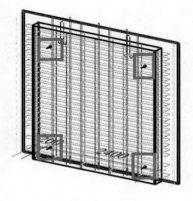

图 4 – 12

涉及预制构件开洞的施工因素主要有：施工模板或外脚手架等所需的预留孔等。

预埋件及预留孔洞的布置会影响到预制构件中已设计好的钢筋排放，需要设计者合理调整钢筋排放位置，避免碰撞。当开孔较大时，还可能会引起楼板或墙板分布筋的部分钢筋截断，此时应在洞口周边添加钢筋补强。在专业装配式建筑设计软件中，无论预埋件与钢筋间的避让，还是预留空洞的钢筋补强，程序都能自动完成。

二、机电管线预埋设置

机电专业模型创建后，需要协调机电专业与结构专业的构件冲突，确定预埋件的精确定位，减少对结构受力设计的影响。必须注意的是，机电管线在预制构件上的预留预埋应该在深化设计过程中完成，以避免施工过程中在现场进行二次开洞、开槽等。

预制构件中常见的机电管线有线管和水管，在预制构件中可采用预埋管或预留开槽两种做法。前者做法简单，方便设计生产；后者适用于建筑全生命期中二次装修的场景。对预制构件中不同的管线，可采取不同的做法。

1. 管线布置基本原则

（1）电气管线　电气管线的预留预埋在机电专业中占很大比例。对于装配整体式混凝土结构住宅，电线管基本上是浇筑在结构构件体内，而预制墙体内的电线管及线盒，是在生产加工厂家内一次性浇筑成型；当采用叠合楼板时，水平电线管敷设在楼板的现浇叠合层内，不过仍需要通过现场湿作业完成。叠合板现浇层厚度的确定除考虑结构安全外，还应考虑走线的要求，若管线敷设出现交叉的情况，现浇层的厚度至少需要 80mm。设计时"进行管线优化布置，减少管线交叉"是电气设计的关键。合理的设计可减小结构层厚度，从而降低工程造价。预制墙内的管线与现浇层内管线连接一般有向上接及向下接两种方式。依据管线最短原则，距地面近的插座等可采用向下与现浇层内管线连接；距楼面近的开关等可采用向上与现浇层内管线连接的方法。

如图 4-13 所示，为开关插座线盒、线管与预制楼板及预制墙体的管路连接侧视图。一般情况下，装配整体式混凝土结构住宅结构的施工顺序是：吊装本层墙板→吊装本层叠合板→浇筑楼板现浇层→吊装上一层墙板。当选择向上连接时，即为图 4-13 中所示的开关接线盒的连接方式，电气管线从本层墙体向上延伸进入到顶板现浇层内进行敷设，即使预制墙内的预埋管线有误差，也可以通过施工过程中调整顶板现浇段内水平管线的位置来保证设计连接。向下连接时，即为图 4-13 中所示开关插座接线盒的连接方式，根据上述施工顺序，底板现浇段已经施工完毕，此时管线的竖向位置和水平位置均已固定，因此在吊装本层墙体时，定位务必准确，否则管线无法连接。实际施工中，为了避免无法连接线管的情况发生，往往设计时就选择向上的连接方式，虽然会多浪费一些线管，但是上接线管可以保证有效连接并且降低返工率，利大于弊。需要注意的是，装配整体式混凝土结构住宅户内强弱电箱内往往有大量的电气进出管线，在方案设计初期就应该考虑尽量避免布置在预制墙体上，以免增加施工难度。

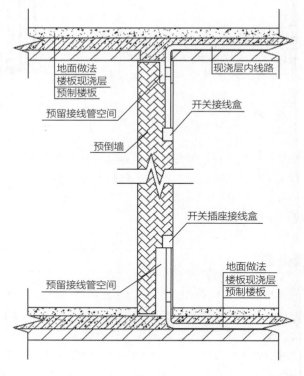

图 4-13

（2）排水管线　现阶段卫生间设计时基本上仍沿用了异层排水的形式。原因是毛坯房交房时卫生洁具无法安装到位，即使是安装到位的简装房，由于成本控制，卫生洁具也会选择价格较低的异层排水产品，而同层排水对洁具及管道都有特殊的要求，同时也增加成本，如图4-14所示。

　　为实现装配整体式混凝土结构构件的标准化和模数化、节约成本、避免预制楼板二次开洞的发生，住宅卫生间等管线较多区域一般现浇楼板并现场定位留洞。当采用叠合楼板时，深化设计需要精确定位每一个排水管洞，在生成加工厂家内要根据深化图纸准确定位每一个预留洞口进行留洞，现场施工人员也需要对楼板的现浇层进行同样的二次留洞，过程烦琐且容易出错，因此卫生间以及公共区域等管线较多的区域一般设计为现浇楼板。

　　（3）给水管线　给水管的敷设方式主要有沿室内楼板下明装敷设、在楼（地）面的垫层内敷设或沿墙在管槽内敷设。在我国北方地区，给水管线一般与地板采暖一起做到一定厚度的垫层中；南方地区则多明装在楼板下，由住户二次装修时处理。接给水点的垂直管线一般均为暗装，需在墙板上预留出至少 $60mm \times 40mm$（宽×深）的墙槽，这对于预制剪力墙是较难实现的。

　　当预制剪力墙开墙槽时，例如燃气热水器冷热水管预留墙槽，当按照实际管道截面尺寸预留墙槽时，往往会发生大量钢筋外露的情况，很难处理，此时给排水专业可以与结构专业协商，减小墙槽深度，通过增加装饰面厚度来解决钢筋外露问题。需要注意的是，开槽位置要避开墙体底部连接套筒的位置。如图 4-15 所示，图中预制墙体竖向钢筋底部的，套筒直径较大，无法再次开槽。在装配整体式混凝土结构住宅设计中，结构专业应与建筑、给排水专业密切配合，通过调整布局，在方案阶段就避免给水点设置在预制剪力墙上，否则不仅会将墙体二次装修后的总厚度增大，占用室内面积，还会增加预制板的规格，增加造价。

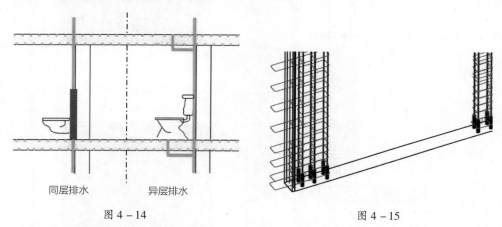

图 4-14　　　　　　　　　　　　　　　　图 4-15

　　（4）供暖管线　现阶段住宅供暖系统主要分为散热器供暖及热水地板辐射供暖两种方式。

　　1）散热器供暖。散热器一般安装在外墙，供暖效果较好，装配整体式剪力墙住宅外墙一般采用三明治外墙，安装散热器式需要提前在工厂预留好支托架螺栓，不能在现场打孔。但是散热器的形式以及片数会影响支托架的位置，如果按照实际支托架螺栓位置预留，很难实现预制墙板的标准化。当设计采用散热器供暖时，可以通过总结螺栓位置规律，通过适当增加预留孔洞数量，来实现预制墙板的规格统一。

　　2）热水地板辐射供暖。热水地板辐射供暖有三种方式：混凝土填充式、预制沟槽保温板式以及预制轻薄供暖板式，如图 4-16 ~ 图 4-18 所示。混凝土填充式地暖采用水泥砂浆或者豆石混凝土作为地暖填充层，虽然造价相对便宜，目前使用比较多，但是由于采用现场作业，与装配建筑理念不符；预制沟槽保温板以及预制轻薄供暖板均在工厂生产加工，现场拼装，符合装配式建筑理念，同时这两种干式地暖具有节省材料、环保以及安装效率高等特点，是应大力推广的地暖形式。

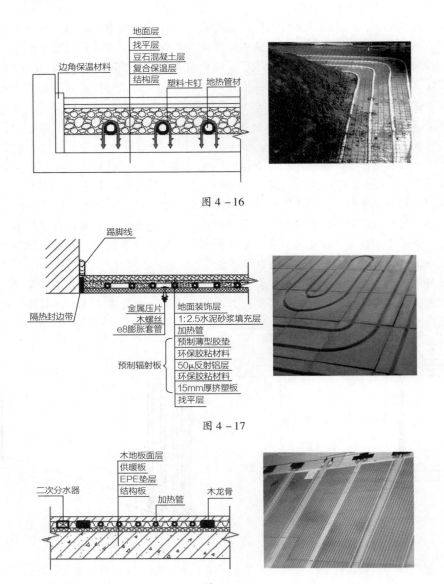

图 4 - 16

图 4 - 17

图 4 - 18

（5）管道支吊架　当预制构件连接住宅管线支吊架时，预制构件里需要预埋钢板或螺栓孔。预埋间距及设置要求可以参考相关安装图集。与散热器支托架螺栓位置预留优化方法相似，设计师可以通过总结预埋位置规律，增加预埋孔点数量来实现预制构件标准化，提高生产施工效率。

2. 管线设计协同

相关预留预埋原则确定之后，即可进行机电专业与结构专业间的协同设计了。机电专业需要进行开洞条件提资，基于机电专业 BIM 模型，机电工程师可以选择需要对预制构件进行开洞的设备管线类型，例如风管、水管、桥架以及线管；此外还能够选择开洞的预制构件，同时设计者还可定义相关的布管规则以及洞口与管线之间的安全间距等要求。

机电专业形成预埋预留相关信息提资给结构专业，结构工程师可以在结构模型中参照机电专业模型进行相关预留预埋的查看与处理，如图 4 - 19 所示。

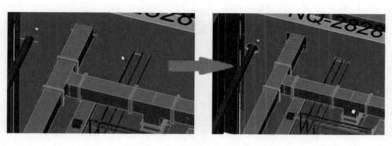

图 4 - 19

三、　碰撞检查要求

BIM 技术的优势之一就是能实现虚拟建造。碰撞检查就是通过虚拟建造过程，查出设计中的问题并提前解决，减少施工过程中经常出现的"错漏碰缺"等错误，尽早发现各专业设计过程中不协调的问题。

装配式建筑与普通建筑一样，需要进行机电设备间的管道综合设计、机电设备与建筑模型间的碰撞检查，已有不少相关书籍介绍，本书就不再赘述。在这里需要强调的是，针对装配式建筑的特点，还需要进行之前叙述过的钢筋碰撞检查，以及预制构件组装时各预制构件间的碰撞检查。

由于 BIM 软件的碰撞检查原理是基于设备、预制构件等对象的几何体计算，因此要求建模要有较高的精确度。在完成碰撞检查后，模型应达到以下要求：

1. 模型完整性要求

1）BIM 模型应包含所有需要的机电设备构件。

2）BIM 模型应包含所有定义的楼层。

2. 建模规范性要求

1）各组件应使用正确的对象创建。

2）各组件应属于对应正确的系统。

3）应按规定定义机电系统使用的颜色。

4）模型中没有多余的构件。

5）模型中没有重复或重叠的构件。

6）构件与建筑楼层作好关联。

7）模型及构件应包含必要的属性信息、编码信息。

8）模型及构件的分类、命名符合规范要求。

3. 设计指标要求

各组件应布置在合适的标高上。

4. 模型协调性要求

1）各组件之间无冲突。

2）机电同专业内无碰撞冲突。

3）机电专业之间不能有碰撞冲突。

4）机电设备与建筑结构构件之间不能有碰撞冲突。

5）机电设备应有合理的搬运、安装及维修空间。

一、现浇节点设计

由于装配式结构要求等同于现浇结构，因此装配式结构的连接设计就非常重要。构件连接节点的选型和设计，是装配式结构安全的基本保障。在结构现浇节点设计时，应注重概念设计，满足耐久性要求。同时，通过合理的连接节点及构造，保证构件的连续性和结构的整体稳定性。

根据《装配式混凝土建筑技术标准》（GB/T 51231—2016）5.4.3 条要求，预制构件的拼接部位应符合下列规定：

1）预制构件拼接部位的混凝土强度等级不应低于预制构件的混凝土强度等级。

2）预制构件的拼接位置宜设置在受力较小部位。

3）预制构件的拼接应考虑温度作用和混凝土收缩徐变的不利影响，宜适当增加构造配筋。

根据以上要求，本书就框架及剪力墙结构分别进行现浇节点设计要求介绍。

1. 框架结构

（1）主次梁节点　根据《装配式混凝土结构技术规程》（JGJ 1—2014）要求，主梁与次梁采用后浇段连接时，应符合下列规定：

1）在端部节点处，次梁下部纵向钢筋伸入主梁后浇段内的长度不应小于 $12d$。次梁上部纵向钢筋应在主梁后浇段内锚固。当采用弯折锚固（见图 4 – 20）或锚固板时，锚固直段长度不应小于 $0.6l_{ab}$；当钢筋应力不大于钢筋强度设计值的 50% 时，锚固直段长度不应小于 $0.35l_{ab}$；弯折锚固的弯折后直段长度不应小于 $12d$（d 为纵向钢筋直径）。

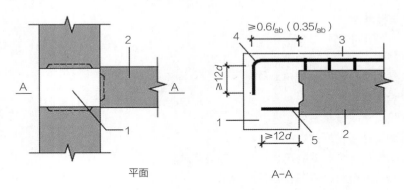

平面　　　　　　A-A

图 4 – 20

1—主梁后浇段　2—次梁　3—后浇混凝土叠合层　4—次梁上部纵向钢筋　5—次梁下部纵向钢筋

2）在中间节点处，两侧次梁的下部纵向钢筋伸入主梁后浇段内长度不应小于 $12d$（d 为纵向钢筋直径）；次梁上部纵向钢筋应在现浇层内贯通，如图 4 – 21 所示。

（2）梁柱节点　根据《装配式混凝土结构技术规程》（JGJ 1—2014）要求，采用预制柱及叠合梁的装配整体式框架中，柱底接缝宜设置在楼面标高处（见图 4 – 22），并应符合下列规定：

1）后浇节点区混凝土上表面应设置粗糙面。

2）柱纵向受力钢筋应贯穿后浇节点区。

3）柱底接缝厚度宜为 20mm，并应采用灌浆料填实。

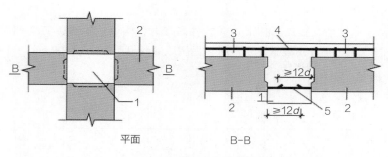

平面　　　　　　　　B-B

图 4-21

1—主梁后浇段　2—次梁　3—后浇混凝土叠合层　4—次梁上部纵向钢筋　5—次梁下部纵向钢筋

　　梁、柱纵向钢筋在后浇节点区内采用直线锚固、弯折锚固或机械锚固的方式时，其锚固长度应符合现行国家标准《混凝土结构设计规范》（GB 50010—2010）中的有关规定；当梁、柱纵向钢筋采用锚固板时，应符合现行行业标准《钢筋锚固板应用技术规程》（JGJ 256—2011）中的有关规定。

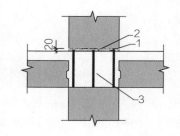

图 4-22

1—后浇节点区混凝土上表面粗糙面
2—接缝灌浆层　3—后浇区

　　针对不同位置梁柱节点，如预制柱及叠合梁框架中间层中节点、预制柱及叠合梁框架中间层端节点、预制柱及叠合梁框架顶层中节点、预制柱及叠合梁框架顶层边节点等，可根据《装配式混凝土结构技术规程》（JGJ 1—2014）7.3.8 ~ 7.3.9 要求进行设计；对于梁纵向受力钢筋的连接与锚固可根据该规程 7.3.10 条要求进行设计。

2. 剪力墙结构

　　（1）相邻剪力墙　根据《装配式混凝土结构技术规程》（JGJ 1—2014）要求，楼层内相邻预制剪力墙之间应采用整体式接缝连接，且应符合下列规定：

　　1）当接缝位于纵横墙交接处的约束边缘构件区域时，约束边缘构件的阴影区域（见图4-23）宜全部采用后浇混凝土，并应在后浇段内设置封闭箍筋。

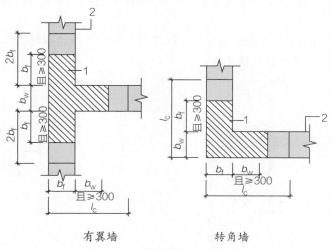

有翼墙　　　　　　　转角墙

图 4-23

l_c—约束边缘构件沿墙肢的长度　1—后浇段　2—预制剪力墙

2）当接缝位于纵横墙交接处的构造边缘构件区域时，构造边缘构件宜全部采用后浇混凝土（见图 4 – 24）；当仅在一面墙上设置后浇段时，后浇段的长度不宜小于 300mm（见图 4 – 25）。

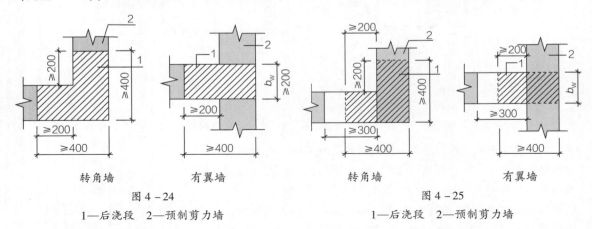

图 4 – 24　　　　　　　　　　　　　　　　　图 4 – 25

1—后浇段　2—预制剪力墙　　　　　　　　　　1—后浇段　2—预制剪力墙

3）边缘构件内的配筋及构造要求应符合现行国家标准《建筑抗震设计规范》（GB 50011—2010）的有关规定；预制剪力墙的水平分布钢筋在后浇段内的锚固、连接应符合现行国家标准《混凝土结构设计规范》（GB 50010—2010）的有关规定。

4）非边缘构件位置，相邻预制剪力墙之间应设置后浇段，后浇段的宽度不应小于墙厚且不宜小于 200mm；后浇段内应设置不少于四根竖向钢筋，钢筋直径不应小于墙体竖向分布筋直径且不应小于 8mm；两侧墙体的水平分布筋在后浇段内的锚固、连接应符合现行国家标准《混凝土结构设计规范》（GB 50010—2010）的有关规定。

剪力墙竖向接缝位置的确定要尽量避免拼缝对结构整体性能的影响，还要考虑建筑功能和艺术效果，便于生产、运输和安装。对于现浇段长度，应综合考虑《装配式建筑评价标准》（GB/T 51129—2017）的要求，满足装配式评价标准。

（2）屋面以及立面收进的楼层　根据《装配式混凝土结构技术规程》（JGJ 1—2014）要求，屋面以及立面收进的楼层，应在预制剪力墙顶部设置封闭的后浇钢筋混凝土圈梁（见图 4 – 26），并应符合下列规定：

1）圈梁截面宽度不应小于剪力墙的厚度，截面高度不宜小于楼板厚度及 250mm 的较大值；圈梁应与现浇或叠合楼、屋盖浇筑成整体。

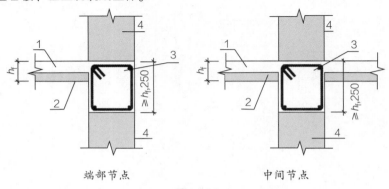

端部节点　　　　　　　　　　　中间节点

图 4 – 26

1—后浇混凝土叠合层　2—预制板　3—后浇圈梁　4—预制剪力墙

2）圈梁内配置的纵向钢筋不应少于 4 ϕ 12，且按全截面计算的配筋率不应小于 0.5% 和水平分布筋配筋率的较大值。纵向钢筋竖向间距不应大于 200mm；箍筋间距不应大于 200mm，且直径不应小于 8mm。

（3）楼面位置　预制剪力墙顶部无后浇圈梁时，各层楼面位置应设置连续的水平后浇带（见图 4-27）。水平后浇带应符合下列规定：

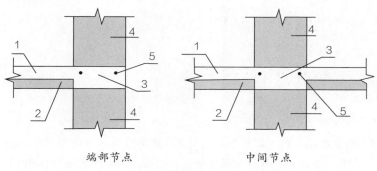

端部节点　　　　　　中间节点

图 4-27

1—后浇混凝土叠合层　2—预制板　3—水平后浇带　4—预制墙板　5—纵向钢筋

1）水平后浇带宽度应取剪力墙的厚度，高度不应小于楼板厚度；水平后浇带应与现浇或叠合楼、屋盖浇筑成整体。

2）水平后浇带内应配置不少于两根连续纵向钢筋，其直径不宜小于 12mm。

二、短暂荷载工况验算

在装配式建筑建造过程中，与现浇建筑相比，存在预制构件的脱模、吊装过程，在这些过程中需要对预制构件进行脱模、吊装的短暂工况验算。

根据《装配式混凝土结构技术规程》（JGJ 1—2014）要求，预制构件的设计应符合下列规定：对制作、运输和堆放、安装等短暂设计状况下的预制构件验算，应符合现行国家标准《混凝土结构工程施工规范》（GB 50666—2011）的有关规定。针对以上要求，对构件短暂荷载工况进行验算。

1．计算原则

1）重力放大系数：板重力适当放大，根据实际经验适当确定。

2）吊装动力系数：根据《装配式混凝土结构技术规程》（JGJ 1—2014）中 6.2.2 的规定，构件运输、吊运时，动力系数宜取 1.5；构件翻转及安装过程中就位、临时固定时，动力系数可取 1.2。

3）脱模动力系数：根据《装配式混凝土结构技术规程》（JGJ 1—2014）中 6.2.3 条的规定，动力系数不宜小于 1.2。

4）脱膜吸附力：根据《装配式混凝土结构技术规程》（JGJ 1—2014）中 6.2.3 条的规定，脱模吸附力应根据构件和模具的实际情况取用，且不宜小于 1.5kN/m²。

5）吊件数量：根据《混凝土结构设计规范》（GB 50010—2010）中 9.7.6 条的规定，当在一个构件上设有四个吊环时，应按三个吊环进行计算，其他数值请用户自行确认。

6）施工安全系数：根据《混凝土结构工程施工规范》（GB 50666—2011）中 9.2.4 条的表中确定，见表 4-1。

表 4 – 1 施工安全系数 K_c

项 目	施工安全系数（K_c）
临时支撑	2
临时支撑的连接件 预制构件中用于连接临时支撑的预埋件	3
普通预埋吊件	4
多用途的预埋吊件	5

注：对采用 HPB300 钢筋吊环形式的预埋吊件，应符合现行国家标准《混凝土结构设计规范》（GB 50010—2010）的有关规定。

7）上弦钢筋长细比影响系数：可根据上海市工程建设规范《装配整体式混凝土住宅体系设计规程》（DG/T J08—2071—2010）中 9.3.3 条的规定，对应于 HRB335 及 HRB400 级钢筋，上弦筋长细比影响系数分别取 1.5212 和 2.1286。其他类型钢筋请用户自行确定输入。

8）腹杆钢筋长细比影响系数：可根据上海市工程建设规范《装配整体式混凝土住宅体系设计规程》（DG/T J08—2071—2010）（J11660—2010）中 9.3.3.5 条的规定，对应于 HRB335 及 HRB400 级钢筋，腹杆钢筋长细比影响系数分别取 1.3516 和 2.0081。

9）其他：钢筋直径、等级、标准值、设计值及弹性模量等信息根据《混凝土结构设计规范》（GB 50010—2010）中规定取值。

2. 脱模验算

由于预制叠合板构件厚度相对较薄，脱模问题突出一些，故以预制叠合板为例进行说明，其他种类预制构件类同。

（1）脱模荷载　根据《装配式混凝土结构技术规程》（JGJ 1—2014）中 6.2.3 条进行计算。

1）脱模荷载 1 = 自重 × 重力放大系数 × 脱模动力系数 + 脱模吸附力

2）脱模荷载 2 = 自重 × 重力放大系数 × 1.5

综上，脱模荷载取脱模荷载 1 与脱模荷载 2 的大值。

（2）跨中弯矩剪力验算

1）当板跨中最大弯矩 < 脱模时叠合板混凝土开裂容许弯矩，视为满足要求。

2）板最大剪力 < 腹杆钢筋失稳剪力，视为满足要求。

计算简图见图 4 – 28，同时满足上述要求即脱模验算通过。

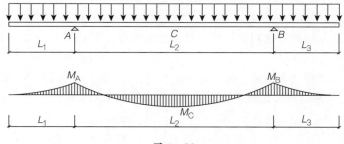

图 4 – 28

3. 吊装验算

（1）吊装重量　计算如下：

$$吊装荷载 = 重力 \times 重力放大系数 \times 吊装动力系数$$
$$单个吊件承载力 = 吊件钢筋强度设计值 \times 截面积$$
$$全部吊件承载力 = 单个吊件承载力 \times 吊点计算个数$$

当全部吊件承载力 > 吊装荷载时，视为满足条件。

（2）施工安全系数　施工安全系数 = 全部吊件承载力 /（板自重 × 重力放大系数）

当施工安全系数 > 安全系数要求时，视为满足条件，吊装验算通过。

4. 短暂工况验算流程总结

各类构件都需通过脱模荷载以及吊装荷载的计算。对于预制构件，脱模荷载在一般情况下大于吊装荷载。由于叠合板在脱模和吊装时采用同一套吊件，而且叠合板在脱模时承载力未达到其最大值，因此，对叠合板只进行脱模验算。而预制墙脱模和吊装是两套吊件系统，因此需要对预制墙分别进行脱模验算和吊装验算。

预制构件在进行短暂工况验算时，其具体的算法是首先提取该预制构件的几何信息，从中筛选出墙体长度、宽度、高度以及洞口信息，完成预制构件在短暂工况验算时的荷载效应计算。再根据预制构件的配筋形式以及吊件设计情况，进行预制构件在短暂工况验算时承载力的计算。最后将短暂工况验算下预制构件的荷载效应同承载力进行比较，如果承载力大于作用效应，则预制构件短暂工况验算通过，否则需要将没有通过验算的部分进行重新设计。

对于叠合板，进行脱荷载验算。当叠合板混凝土开裂容许弯矩值大于板跨中最大弯矩且腹杆钢筋失稳剪力大于叠合板中最大剪力时，叠合板脱模验算通过。对于预制墙，进行脱模验算时，预制墙上脱模吊件承载力大于预制墙脱模荷载，则预制墙脱模验算通过；进行吊装验算，预制墙上吊装吊件承载力大于预制墙吊装荷载，则预制墙吊装验算通过。

由于预制墙一般存在洞口，三明治外墙内叶板容重和外叶板容重不同，预制墙在吊装的时候还需要进行吊装重心验算。

吊件的重心坐标为：

$$x\ 坐标 = 全部吊件\ x\ 坐标之和 / 吊件个数$$
$$y\ 坐标 = 全部吊件\ y\ 坐标之和 / 吊件个数$$

预制墙的重心坐标为：

x 坐标 = ［墙体积（未扣减洞口）× 墙 x 方向重心坐标（未扣减洞口）− 洞口体积 × 洞口 x 方向重心坐标］/［墙体积（未扣减洞口）− 洞口体积］；

y 坐标 = ［墙体积（未扣减洞口）× 墙 y 方向重心坐标（未扣减洞口）− 洞口体积 × 洞口 y 方向重心坐标］/［墙体积（未扣减洞口）− 洞口体积］；

当吊件的重心与预制墙重心在允许误差范围内时，预制构件吊装重心验算通过。

叠合板和预制墙的短暂工况验算流程图分别如图 4 - 29 和图 4 - 30 所示。

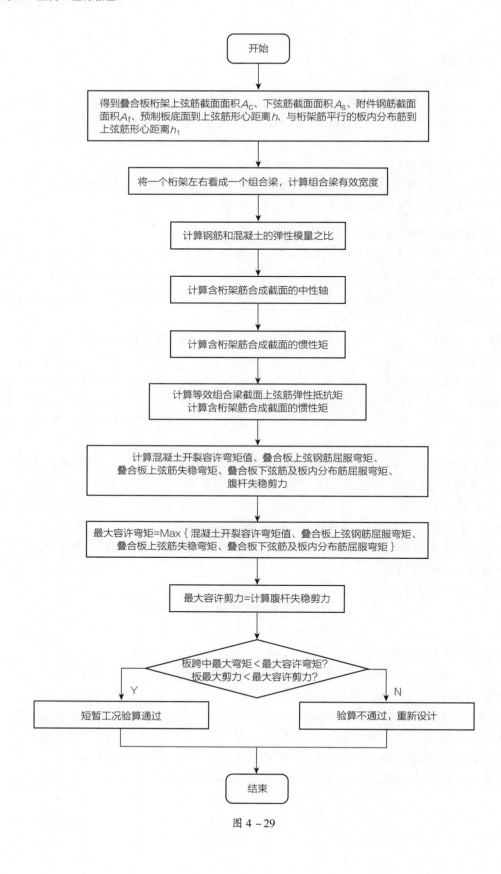

图 4 - 29

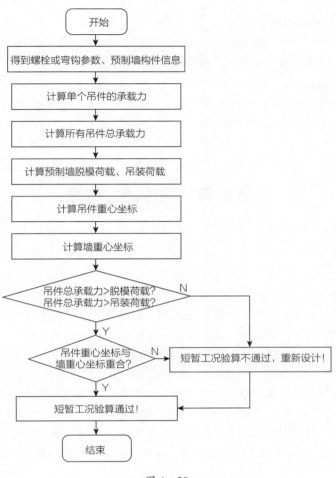

图 4 - 30

三、 接缝抗剪承载力验算

装配整体式混凝土结构中的接缝主要指预制构件之间的接缝、预制构件与现浇及后浇混凝土间结合面，包括叠合梁纵向接缝、预制梁端竖向接缝、预制柱底水平接缝、预制剪力墙水平接缝。在预制构件设计过程中，应分别验算其抗剪承载力，具体如下：

1. 接缝的正截面抗剪计算

根据《装配式混凝土结构技术规程》（JGJ 1—2014）6.5.1 条相关要求，装配整体式混凝土结构中，接缝的正截面承载力应符合现行国家标准《混凝土结构设计规范》（GB 50010—2010）的规定。接缝的受剪承载力设计值应符合持久设计状况及地震设计状况下相应的设计要求。

2. 叠合梁端竖向抗剪计算

根据《装配式混凝土结构技术规程》（JGJ 1—2014）7.2.2 条相关要求，叠合梁端竖向接缝的受剪承载力设计值应符合持久设计状况及地震设计状况下相应的设计要求。

3. 叠合梁中叠合面纵向抗剪计算

根据《混凝土结构设计规范》（GB 50010—2010）H.0.4 要求，当叠合梁符合各项构造要求时，叠合梁中叠合面的受剪承载力应满足相应的设计要求。

4．预制柱底水平接缝计算

根据《装配式混凝土结构技术规程》（JGJ 1—2014）7.2.3 条相关要求，在地震设计状况下，预制柱底水平接缝的受剪承载力设计值应满足相应设计要求。

5．墙底水平接缝计算

根据《装配式混凝土结构技术规程》（JGJ 1—2014）8.3.7 条相关要求，墙底水平接缝筋受剪承载力设计值应满足相应设计要求。

第5节　构件加工详图

一、　图形输出

在完成装配式建筑的方案拆分、预制构件设计、预留预埋设计、现浇节点设计及短暂工况验算后，设计结果可通过三维模型和二维图纸表达。基于 BIM 技术进行装配式建筑深化设计后，可直接输出与三维模型对应的二维图纸，从而提高设计效率，保证图纸质量。

在 BIM 软件中，由于二维构件图纸可直接基于三维模型批量生成，实质上是三维模型的一个二维表现（加入了部分构件的符号化处理），故所生成的构件图纸仍将储存在相应的设计模型中，以模型的图纸视图形式浏览。其好处是，当模型变更修改时，图纸可自动更新，保持模型与图纸的一致性。也可以理解为，此时图纸即存在于 BIM 模型文件中。

当完成深化设计，需要交付图纸时，可随时把模型中已生成好的图纸输出成常见的二维图纸文件格式，如：通用的 CAD 文件、PDF 文件等。输出后的文件就再也无法自动完成与模型间的同步变更了。

交付的图纸内容包括：预制部品/部件加工图详图、预制构件平面布置图、预制构件立面布置图、现浇节点施工图等。

为实现建造全过程的 BIM 应用，还应提倡交付 BIM 模型，将 BIM 模型、预制部品/部件模型交付给后续的加工生产环节，其根据对应的生产设备进行二维编码或射频码编码，利用部品/部件模型直接对接相应生产设备进行 CAM 制造。在后续施工环节中，还可利用 BIM 模型制订安装计划、模拟安装过程等一系列工作。

二、　构件加工详图生成要求

由于装配式建筑的特殊性，所有预制构件需直接在构件加工厂完成生产，并且不允许在施工现场进行二次加工（如开洞、开槽等），因此预制构件的轮廓造型、钢筋及预埋件均需在设计阶段考虑并通过构件加工详图准确表达。

与施工图类似，构件加工详图的图幅内容主要可分为两类：尺寸标注与规格标注。而与关注楼层平面的施工图不同，构件加工详图将关注点缩小至单个预制构件，并且除图幅内容及配套图例外，会对单构件的混凝土使用情况、钢筋使用情况及预埋件使用情况进行统计，指导构件生产。

构件加工详图主要包括四类视图：构件模板图（用于表达构件外形可视范围内的信息）、构件配筋图（用于表达构件内部的钢筋排布）、大样图（用于表达构件局部细节）、轴侧视图（用于表达构件的三维样式）。由于三维构件难以通过单个二维视图完整表达，故模板图及配筋图常与剖面图结合使用以尽可能完整地表达构件信息。

鉴于每类预制构件的不同特性，其加工详图内需表达的具体信息亦有所不同。本节将对国内常见构件的加工详图进行介绍，阐述其加工阶段所需考虑内容及相应的图纸生成要求。

1. 叠合板

如图 4 – 31 所示，俯视图视角下的叠合板混凝土轮廓、可视钢筋及相应的尺寸标注需在模板图内绘制。实际项目中，叠合板经常通过开设洞口或设置切角的方式避让设备管线或其他构件。如存在该种情况，洞口与切角的轮廓及尺寸标注需在模板图内表达。当钢筋桁架叠合板直接采用钢筋桁架作为吊件时，吊点需通过符号（实心黑色三角）进行表达。除此之外，1 – 1 水平剖面和 2 – 2 竖向剖面可作为模板图的补充表达。

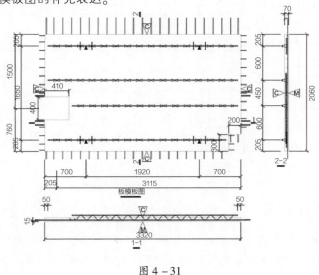

图 4 – 31

如图 4 – 32 所示，叠合板内的底筋排布及板洞补强筋排布需在配筋图内表达。除此之外，相同规格的钢筋需进行归并编号，对照钢筋编号可在钢筋表内查看钢筋的规格与加工尺寸。为尽可能减少信息遗漏，并帮助加工者了解构件真实样式，构件加工图内应提供构件的轴侧视图（见图 4 – 33）。

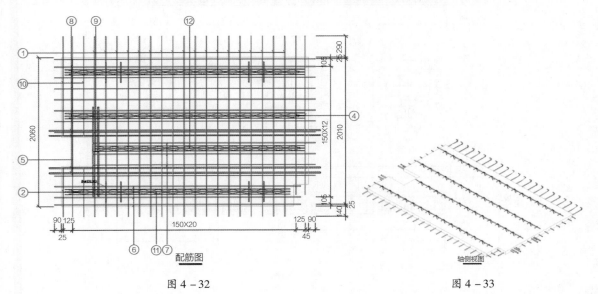

图 4 – 32　　　　　　　　　　　　　　　　　　图 4 – 33

在叠合板钢筋表内，预制板的双向分布底筋及钢筋桁架均会计入统计，并且通过叠合板混凝土用量清单，加工者可了解加工该构件所需的混凝土用量并加以准备。

2. 叠合梁

如图 4 - 34 所示，叠合梁模板图内需表示预制梁的混凝土外形轮廓、可视钢筋、可视埋件及相应的尺寸（文字）标注。主视图内，预制梁尺寸及键槽深度需标注。而在俯视图内，预制梁尺寸标注及预埋吊件的规格、定位标注需予以表达。为标识梁现浇层厚度、梁端键槽的尺寸及定位，模板图的左、右视图需进行必要标注。

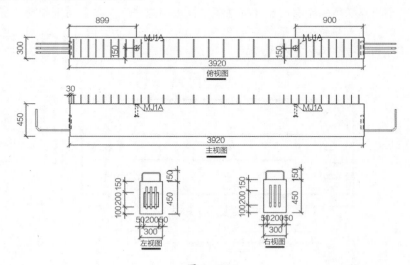

图 4 - 34

由于装配式建筑设计需考虑预制构件间现浇节点的钢筋避让，如梁纵筋经常出现三维弯折，因此，如图 4 - 35 所示，预制梁纵筋的弯折情况需多个剖面一同阐述。配筋正视图需表达纵筋伸出

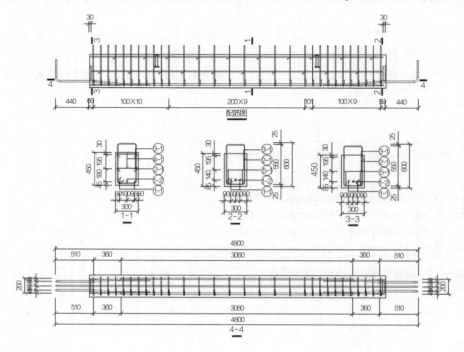

图 4 - 35

长度、箍筋排布边距及间距。由于梁两端的纵筋避让方式可能不同，故需两个剖面（1－1 剖面及 3－3 剖面）分别表达纵筋两端弯折后的截面定位与钢筋编号。而 2－2 剖面则需表达纵筋未弯折部分的截面定位与钢筋编号。梁纵筋双向弯折后，配筋正视图需表达竖向避让距离，而 4－4 剖面需标注水平避让距离及弯折点间的距离。根据配筋图内的钢筋编号，每根钢筋均可与钢筋表内的钢筋规格及加工尺寸对应。

为保证构件加工的正确性，加工详图内应提供预制梁的轴侧视图以供参考（见图 4－36）。

除图幅内表达的信息外，预制梁加工详图内的钢筋表、附件用量清单及混凝土用量清单均为必要元素且对构件生产具有指导意义。

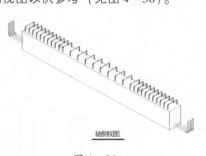

轴侧视图

图 4－36

3. 预制柱

如图 4－37 所示，预制柱模板图内需表示预制柱的混凝土外形轮廓、可视钢筋、可视埋件及相应的尺寸（文字）标注。预制柱的尺寸及钢筋伸出长度需固定在主视图内标注。在模板图的主视图、左视图、右视图及后视图内，可视埋件（脱模埋件 MJ2、键槽排气管、套筒注浆口/出浆口）的规格型号及定位尺均应在对应视图内标注。

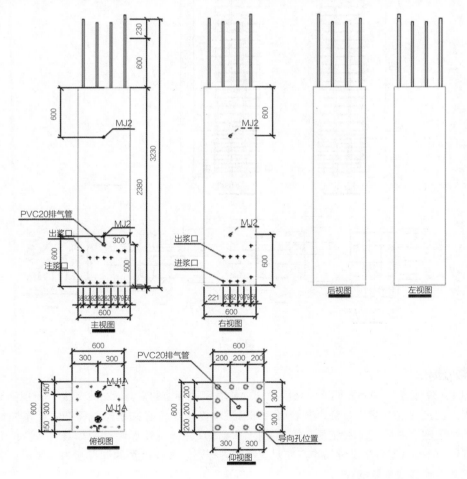

图 4－37

在模板图的俯视图内，需对预制柱顶部施工安装所用的吊件（MJ1A）进行规格及定位标注，而预制柱侧面的脱模斜撑埋件（MJ2）常以虚线轮廓表达。在模板图的仰视图内，需对柱底键槽的外轮廓尺寸和定位、键槽排气管和导向孔位置进行标注。

预制柱设计时，为简化加工及施工流程，会尽量遵循对称原则。因此，在绘制预制柱配筋图时，一般仅提供正视配筋图与左视配筋图，并在这两视图内标注箍筋起始位置与间距、纵筋长度等尺寸（见图 4-38）。通过补充剖面图，工程师可进一步清楚表示预制柱内纵筋的定位及预制柱内各类钢筋的编号。构件加工者在钢筋表内查看钢筋编号所对应的钢筋小样图，并用于加工生产参考。而 3-3 剖面图内表达的套筒引流方向，则对套筒布置方式与引流管预埋具有实际指导意义。一般在设计套筒引流方向时，会考虑该侧是否有楼板，并将套筒灌浆孔与出浆孔设置在有楼板侧。为保证构件加工的正确性，加工详图内应提供如图 4-38 所示的预制柱轴侧视图以供参考。

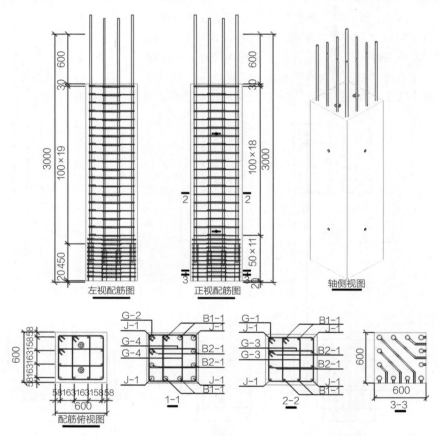

图 4-38

4．预制墙体

如图 4-39 所示，预制三明治外墙模板图内需表示预制墙的混凝土外形轮廓、可视钢筋、可视埋件及相应的尺寸（文字）标注。预制墙底部灌浆套筒的定位及文字标注需在主视图内标注。在模板图的主视图、左视图、右视图及俯视图内，墙体尺寸、可视埋件（脱模埋件 MJ2、套筒灌浆孔/出浆孔）的规格型号及定位尺均应在对应视图内标注。在模板图的仰视图内，需对预制墙底部灌浆套筒的引流方式进行标注。

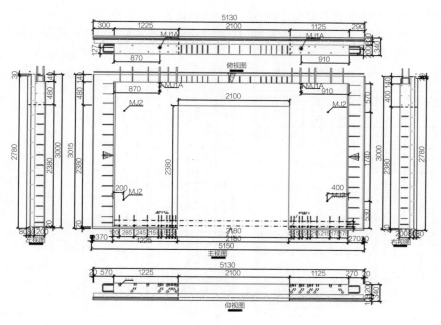

图 4 - 39

在绘制预制墙配筋图时，一般仅提供正视配筋图 1—1 剖面图与 2—2 剖面图，并在这两视图内标注各类钢筋起始位置与间距、伸出长度等尺寸（见图 4 - 40）。当墙身存在洞口时，工程师可通过补充剖面图（3—3 剖面图与 4—4 剖面图）进一步清楚表示洞口周围钢筋的定位及编号。一般情

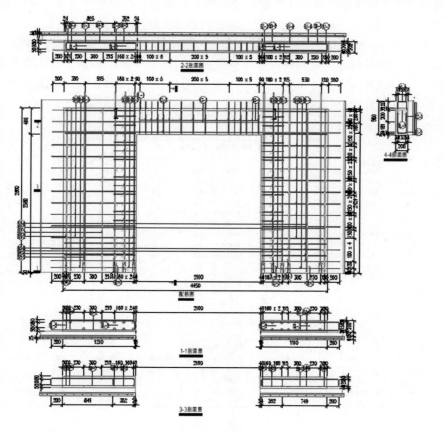

图 4 - 40

况下，三明治外墙外页墙板需按照构造要求配筋，相关配筋设计信息可在如图 4 - 41 所示的外页板配筋图内查看。构件加工者在钢筋表内查看钢筋编号所对应的钢筋小样图，并用于加工生产参考。为保证构件加工的正确性，加工详图内应提供如图 4 - 42 所示的轴侧视图以供参考。

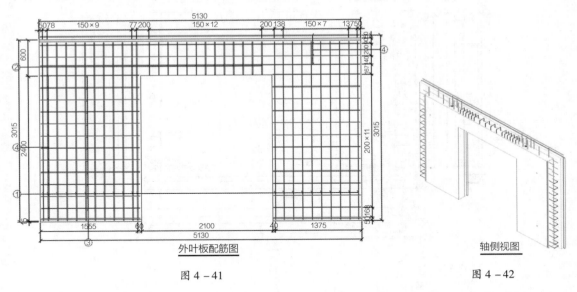

外叶板配筋图　　　　　　　　　　　　　　　　　　轴侧视图

图 4 - 41　　　　　　　　　　　　　　　　　　　图 4 - 42

三、预制构件统计

在生成预制构件加工图纸时，还需要生成预制构件清单与材料统计清单，对钢筋、混凝土、各种附件的用量进行统计，以便计算经济性指标进行加工生产。

预制构件清单可按楼层及构件类型分类统计，每类构件为一个汇总表，主要构件有叠合梁、预制柱、叠合板、预制内墙、预制外墙、预制阳台板、预制楼梯、预制空调板等几类。各构件加工汇总表主要内容为构件整体编号、规格、各方向尺寸、混凝土体积、重量、数量等。如图 4 - 43 ~ 图 4 - 45 所示，分别为叠合板、叠合梁、预制外墙的清单示例。

预制构件清单

					叠合板(17-11)					
层号	层数	编号	规格	图示	尺寸	预制体积(m^3)	预制重量(t)	数量	总预制体积(m^3)	总预制重量(t)
4	1	PCB-1-1	DBS1-612-6722-11		6570 × 1950 × 180	0.77	1.92	3	2.31	5.77
		PCB-2-1	DBS2-612-6722-11		6570 × 1950 × 180	0.77	1.92	3	2.31	5.77
		PCB-3-1	DBS1-612-6426-11		6220 × 2400 × 180	0.90	2.24	1	0.90	2.24
		PCB-4-1	DBS1-612-6426-11		6220 × 2360 × 180	0.88	2.20	1	0.88	2.20
		PCB-5-1	DBS1-612-6722-11		6570 × 2000 × 180	0.79	1.97	3	2.37	5.91
		PCB-6-1	DBS1-612-6427-11		6220 × 2400 × 180	0.90	2.24	1	0.90	2.24
		PCB-7-1	DBS1-612-6426-11		6220 × 2300 × 180	0.86	2.15	1	0.86	2.15
		PCB-8-1	DBS2-612-6426-11		6220 × 2300 × 180	0.86	2.15	1	0.86	2.15
		PCB-6-2	DBS2-612-6427-11		6220 × 2400 × 180	0.90	2.24	1	0.90	2.24
		PCB-9-1	DBS1-612-6426-11		6220 × 2360 × 180	0.88	2.20	1	0.88	2.20
		PCB-10-1	DBS1-612-6426-11		6220 × 2400 × 180	0.90	2.24	1	0.90	2.24

图 4 - 43

预制构件清单

					叠合梁(7-4)					
层号	层数	编号	规格	图示	尺寸	预制体积(m^3)	预制重量(t)	数量	总预制体积(m^3)	总预制重量(t)
6	1	PCL-1-1	DHL-5242		5250 × 200 × 410	0.43	1.07	3	1.29	3.22
		PCL-2-1	DHL-4932		4900 × 200 × 360	0.35	0.88	2	0.70	1.76
		PCL-3-1	DHL-5142		5000 × 200 × 460	0.46	1.15	1	0.46	1.15
		PCL-4-1	DHL-3942		3800 × 200 × 460	0.35	0.87	1	0.35	0.87

图 4 - 44

预制构件清单

				预制外墙（15-14）						
层号	层数	编号	规格	图示	尺寸	预制体积(m^3)	预制重量(t)	数量	总预制体积(m^3)	总预制重量(t)
6	1	WQ-1-1	WQ-3330		3280 x 60 x 2980	1.98	4.95	2	3.96	9.91
		WQ-2-1	WQ-3630		3580 x 60 x 2980	2.26	5.65	1	2.26	5.65
		WQ-3-1	WQ-3630		3580 x 60 x 2980	2.26	5.65	1	2.26	5.65
		WQ-4-1	WQ-2930		2880 x 60 x 2980	1.63	4.08	1	1.63	4.08
		WQ-5-1	WQ-2830		2780 x 60 x 2980	1.56	3.89	1	1.56	3.89
		WQ-6-1	WQ-4230		4180 x 60 x 2980	2.70	6.75	1	2.70	6.75
		WQ-7-1	WQ-2030		2030 x 60 x 2980	1.06	2.65	1	1.06	2.65
		WQ-8-1	WQ-1730		1680 x 60 x 2980	0.86	2.15	1	0.86	2.15
		WQ-9-1	WQ-1730		1680 x 60 x 2980	0.75	1.87	1	0.75	1.87
		WQ-10-1	WQ-1330		1330 x 60 x 2980	0.60	1.50	1	0.60	1.50
		WQ-11-1	WQ-1730		1680 x 60 x 2980	0.80	2.01	1	0.80	2.01
		WQ-12-1	WQ-2230		2230 x 60 x 2980	1.21	3.02	1	1.21	3.02
		WQ-13-1	WQ-2430		2380 x 60 x 2980	1.32	3.30	1	1.32	3.30
		WQ-14-1	WQ-4230		4180 x 60 x 2980	2.70	6.75	1	2.70	6.75

图 4 - 45

材料统计清单是对各种预制构件的所用材料进行汇总统计，包含每种构件的混凝土强度与体积、混凝土重量、钢筋重量、附件种类与数量等。图 4 - 46 ~ 图 4 - 48 所示分别为叠合板、叠合梁、预制外墙板的材料统计清单示例。全楼材料统计清单汇总表的示例如图 4 - 49 所示。

材料统计清单

			PCB-2-1			
浇筑单元	类型	材料	体积(m^3)	重量(kg)	钢筋重量(kg)	合计重量(kg)
PCB-2-1	预制板	C25	0.77	1921.73	111.58	2033.30
附件	材料	附件单重(kg)	每构件数量	每构件总重(kg)	每构件合计重量(kg)	
BDG-板吊构埋件			8			
浇筑单元数量：	33		浇筑单元总重量(kg)：	67099.03	附件总重量(kg)：	0.00

图 4 - 46

材料统计清单

			PCL-1-1			
浇筑单元	类型	材料	体积(m^3)	重量(kg)	钢筋重量(kg)	合计重量(kg)
PCL-1-1	预制梁	C30	0.43	1072.86	68.62	1141.49
附件	材料	附件单重(kg)	每构件数量	每构件总重(kg)	每构件合计重量(kg)	
MGB_20-墙固板			4			
MJ1A-螺栓埋件			2			
浇筑单元数量：	33		浇筑单元总重量(kg)：	37669.04	附件总重量(kg)：	0.00

图 4 - 47

材料统计清单

			WQ-1-1			
浇筑单元	类型	材料	体积(m^3)	重量(kg)	钢筋重量(kg)	合计重量(kg)
WQ-1-1	预制外墙	C30	1.98	4953.66	89.16	5042.82
附件	材料	附件单重(kg)	每构件数量	每构件总重(kg)	每构件合计重量(kg)	
MJ1A-螺栓埋件			2			
MJ2-预埋螺母			4			
TT1_16-半灌浆套筒			7			
浇筑单元数量：	22		浇筑单元总重量(kg)：	110942.11	附件总重量(kg)：	0.00

图 4 - 48

由构件加工详图即可进行清单的统计工作，但人工统计枯燥、烦琐，易出差错。专业装配式建筑设计软件能方便地基于 BIM 模型自动生成上述清单，实现快速、准确地进行全楼的统计分析，方便后续生产加工环节的预算、排产工作。

材料统计清单

材料统计清单汇总表

混凝土总体积(m^3)	钢筋总重量(kg)
590.28	43635.13
附件	数量
BDG	1914
MGB_20	308
MJ1A	484
MJ2	660
TT1_16	836

图 4 – 49

第 6 节　课后练习

1. 装配式建筑的建筑标准化设计包括 (　　　)。
   A. 平面标准化、立面标准化、剖面标准化、构件标准化
   B. 平面标准化、剖面标准化、构件标准化、部品部件标准化
   C. 立面标准化、剖面标准化、构件标准化、部品部件标准化
   D. 平面标准化、立面标准化、构件标准化、部品部件标准化

2. 在装配式施工中的主次梁节点位置上，主梁预埋附加钢筋，次梁钢筋伸出与主梁钢筋进行 (　　　)，连接处设置后浇带，后浇带的长度满足梁下纵筋连接作业的空间需求。
   A. 预留后浇带　　　　　　　　　　　　B. 预埋钢板搁置式处理
   C. 钢筋绑扎/焊接　　　　　　　　　　D. 机械套筒连接

3. 装配整体式住宅结构的施工顺序是 (　　　)。
   A. 吊装本层墙板→吊装本层叠合板→浇筑楼板现浇层→吊装上一层墙板
   B. 吊装本层叠合板→吊装本层墙板→浇筑楼板现浇层→吊装上一层墙板
   C. 吊装本层叠合板→浇注楼板现浇层→吊装本层墙板→吊装上一层墙板
   D. 浇注楼板现浇层→吊装本层叠合板→吊装本层墙板→吊装上一层墙板

4. 模型拆分设计不需要满足 (　　　)。
   A. 采用预制装配构件的范围要求　　　　B. 预制构件类型要求
   C. 预制构件尺寸要求　　　　　　　　　D. 预制构件材质要求

5. 预制板类型确定需要遵循一定的原则，一般情况下跨度大于 (　　　) m 的叠合板，宜采用预应力混凝土预制板。
   A. 3　　　　　　　　B. 6　　　　　　　　C. 9　　　　　　　　D. 12

答案：DCADB

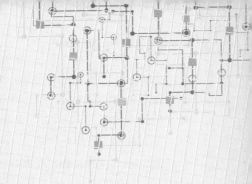

第 5 章　生产阶段 BIM 技术应用

第1节　生产阶段 BIM 技术应用现状

　　装配式建筑主要分为装配式混凝土结构、装配式钢结构和装配式木结构。装配式钢结构和装配式木结构构件生产加工环节数字化信息化技术应用已比较成熟，借助机械加工行业的技术基础和生产平台，有比较成熟的应用软件和比较规范的交换格式。混凝土结构是建筑行业的传统结构，混凝土是建筑领域特有的材料，具有比较特殊的性质和特征。国家大力推进建筑工业化和信息化融合发展，提出了将装配式混凝土结构进行标准化设计、工厂化生产、装配化建造、信息化管理、智慧化应用的发展方向。就目前的装配式混凝土结构建筑建造和 BIM 技术应用现状而言，虽然做了一定的工作，但是还没有形成系统性的、规范性的成熟体系，仍处于探索和完善阶段。但是，装配式建筑的发展是大势所趋（见图 5-1），所以，改革传统的混凝土结构建造模式的前提是了解现有技术水平和工程应用现状，建立技术创新、模式改革、信息共享、融合发展的理念。

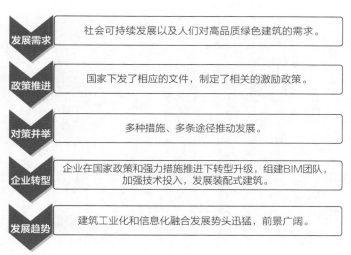

图 5-1

一、生产阶段 BIM 技术应用价值

　　装配式建筑的发展推进了建筑行业建造模式的改革，将现浇改预制的同时，也改变了传统建

筑建造流程中各环节的地位和职责。

装配式建筑的建造过程是将设计模型（见图 5 - 2）按照一定的规则将组成建筑的构件进行拆分（见图 5 - 3）；将每个拆分后的构件深化设计成加工图（见图 5 - 4）后进行工厂预制（见图 5 - 5）；预制好后，将构件运输（见图 5 - 6）到施工现场进行装配建造（见图 5 - 7）。

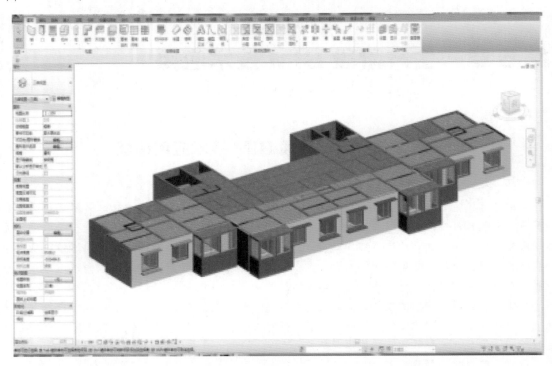

图 5 - 2

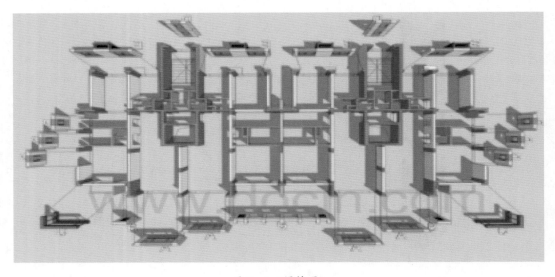

图 5 - 3（爆炸图）

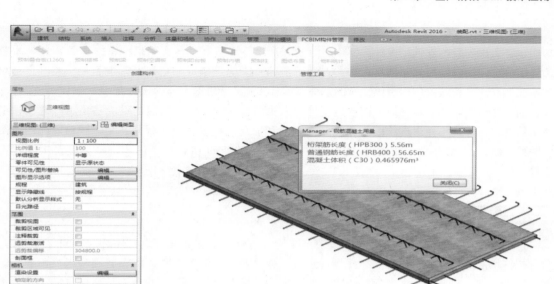

图 5 - 4

图 5 - 5

图 5 - 6

图 5 - 7

　　装配式建筑的建造过程相比传统的建造模式多了构件预制过程，增加了信息量和信息管理难度，传统的建造管理模式已不能满足装配式建筑建设过程信息传递和信息共享的需要。

BIM 技术是数字化信息技术在工程建设领域的具体应用，通过参数化 BIM 信息自动相互关联功能，将工程项目的规划、设计、制作、装配和运维等环节有机结合起来，建立基于 BIM 技术的工程项目全生命周期协同管理平台架构，达到协同管理信息集成与信息共享的目的，提升了 BIM 技术在工程建设领域的应用价值，有助于提高项目实施的管理效率与建设效益。

构件生产阶段的质量将是工程建造质量的先决因素，构件生产阶段的进度将是工程建造按期完工的前提保障，构件生产阶段的 BIM 技术应用和信息化程度将是工程建造全过程信息化的桥梁和中枢。所以，做好生产阶段的各项工作，加强技术创新和 BIM 技术应用，将会提升工程建设质量。

二、 生产阶段 BIM 技术应用现状

预制构件生产厂区一般包括流水线生产车间、室外固定模台生产区、室外构件自然养护区、成品构件堆放区和办公生活区。根据场地规模、构件产能、设备条件、质量管理和人员配置等因素，生产厂家会有选择地生产预制楼梯（见图 5 - 8、图 5 - 9）、叠合楼板（见图 5 - 10）、钢筋桁架楼承板（见图 5 - 11）、预制外墙板（见图 5 - 12）和预制内墙板（见图 5 - 13）、预制梁（见图 5 - 14）、预制柱（见图 5 - 15）、预制阳台和预制空调板（图 5 - 16、图 5 - 17）整体卫浴、整体厨房等预制构件和部品。目前，基本可以实现单个预制构件 BIM 三维建模、出图和出量，例如预制楼梯 BIM 模型图及钢筋布置 BIM 模型（见图 5 - 18、图 5 - 19），预制楼梯平面图、剖面图、材料清单（见图 5 - 20），叠合楼板 BIM 模型图（见图 5 - 21、图 5 - 22）和叠合楼板平面图、剖面图、材料清单（见图 5 - 23），预制梁 BIM 模型图及钢筋布置 BIM 模型图（见图 5 - 24、图 5 - 25），预制梁平面图、剖面图、材料清单（见图 5 - 26）。

图 5 - 8

图 5 - 9

图 5 - 10

图 5 - 11

图 5 – 12

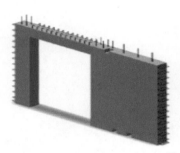

图 5 – 13

图 5 – 14　　　　　　　　　　　　　　　　图 5 – 15

图 5 – 16　　　　　　　　　　　　　　图 5 – 17

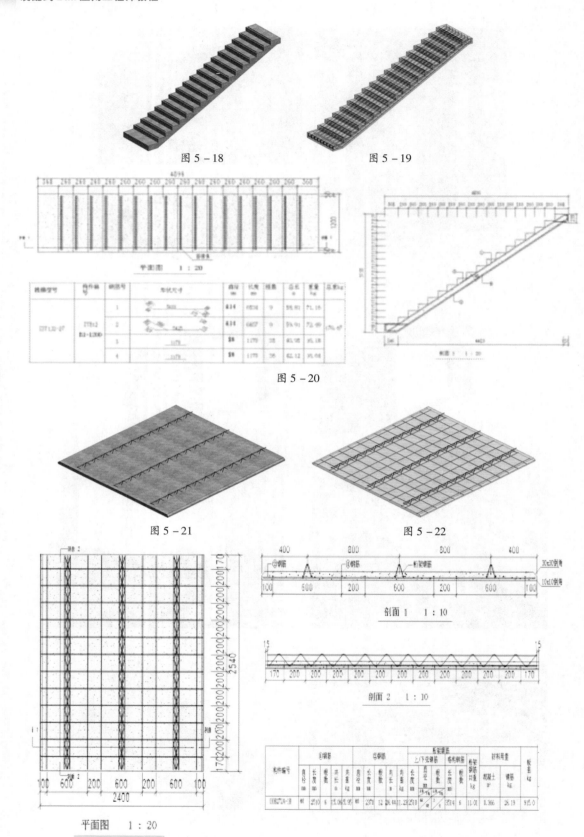

图 5 – 18

图 5 – 19

图 5 – 20

图 5 – 21

图 5 – 22

图 5 – 23

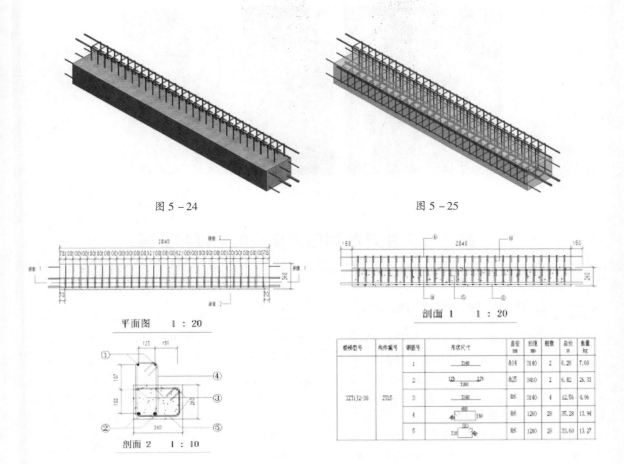

图 5 – 24　　　　　　　　　　　　　　图 5 – 25

平面图　　1 : 20

剖面 1　　1 : 20

剖面 2　　1 : 10

楼梯型号	构件编号	钢筋号	形状尺寸	直径 mm	长度 mm	根数	总长 m	重量 kg
		1		φ14	3140	2	6.28	7.60
		2		φ25	3460	1	6.82	26.33
TZT1.T2-30	2TL5	3		φ8	3140	4	12.56	4.96
		4		φ6	1260	28	35.28	13.94
		5		φ6	1260	28	33.60	13.28

图 5 – 26

目前，不少企业都建有自己的 BIM 团队，负责将设计图纸拆分成可以下料加工的构件加工图纸。生产企业为构件置入 RFID 芯片（见图 5 – 27、图 5 – 28）以附带不同的信息。通过 RFID 手持扫码终端对每个生产工序的 RFID 芯片扫描后现场录入（见图 5 – 29），自动生成时间、责任人、质量检验人员签名等构件信息，再将 RFID 芯片植入混凝土中与构件永远融合，后期通过扫描植入的 RFID 芯片即可得到从原料采购到构件安装的所有信息，使得工序间能够无"缝"对接。

图 5 – 27

图 5 – 28

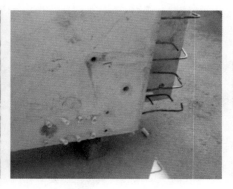

图 5 – 29

第 2 节　生产阶段信息集成的途径和交互

一、预制构件专业间关联性分析

生产阶段是装配式建筑建造的关键环节，为了提高装配率，会尽最大可能将施工现场的各专业和各工序的内容在工厂内集成到预制构件上。外墙一般集成外装饰、保温、防水、设备管线、结构承重等功能于一体，是预制构件中功能集成最多的构件。叠合楼板是预制和现浇混凝土相结合的一种较好的结构形式，叠合楼板要适应施工阶段作为模板和叠合成为整体而作为建筑物楼板部件的两种不同受力条件，应用较多的有适合混凝土结构用的钢筋桁架叠合楼板、PK 预应力叠合楼板和适合钢结构用的钢筋桁架楼层板。设计、生产、施工环节的阶段目标、基本信息和关联性见表 5 –1，构件预制过程中可集成于一体的关联专业见表 5 –2。

表 5 –1　设计、生产、施工环节的阶段目标、基本信息和关联性

阶段	阶段目标	基本信息
工程设计阶段	建筑设计 结构设计 设备设计 幕墙设计 消防设计 节能设计 ……	建筑设计依据及基础数据 结构设计依据及基础数据 设备设计依据及基础数据 幕墙设计依据及基础数据 消防设计依据及基础数据 节能设计依据及基础数据 ……
深化设计阶段	承接工程设计阶段设计成果，并结合施工组织设计要求开展深化设计工作： 建筑专业深化设计 结构专业深化设计 机电设备深化设计 外部装饰深化设计 内部装饰深化设计 ……	承接工程设计阶段模型建立的基本信息，并对接施工组织设计模型要求建立深化设计基础数据： 建筑专业深化设计基础数据 结构专业深化设计基础数据 机电设备深化设计基础数据 外部装饰深化设计基础数据 内部装饰深化设计基础数据 ……

（续）

阶段	阶段目标	基本信息
生产加工阶段	生产工艺设计 质量安全检验规程 协同管理平台 ……	生产工艺设计基础数据 质量安全检验规程基础数据 协同管理交互数据 ……
施工管理阶段	模型信息集成 进度管理 质量管理 安全管理 成本管理 多方协同 ……	模型信息集成相关数据 进度管理相关数据 质量管理相关数据 安全管理相关数据 成本管理相关数据 多方协同相关数据 ……
……	……	……

表 5-2　构件预制过程中可集成于一体的关联专业

构件名称	主体专业	关联专业							备注
	结构	建筑	水	电	暖	装饰	保温	防水	
装饰保温承重一体化外墙板	√	√		√		√	√	√	
内墙板	√	√	√	√		√			
钢筋桁架叠合板	√		√	√	√				
PK 预应力叠合板	√		√	√	√				
钢筋桁架楼层板	√		√	√	√				
梁	√								
柱	√								
楼梯	√	√							
阳台	√	√	√	√		√			
空调板	√	√							
整体卫浴	√	√	√	√	√	√		√	
整体厨房	√	√	√	√	√	√		√	

注：表中"√"表示该专业可集成。

二、　构件生产工序间关联性分析

预制构件的生产工艺流程决定了其信息集成过程和信息录入内容，预制外墙板、预制内墙板和叠合板生产工艺流程分别如图 5-30 ~ 图 5-32 所示。基于 BIM 技术的协同管理平台可以提供信息交换、信息校核和信息共享的途径和方法。

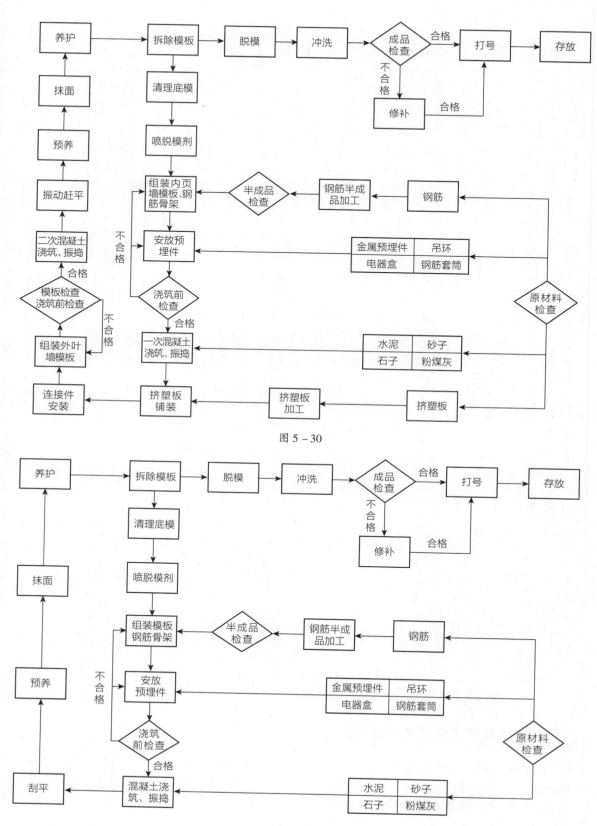

图 5 – 30

图 5 – 31

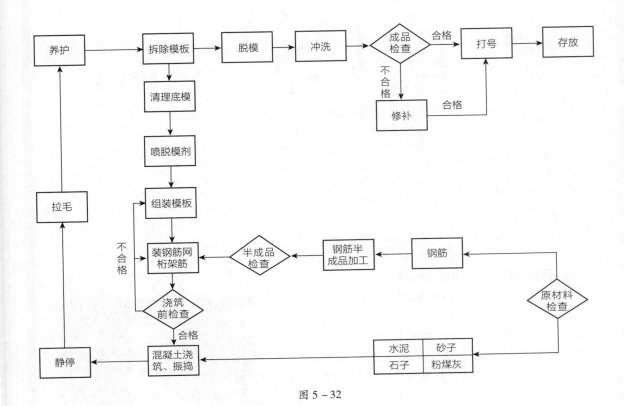

图 5 - 32

三、 生产阶段交互和信息录入

生产阶段是构件成型的关键过程，原材料要求、生产工艺、操作人员、质检内容等信息都是构件的原始信息。在生产阶段需要专业之间和工序之间相互交互和复核，下面就以预制外墙板、预制内墙板和叠合板为例，列举构件在生产过程中的交互信息和录入内容。

1. 预制外墙板交互和信息录入

预制外墙板分为结构外墙板、保温承重一体化外墙板、装饰保温承重一体化外墙板（装饰可为面砖、石材、涂料、装饰混凝土等形式）等，工厂生产一次成型（见图 5 - 33）。预制外墙板交互和信息录入内容见表 5 - 3。

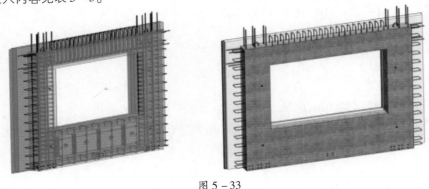

图 5 - 33

表5-3　预制外墙板交互和信息录入内容

主体专业信息	关联专业交互信息					备注
结构	建筑	保温	装饰	防水	设备	
1. 墙板编号信息 2. 墙板几何信息 3. 墙板材料信息 4. 墙板节点连接方式和相关信息 5. 吊点验算资料 6. 过程质检资料 ……	1. 建筑构造做法 2. 材料供应厂商信息 3. 集成工艺要求 ……	1. 保温设计参数 2. 材料供应厂商信息 3. 集成工艺要求 ……	1. 装饰效果表达 2. 装饰材料厂商信息 3. 集成工艺要求 ……	1. 防水材料信息 2. 防水材料厂商信息 3. 集成工艺要求 ……	1. 预埋设备管线信息 2. 管线供应厂商信息 3. 集成工艺要求 ……	

2. 预制内墙板交互和信息录入

预制内墙板分为结构承重墙板和非承重隔墙板，预制内墙板内可以集成水、电、暖等专业管线的预埋，以及管线接头盒槽的预留（见图5-34）。预制构件间连接做法的预埋是保证结构安全的关键，其预埋定位和质量控制将关系到装配式建筑的安全和质量。预制内墙板交互和信息录入内容见表5-4。

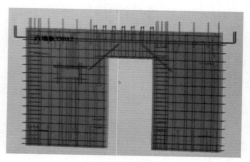

图 5-34

表5-4　预制内墙板交互和信息录入内容

主体专业信息	关联专业交互信息				备注
结构	建筑	水	电	装饰	
1. 墙板编号信息 2. 墙板几何信息 3. 墙板材料信息 4. 墙板节点连接方式和相关信息 5. 吊点验算资料 6. 过程质检资料 ……	1. 建筑构造做法 2. 材料供应厂商信息 3. 集成工艺要求 ……	1. 预埋供排水设备管线信息 2. 管线供应厂商信息 3. 集成工艺要求 ……	1. 预埋强电、弱电管线信息 2. 管线供应厂商信息 3. 集成工艺要求 ……	1. 装饰效果表达 2. 装饰材料厂商信息 3. 集成工艺要求 ……	

3. 钢筋桁架叠合板交互和信息录入

钢筋桁架叠合板是目前装配式混凝土结构常用的叠合楼板形式，因为有预制底板和现浇层，所以，在板中方便铺设水平设置的水电暖管线（见图5-35）。钢筋桁架叠合板交互和信息录入内容见表5-5。

图 5 - 35

表 5 - 5 钢筋桁架叠合板交互和信息录入内容

主体专业信息	关联专业交互信息			备注
结构	消防	电	暖	
1. 叠合板编号信息 2. 叠合板几何信息 3. 叠合板材料信息 4. 叠合板节点连接方式和相关信息 5. 吊点验算资料 6. 过程质检资料 ……	1. 预埋和预留消防供水设备管线信息 2. 管线供应厂商信息 3. 集成工艺要求 ……	1. 预埋强电、弱电管线信息 2. 预留管线盒槽信息 3. 管线供应厂商信息 4. 集成工艺要求 ……	1. 预埋地暖或其他采暖管线信息 2. 管线供应厂商信息 3. 集成工艺要求 ……	

第 3 节 生产阶段管理架构

1. 基于 BIM 技术的生产阶段管理架构介绍

根据企业管理和项目管理的需要，建立基于 BIM 技术的管理架构和信息化管理平台是非常必要的，如图 5 - 36 所示。通过此平台架构，可以将生产加工环节与设计环节、储运环节、安装环节、质检环节等环节实现信息共享和实时传输，实现物料、人员、质量、过程、进度等的统一协同管理，有利于提高生产效率和建设效益。

通过平台架构，根据管理权限，深化设计 BIM 团队可以和工程设计各专业人员进行对接，理解设计意图，方便对各专业图纸进行拆分和集成；深化设计 BIM 团队也可以直接向材料供应和加工班组落实拆分方案的可操作性；生产单位可以和施工单位保持信息畅通，根据施工组织设计安排生产计划、确保生产进度，并合理安排预制构件储存场所和运输路线，使生产、运输、装配一体化协同管理。

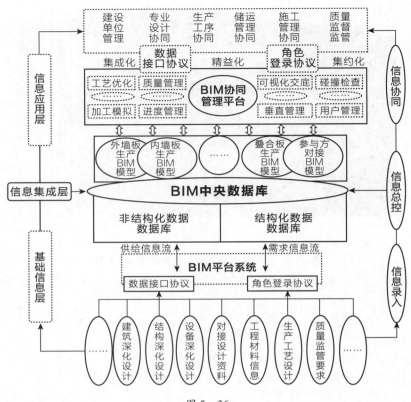

图 5-36

2. 常用 BIM 软件信息存储和导出格式

常用 BIM 软件都有自己的存储和导出格式，具有共同的存储和导出格式软件可以直接进行信息传递。表 5-6 列出了部分 BIM 软件的主要交换格式。

表 5-6 部分 BIM 软件的主要交换格式

序号	专业	选用软件	存储和导出格式
1	建筑专业	Revit	ifc、rvt、deg、fbx、dwf、dxf、dgn 等
		Rhino	ifc、dwg、dxf、3ds、lwo、stl、obj 等
		3ds Max	ifc、obj、3ds、dwg、xml、fbx、stl、shp、lp 等
2	结构专业	Tekla	ifc、dwg、dxf、sdf、dgn、std 等
		PKPM	ifc、jws、dwg 等
		Planbar	xml、dxf、dwg、pdf、ifc、skp、c4d、dgn、3ds、3dm、uni、pxml 等
		盈建科	ifc、dwg 等
3	机电专业	Revit	ifc、rvt、deg、fbx、dwf、dxf、dgn 等
		Magicad	ifc、rvt、dwg 等

（续）

序号	专业	选用软件	存储和导出格式
4	幕墙专业	Revit	ifc、model、session、exp 、cgr 等
		Catia	ifc、model、session、exp、cgr、CATPart 等
		犀牛	ifc、model、session、exp、cgr、CATPart 等
		StetchUp	ifc、dwg、jpg、fbx 等
		civil3D	ifc、dwg、jpg、landxml、fbx 等
5	精装	Revit	ifc、rvt、nwd、nwf、nwc、fbx 等
		3ds Max	ifc、obj、3ds、dwg、xml、fbx、stl、shp、lp 等
6	算量	广联达	ifc、xls、pdf、rvt 等
		鲁班	ifc、lbim、dae、rlbim、ydb、xls 等
		斯维尔	ifc、mdb、xls 等
7	模型整合	Navisworks	ifc、nwd、nwf、nwc、rvt、fbx、dwf、dxf 等
		Revit	ifc、nwd、nwf、nwc、rvt、deg、fbx、dxf 等
8	平台	蓝色星球	ifc、geotiff、img、shp、dae、rvt、bimc 等
		毕埃慕	ifc、geotiff、img、shp、dae、rvt、bimc 等
9	Revit 插件	鸿业建筑	ifc、rvt、deg、fbx、dwf、dxf、dgn 等
		橄榄山	ifc、rvt、fbx、dwf 等
		IsBIM	ifc、rvt、fbx、dwf 等
		翻模大师	ifc、rvt、fbx、dwf 等
		品茗	ifc、rvt、fbx、dwf 等
		晨曦	ifc、rvt、fbx、dwf 等

第 4 节　课后练习

1. 装配式构件正确的生产顺序是（　　　）。

    A. 钢模制作→钢筋绑扎→混凝土浇筑→脱模

    B. 钢模制作→混凝土浇筑→钢筋绑扎→脱模

    C. 混凝土浇筑→脱模→钢模制作→钢筋绑扎

    D. 钢筋绑扎→钢模制作→混凝土浇筑→脱模

2. 下列有关生产阶段 BIM 技术应用价值说法有误的选项是（　　　）。

    A. 装配式在将现浇改预制的同时，也改变了传统建筑建造流程中各环节的地位和职责

B. 构件生产阶段的 BIM 技术应用和信息化程度将是工程建造全过程信息化的桥梁和中枢

C. 装配式建筑的建造过程相比传统的建造模式多了构件预制过程，增加了信息量和信息管理难度，所以需要 BIM 技术进行信息集成

D. 只有运用了 BIM 技术就能实现工序之间无缝对接，一劳永逸

3. 下列说法中，不能提高装配式建筑发展的是（　　　）。

A. 建立全省统一的部品部件数据库，大力发展装配式通用部品部件，引导部品部件生产企业科学配置产能，完善产品品种和规格，促进专业化、标准化、规模化

B. 积极引进建筑部品部件龙头企业，支持省内企业开拓省外、海外市场

C. 支持各地创建产业园区，组建产业联盟，提高产业聚集度，创建一批国家级和省级装配式建筑产业基地

D. 构件种类繁多，整理起来十分复杂，无须建立数据库

4. 目前 BIM 团队在装配式生产中关键的作用不包括（　　　）。

A. 构件拆分
B. 指导生产工艺
C. 记录生产员工状态
D. 尺寸校核比对

5. 关于 BIM 技术在生产阶段中的应用，下列说法中错误的是（　　　）。

A. 能方便完成构件信息管理
B. 提高生产效率
C. 简化生产流程
D. 不会出现修改图纸的麻烦

答案：ADDCD

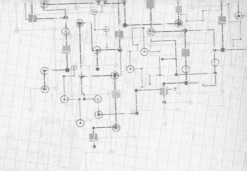

第6章 施工阶段 BIM 技术应用

第1节 施工阶段管理架构

　　预制构件生产厂家可以从装配式建筑 BIM 模型中直接调取预制构件的几何尺寸信息，制订相应的构件生产计划，并在预制构件生产的同时，向施工单位传递构件生产的进度信息。以 BIM 模型建立的数据库作为数据基础，将 RFID（二维码）收集到的信息（二维码）及时传递到基础数据库中（见图6-1），并通过定义好的位置属性和进度属性与模型相匹配。此外，通过 RFID 反馈的信息，能精准预测构件是否能按计划进场，从而做出实际进度与计划进度对比分析，如有偏差，适时调整进度计划或施工工序（见图6-2、图6-3），避免出现窝工或构配件的堆积以及场地和资金占用等情况。

图 6-1

图 6-2

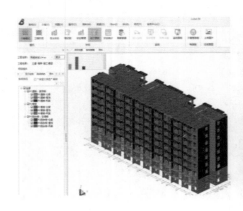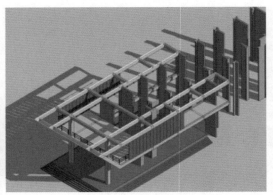

图 6 - 3

一、 基于 BIM 技术的项目进度管理

项目进度管理是指项目管理者按照目标工期要求编制计划，实施和检查计划的实际执行情况，并在分析进度偏差原因的基础上，不断调整、修改计划直至工程竣工交付使用。项目进度管理过程中，应通过对进度影响因素实施控制及协调各种关系，综合运用各种可行方法、措施，将项目的计划工期控制在事先确定的目标工期范围之内，在兼顾成本、质量控制目标的同时，努力缩短建设工期。基于 BIM 技术的虚拟施工，可以根据可视化效果看到并了解施工的过程和结果，更容易观察施工进度的发展，且其模拟过程不消耗施工资源，可以很大程度地降低返工成本、管理成本和风险，增强管理者对施工过程的控制能力。基于施工 BIM 模型，可以结合施工顺序、计划施工时间，进行施工过程的可视化模拟，并对方案进行分析和优化，提高施工的合理性。

例如，利用 BIM 技术进行装配式建筑的施工模拟和仿真，模拟现场预制构件吊装及施工过程，对施工流程进行优化；利用 BIM 技术对施工现场的场地布置和车辆开行路线进行优化，减少预制构件、材料场地内二次搬运，提高垂直运输机械的吊装效率，加快装配式建筑的施工进度。

二、 基于 BIM 技术的质量和安全管理

BIM 技术在工程项目质量/安全管理中的应用目标是：通过信息化的技术手段全面提升工程项目的建设水平，实现工程项目的精细化管理。质量与安全管理 BIM 应用流程如图 2 - 37 所示。

1. 质量管理要点

传统的质量管理主要依靠制度的建设、管理人员对施工图纸的熟悉及经验判断施工手段合理性来实现，这对于质量管控要点的传递、现场实体检查等方面都具有一定的局限性。在质量管理中，可以在技术交底、现场实体检查与资料填写、样板引路等方面采用 BIM 技术，帮助提高质量管理的效率和有效性。

（1）模型与动画辅助技术交底 针对比较复杂的工程构件或难以二维表达的施工部位建立 BIM 模型，将模型图片加入到技术交底书面资料中，便于分包方及施工班组的理解；同时利用技术交底协调会，将重要工序、质量检查重要部位在计算机上进行 BIM 模型交底和动画模拟，直观地讨论和确定质量保证的相关措施，实现交底内容的无缝传递。

（2）现场模型对比与资料填写 通过 BIM 软件将 BIM 模型导入到移动终端后，首先由现场管理人员手持该移动终端进行现场工作的布置和实体的对比，直观、快速地发现现场质量问题；然后将发现的问题拍摄后直接在移动终端上记录；最后将照片与问题汇总后生成整改通知单下发整

改，保证问题处理的及时性，从而加强对施工过程的质量控制。

（3）动态样板引路　将 BIM 技术融入样板引路中，在现场布置若干个触摸式显示屏，将施工重要样板做法、质量管控要点、施工模拟动画、现场平面布置等进行动态展示，为现场质量管控提供服务，从而打破了在施工现场占用大片空间进行工序展示的单一做法。

2. 安全管理要点

传统的安全管理，如危险源的判断和防护设施的布置都需要依靠管理人员的经验来进行，加上各分包方对于各自施工区域的危险源辨识比往往较模糊，这就使得传统的安全管理具有很大的局限性。

但基于 BIM 技术，对施工现场重要生产要素的状态进行绘制和控制，可以实现危险源的自动辨识和动态管理，有助于加强安全策划工作，使施工过程中的不安全行为/不安全状态得到减少和消除，做到少发生甚至不发生事故，确保工程项目的效益目标得以实现。

1）通过建立的 BIM 模型让各分包管理人员提前对施工区域的危险源进行判断，并通过建立防护设施 BIM 模型内容库，在危险源附近快速地进行防护设施模型的布置，可以比较直观地对安全死角进行提前排查。

2）对项目管理人员进行模型和仿真模拟交底，确保现场按照防护设施 BIM 模型执行。

第 2 节　施工现场部署

利用 BIM 技术，在施工现场管理构件入场时，RFID Reader 读取构件信息后将传递到数据库中，并与 BIM 模型中的位置属性和进度属性相匹配，保证信息的准确性；同时通过 BIM 模型中定义的构件的位置属性，可以明确显示各构件所处区域位置，在构件或材料存放时，做到构配件点对点堆放，避免二次搬运。此外，利用 BIM 技术绘制三维施工现场模拟布置图更直观，也更符合施工真实情况。项目负责人对于项目各阶段的现场真实情况可以利用 BIM 模型进行模拟，如图 6-4 和图 6-5 所示。

图 6-4

图 6-5

第 3 节　施工组织设计和方案优化

施工组织文件是项目管理中技术策划的纲领性文件，是用来指导项目施工全过程各项活动的技术、经济和组织的综合性文件，是施工技术与施工项目管理有机结合的产物，它能保证工程开工后施工活动有序、高效、科学合理地进行。

传统的施工组织设计及方案优化流程为：首先由项目人员熟悉设计施工图纸、进度要求以及可提供的资源；然后编制工程概况、施工部署以及施工平面布置，并根据工程需要编制工程投入的主要施工机械设备和劳动力安排等内容；最后在完成相关工作之后提交给监理单位对施工组织设计以及相关施工方案进行审核。监理审核不通过，则根据相关意见进行修改；监理审核通过之后则提交给业主审核，审核通过后，相关工作按照施工组织设计执行。

基于 BIM 技术的施工组织设计优化了施工组织设计的流程，提高了施工组织设计的表现力，可更好地完成以下工作：

1）基于 BIM 技术的施工组织设计结合三维模型对施工进度相关控制节点进行施工模拟，展示在不同的进度控制节点，工程各专业的施工进度。

2）在对相关施工方案进行比选时，通过创建相应的三维模型对不同的施工方案进行三维模拟，并自动统计相应的工程量，为施工方案选择提供参考。

3）基于 BIM 技术的施工组织设计为劳动力计算、材料、机械、加工预制品等统计提供了新的解决方法。在进行施工模拟的过程中，将资金以及相关材料资源数据录入到模型当中，在进行施工模拟的同时也可查看在不同的进度节点上相关资源的投入情况。

第4节　施工综合管理

装配式混凝土结构工程的施工管理是指根据装配式建筑的特点，做好施工过程中的质量管理、进度管理、成本管理、安全文明管理、绿色施工管理等工作，保证项目在工期内保质保量地完成，顺利交接并完成验收工作。

一、施工管理目标

装配式建筑施工管理系统图如图 6-6 所示。其施工管理总体目标为：

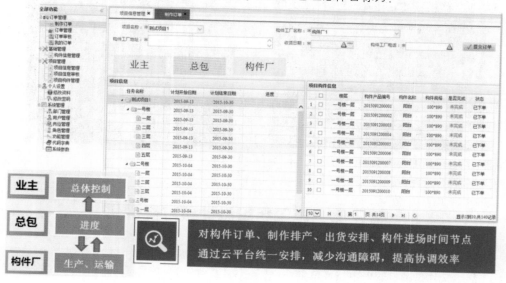

图 6-6

1. 质量可控

采用工业化生产，用机器取代人工，消除工人在生产过程中犯错误的机会。机械设备的可靠性要远高于工人现场操作施工的可靠性，可以有效规避传统施工方式中工人素质、技术能力和责任心等因素带来的质量风险，从而做到质量可控。

2. 成本可控

采用工业化生产，均能准确计算原材料的使用，机械设备、人工的使用；现场施工环节工序简单，施工全过程可预知可模拟，可以有效规避传统施工方式过程中原材料价格波动、劳动力成本变化、现场变更签证等成本风险，从而做到成本可控。

3. 进度可控

采用工业化生产，在设备产能、原材料供应充足的情况下，准确控制构配件的生产进度；现场总装过程工序简单，可以有效规避传统施工方式过程中劳动力不足、材料供应不畅、天气因素等进度风险，从而做到进度可控。

二、建造管理流程

BIM 技术改变了建筑行业的生产方式与管理模式，成功地解决了建筑建造过程中多组织、多阶段、全寿命周期的信息共享问题。利用 BIM 模型，使建筑项目信息在规划、设计、建造和运营维护全过程充分共享、无损传递。BIM 技术使设计乃至整个工程的成本降低，质量和效率得到显著提高。基于 BIM 技术的装配式建筑建造管理流程如图 6 - 7 所示。

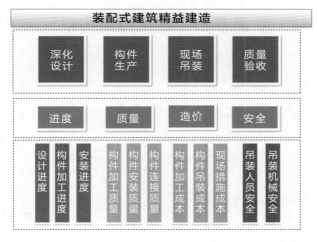

图 6 - 7

三、装配式施工工艺与传统工艺的比较

1. 机械化程度高

随着大量构件工厂化生产，现场施工主要为机械化安装，施工速度快、工人数量少。构件拆分和生产的统一性保证了安装的标准性和规范性，大大提高了工人的工作效率和机械利用率。

2. 绿色工地

与传统施工现场对比，装配式施工现场减少了脚手架，减少了室内外墙抹灰工序；钢筋由工厂统一配送，提高了效率和质量；楼板底模取消，墙体塑料模板取代传统木模板，现场建筑垃圾大幅减少。

3. 施工过程标准化

PC 构件在工厂进行标准化预制；预制后运输至施工现场后通过大型起重机械吊装就位。整个施工过程无大量湿作业，各个工序标准化程度高，质量可控性强。

4. 工人专业化技术水平要求提高

与现浇混凝土建筑相比，装配式混凝土施工现场作业工人明显减少，有些工种人数大幅减少，如模具工、钢筋工、混凝土工等。不过，装配式混凝土施工作业增加了一些新工种，如信号工、起重工、安装工、灌浆工等。因为这些工种对工人的专业知识和技术要求更高，因此，工人需要经过理论学习、实操训练，转变成装配式建筑的产业工人。

随着装配式建筑的发展，行业的标准越来越完善。针对装配式混凝土建筑技术工人的技术标准应运而生。如重庆市批准了《装配式混凝土建筑技术工人职业技能标准》（DBJ50/T—298—2018）为市工程建设推荐性标准，于 2018 年 9 月 1 日实施。该标准明确了装配式混凝土建筑技术工人的关键工种，主要包括构件装配工、灌浆工、内装部品组装工、钢筋加工配送工、预埋工、打胶工等六个工种，并对各工种的职业技能水平提出了具体要求。

第 5 节　竣工模型构建

在建筑项目竣工验收时，将竣工验收信息添加到施工过程模型，并根据项目实际情况进行修正，以保证模型与工程实体的一致性，进而形成竣工模型。

一、资料准备

1）施工过程 BIM 模型。
2）施工过程新增、修改变更的相关资料。
3）验收合格资料。

二、模型构建

构建竣工模型是工程数据统一的主体活动，竣工模型将会为项目在使用过程中的需要提供帮助。竣工模型创建 BIM 应用流程如图 2-38 所示。其主要流程为：
1）收集数据，并确保数据的准确性。
2）施工单位技术人员在准备竣工验收资料时，应检查施工过程模型是否能准确表达竣工工程实体，如表达不准确或有偏差，应修改并完善 BIM 模型相关信息，以形成竣工模型。竣工模型应准确表达构件的外表几何信息、材质信息、厂家信息以及实际安装的设备几何及属性信息等。其中，对于不能指导施工、对运维无指导意义的内容，应进行轻量化处理，不宜过度建模。

3）验收合格资料、相关信息宜关联或附加至竣工模型，形成竣工验收模型。

4）竣工验收资料可通过竣工验收模型进行检索、提取。

5）按照相关要求进行竣工交付。竣工验收资料可通过竣工验收模型输出（包含必要的竣工信息），作为档案管理部门竣工资料的重要参考依据。

第 6 节 课后练习

1. 下列 BIM 装配式施工工艺与传统工艺的比较中，错误的是（　　）。

　　A. 施工速度快，工人数量少

　　B. 施工现场施工减少脚手架，减少了室内、外墙抹灰工序

　　C. 工种增加

　　D. 施工过程更加标准化

2. 下列（　　）不是 BIM 工程量估算的方式。

　　A. 导出数据信息进行估算　　　　　　　B. 导入专业算量软件进行计算

　　C. 在一站式管理软件中进行计算　　　　D. 导入 CAD 进行估算

3. 下列（　　）不是通过 BIM 三维方式及软件自动化检查在实际施工中起到的作用。

　　A. 提前高效地发现在二维图纸中很难发现的问题

　　B. 对现场的返工及材料浪费起到一定的遏制作用以及节省成本及工期

　　C. 利用 PC 构件模型及安装模型对地上部分预留孔洞进行校核

　　D. 为工程投标加分

4. 下列关于施工现场管理 BIM 技术说法中，错误的一项是（　　）。

　　A. BIM 技术三维施工布置图更直观、更符合施工真实情况，从而减少材料二次搬运费用

　　B. 将抽象的平面图转化为立体直观的实景模拟图，大大提高了沟通效率

　　C. 利用 BIM 可视化技术交底，可直观地展示难以表达的复杂节点

　　D. 利用 BIM 技术可以随意更改施工工序

5. 下列关于 BIM 技术下施工中的作用有误的一项是（　　）。

　　A. 快速完成施工　　　　　　　　　　　B. 提高施工效率

　　C. 简化施工流程　　　　　　　　　　　D. 减少施工工序

答案：CDDDD

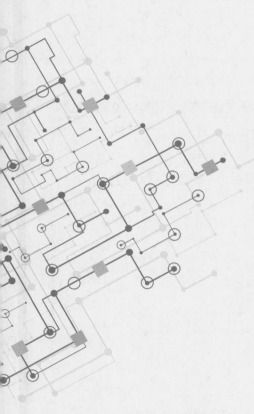

第 3 部分
技能实操（Revit）

PART 03

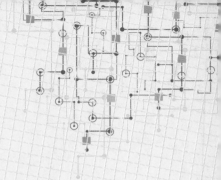

第7章　装配式混凝土结构建模

第1节　现浇部分建模

一、现浇框架柱的建立

1）打开 Revit 软件，新建项目（使用建筑样板即可），标高、轴网如图 7 - 1 所示。

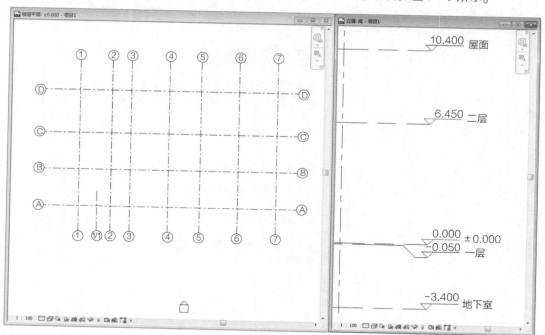

图 7 - 1

2）现浇框架柱的绘制。现浇框架柱的绘制可以分为柱混凝土和钢筋两个部分。

① 柱混凝土建模。选用"公制结构柱"作为族样板文件，类型名称命名为"现浇混凝土柱"。整体外观如图 7 - 2 所示，参数设置如图 7 - 3 所示，前立面如图 7 - 4 所示（注意：上下参照线一定要锁定），低于参照平面如图 7 - 5 所示。

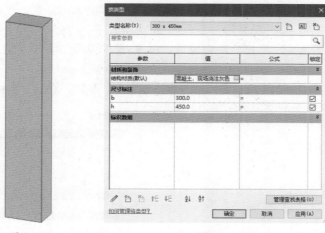

图 7 - 2   图 7 - 3

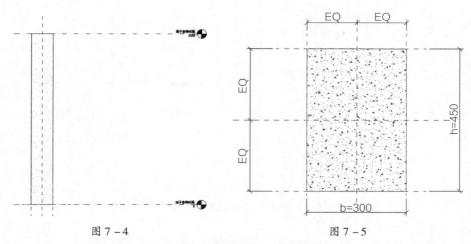

图 7 - 4   图 7 - 5

② 纵筋建模。选用"基于平面的公制常规模型"作为族样板文件。整体外观如图 7 - 6 所示，套筒尺寸明细如图 7 - 7 所示，钢筋尺寸明细如图 7 - 8 所示。

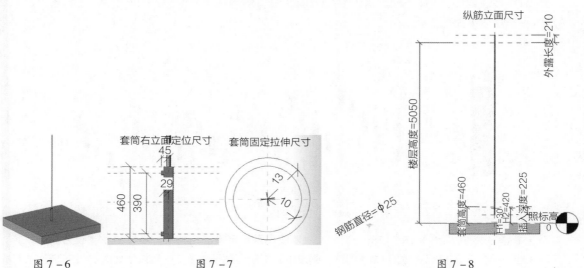

图 7 - 6   图 7 - 7   图 7 - 8

a. 该族由两部分组成（纵筋拉伸和套筒），两者均以嵌套的方式组合。在操作的时候可以参数化一些尺寸，以实现构件族库的标准化。

b. 一定要在原始的族的"属性"栏中勾选"共享"，来实现嵌套族参数的传递，如图 7－9 所示。

③ 箍筋建模。选择"公制常规模型"作为族样板文件。整体外观如图 7－10 所示，参数设置如图 7－11 所示，直径及放样路径如图 7－12 所示。

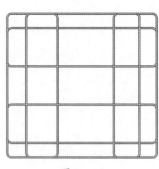

图 7－9　　　　　　　　图 7－10　　　　　　　　　　　图 7－11

a. 箍筋是由五个小箍筋组合而成的六肢箍，注意依然需要采用嵌套族的方式进行组合。在操作的时候可以参数化一些尺寸，以实现构件族库的标准化。

b. 一定要在原始的族的"属性"栏中勾选"共享"，来实现嵌套族参数的传递，如图 7－9 所示。

所有构件嵌套完毕后，依照 CAD 图纸准确定位。所有柱子放置完毕后效果如图 7－13 所示。

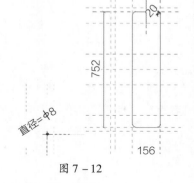

图 7－12

图 7－13

3）墙体的绘制。墙是结构主体的一部分，可以应用系统自带的结构墙。墙体的绘制较为简单，实例参数设置如图 7－14 所示；依照 CAD 图纸准确定位，把所有柱子放置完毕后效果如图 7－15 所示。

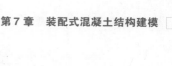

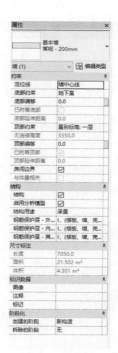

图 7 - 14　　　　　　　　　　　　图 7 - 15

4）板的绘制。板的绘制较为简单，实例参数设置如图 7 - 16 所示。依照 CAD 图纸准确定位，把所有柱子放置完毕后效果如图 7 - 17 所示。

图 7 - 16　　　　　　　　　　　　图 7 - 17

5）楼梯。楼梯采用现场浇筑楼梯（楼梯的绘制可以分为两种，按构件绘制和按草图绘制。当有楼梯大样图时可以采用按草图绘制），具体参数设置如图 7 - 18 所示。依照 CAD 图纸准确建模定位，结束后效果如图 7 - 19 所示。

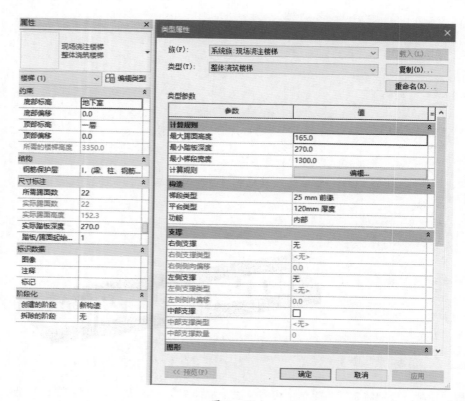

图 7 - 18

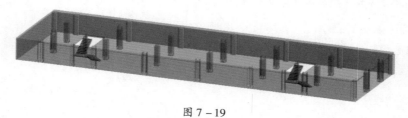

图 7 - 19

第 2 节 预制框架结构、剪力墙结构、框剪结构单体建族

一、 预制框架柱的建立

预制框架柱的绘制可以分为柱混凝土、钢筋以及预埋件三个部分。为了方便后期工程量的统计，族之间需要有所区分。而要达到这样的目的，目前有两种方法：①每个族都分开绘制，成为单独的个体，然后载入到项目里再统一放置；②把族做成嵌套族，然后使用共享功能，让嵌套族在项目里也能被单独被软件识别，达到统计工程量的目的。

预制框架柱包含如下的族：

①柱混凝土；②吊环（该吊装预埋件在此处使用嵌套族）；③脱模支撑预埋件；④钢筋（纵筋、箍筋）。

1. 柱混凝土建模

选用"公制结构柱"作为族样板文件，类型名称命名为"柱混凝土"。整体外观如图 7-20所示，参数设置如图 7-21 所示，前立面尺寸约束如图 7-22 所示，右立面尺寸约束如图 7-23 所示，低于参照平面尺寸约束如图 7-24 所示。细部空心处理如图 7-25 所示，具体操作尺寸如图 7-26 所示。注意：柱的顶部没有和"高于参照标高"锁定，而是留出了 800mm 的梁高。

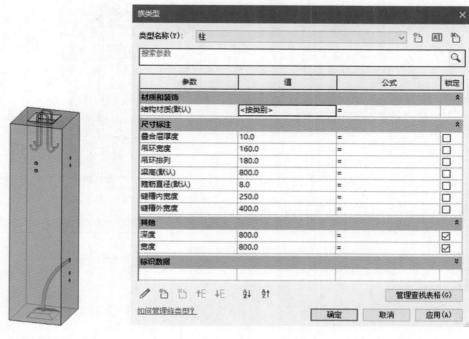

图 7-20 图 7-21

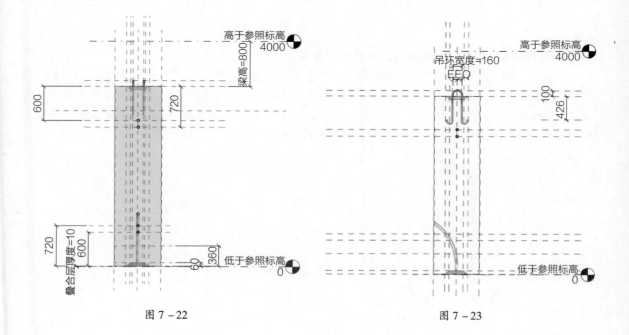

图 7-22 图 7-23

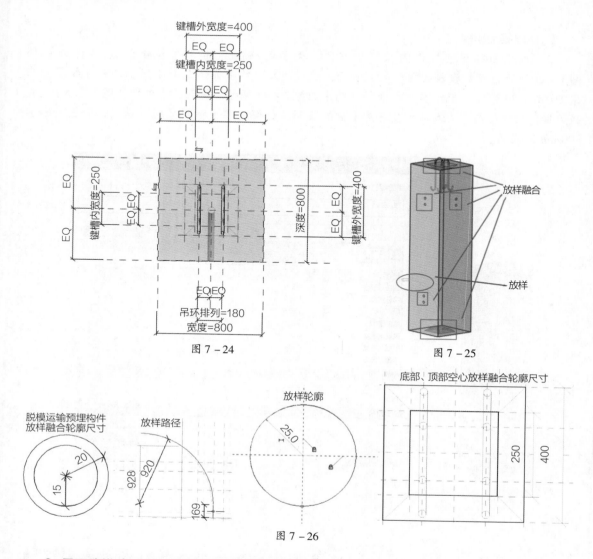

图 7 - 24

图 7 - 25

图 7 - 26

2. 吊环建模 (该吊装预埋件在此处使用嵌套族)

选用"公制常规模型"作为族样板文件，类型名称命名为"φ22"（用于后期统计工程量）。整体外观如图 7 - 27 所示，执行"放样"命令完成尺寸轮廓的绘制，如图 7 - 28 所示。"吊环"族完成后嵌套到"柱混凝土"族中，具体定位尺寸如图 7 - 29 所示。注意：一定要在原始的"吊环族"的"属性"栏中勾选"共享"来实现嵌套族参数的传递。

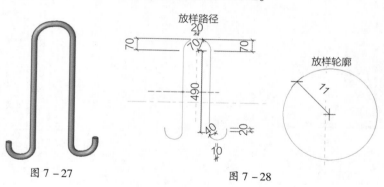

图 7 - 27

图 7 - 28

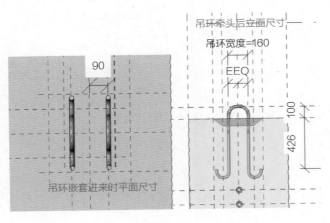

图 7 - 29

3．脱模支撑预埋件建模

选用"基于面的公制常规模型"作为族样板文件，类型名称命名为"M20"（用于后期统计工程量）。整体外观如图 7 - 30 所示，执行"拉伸"命令完成轮廓拉伸，涉及的定位尺寸如图 7 - 31 所示。

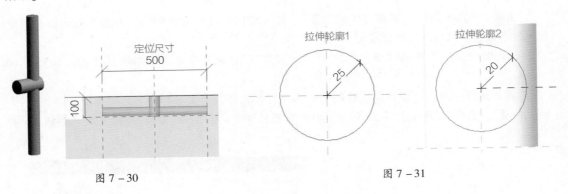

图 7 - 30

图 7 - 31

4．钢筋建模

1）纵筋建模。分别创建套筒与纵筋模型，然后进行嵌套。选用"基于面的公制常规模型"作为族样板文件。整体外观如图 7 - 32 所示。套筒类型名称命名为"ϕ58"（用于后期统计工程量），具体尺寸明细如图 7 - 33 所示。钢筋尺寸明细如图 7 - 34 所示，类型名称命名为"Φ16"（用于后期统计工程量）。

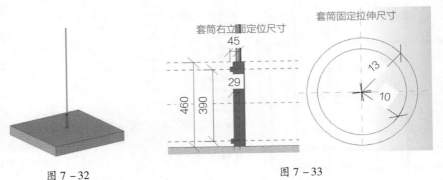

图 7 - 32

图 7 - 33

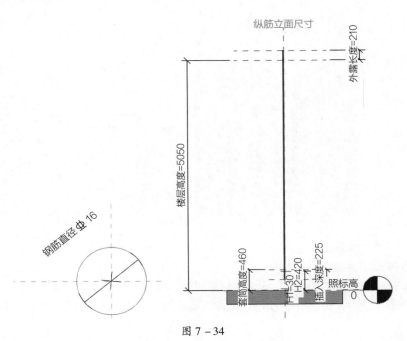

图 7 – 34

① 该族由两部分组成（纵筋拉伸和套筒），两者均以嵌套的方式组合。在操作时可以参数化一些尺寸，以实现构件族库的标准化。

② 一定要在原始的族的"属性"栏中勾选"共享"，来实现嵌套族参数的传递，如图 7 – 9 所示。

2）箍筋建模。选用"公制常规模型"作为族样板文件，类型名称命名为"Φ8"（用于后期统计工程量），整体外观如图 7 – 35 所示，参数设置如图 7 – 36 所示，放样路径及尺寸如图 7 – 37 所示。

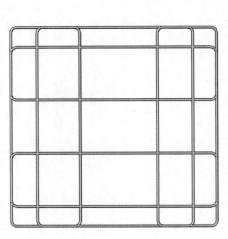

图 7 – 35

图 7 – 36

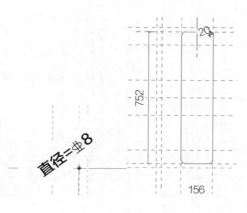

图 7－37

① 箍筋是由五个小箍筋组合而成的六肢箍，注意依然是采用嵌套族的方式进行组合。在操作时可以参数化一些尺寸，以实现构件族库的标准化。

② 一定要在原始的族的"属性"栏中勾选"共享"，来实现嵌套族参数的传递，如图 7－9所示。

二、　预制框架梁的建立

预制框架梁的绘制可以分为梁混凝土、钢筋以及预埋件三个部分。预制框架梁包含如下的族：①梁混凝土；②吊环；③钢筋（纵筋、箍筋、拉筋）

1. 梁混凝土建模

选用"公制结构框架－梁和支撑"作为族样板文件，类型名称命名为"梁混凝土"。整体外观如图 7－38 所示，族类型参数设置如图 7－39 所示，前立面尺寸约束如图 7－40 所示，参照平面尺寸约束如图 7－41 所示，空心形状涉及的命令均为"拉伸"。

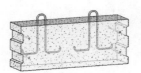

图 7－38

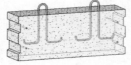

图 7－39

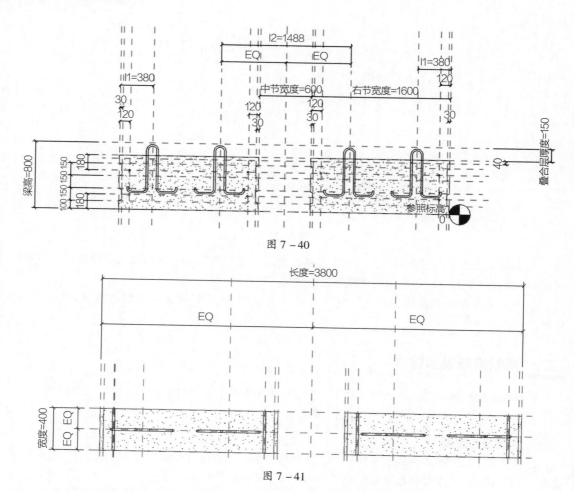

图 7 - 40

图 7 - 41

1）柱的顶部没有和"高于参照标高"锁定，而是留出了 800mm 的梁高。

2）叠合层属于现浇部分构件，在后期项目内拼装的时候才进行绘制。

2. 吊环建模（该吊装预埋件在此处使用嵌套族）

选用"公制常规模型"作为族样板文件，类型名称命名为"⊥25"（用于后期统计工程量）。整体外观如图 7 - 42 所示，执行"放样"命令完成建模。具体尺寸轮廓如图 7 - 43 所示。完成后嵌套到"梁混凝土"，嵌套后定位尺寸如图 7 - 44 所示。注意：一定要在原始的"吊环族"的"属性"栏中勾选"共享"，来实现嵌套族参数的传递。

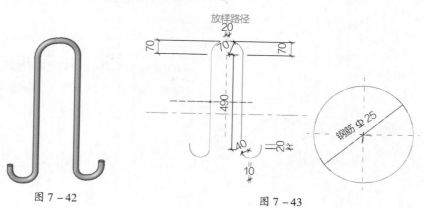

图 7 - 42   图 7 - 43

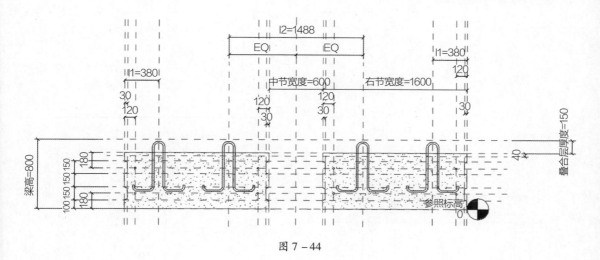

图 7 - 44

3. 钢筋建模

1）纵筋建模。分别创建钢筋和钢筋接头，钢筋选用"基于面的公制常规模型"作为族样板文件，类型名称命名为"Φ25"（用于后期统计工程量）。整体外观如图 7 - 45 所示，纵筋定位尺寸如图 7 - 46 所示，钢筋尺寸如图 7 - 47 所示。钢筋接头选用"基于面的公制常规模型"作为族样板文件，整体外观如图 7 - 48 所示，前立面尺寸标注如图 7 - 49 所示，平面定位尺寸如图 7 - 50 所示。

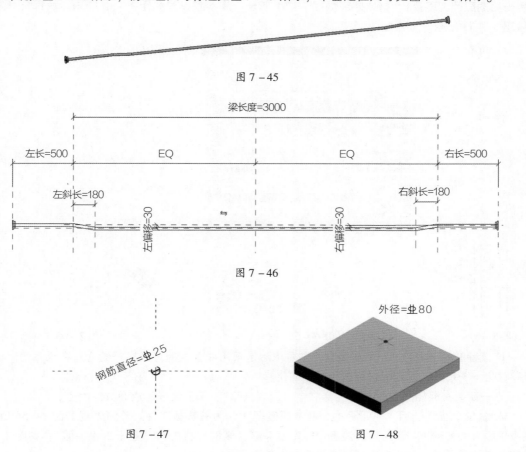

图 7 - 45

图 7 - 46

图 7 - 47　　　　　　　　　图 7 - 48

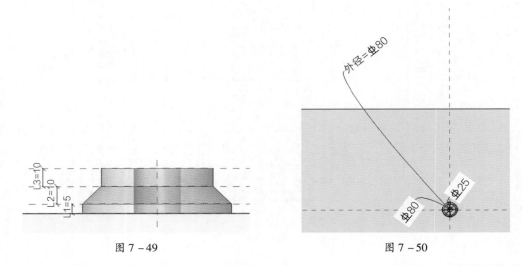

图 7 – 49   图 7 – 50

① 该族由两部分组成（纵筋和钢筋接头），二者均以嵌套的方式组合，在操作的时候可以参数化一些尺寸，以实现构件族库的标准化。

② 一定要在原始的族的"属性"栏中勾选"共享"，来实现嵌套族参数的传递。

2）箍筋建模。选用"基于面的公制常规模型"作为族样板文件，类型名称命名为"ψ8"（用于后期统计工程量）。整体外观如图 7 – 51 所示，族参数设置如图 7 – 52 所示，放样尺寸及路径如图 7 – 53 所示。

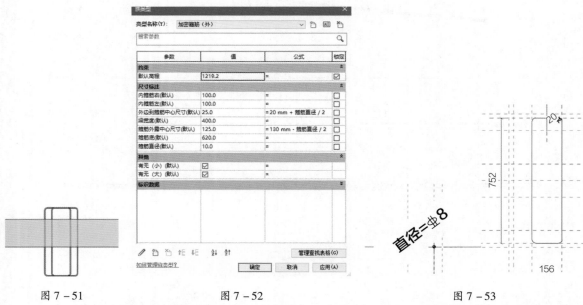

图 7 – 51   图 7 – 52   图 7 – 53

① 该箍筋属于大箍套小箍的类型，注意依然是采用嵌套族的方式进行组合。在操作的时候可以参数化一些尺寸，以实现构件族库的标准化。

② 一定要在原始的族的"属性"栏中勾选"共享"，来实现嵌套族参数的传递。

3）拉筋建模。选用"基于面的公制常规模型"作为族样板文件。整体外观如图 7 – 54 所示，参照平面尺寸如图 7 – 55 所示。注意：一定要勾选"属性"栏内的"基于工作平面"，如图 7 – 56 所示，不然后期载入到项目内的时候放置会比较困难。

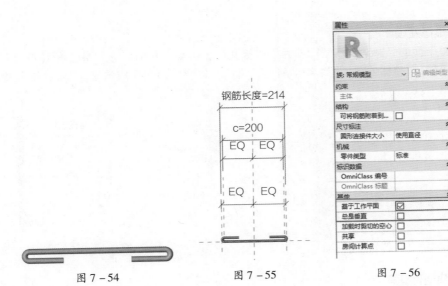

图 7 - 54　　　　　图 7 - 55　　　　　图 7 - 56

三、　预制剪力墙的建立

图 7 - 57

预制剪力墙的绘制可以分为混凝土、钢筋以及预埋件三个部分。

预制剪力墙包含如下的族：

①剪力墙混凝土；②预埋螺母、预埋线盒、吊钉；③钢筋（纵筋、水平筋、拉筋）。

1. 剪力墙混凝土

剪力墙的创建使用项目自带的墙体绘制即可。后期在建立其他预埋件时，使用"基于墙的公制常规模型"画一些空心形状，对墙体进行剪切。实例参数设置如图 7 - 57 所示。

2. 吊钉建模

选用"基于面的公制常规模型"作为族样板文件，类型名称命名为"吊钉"（用于后期统计工程量）。整体外观如图 7 - 58 所示。执行"旋转"命令完成建模，旋转轮廓如图 7 - 59 所示。空心旋转截面形状尺寸如图 7 - 60 所示。注意：绘制时一定要注意线条必须是闭合的环。

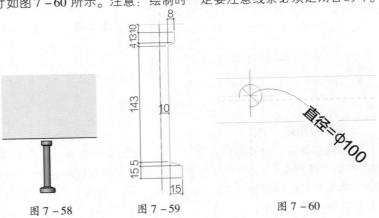

图 7 - 58　　　图 7 - 59　　　　图 7 - 60

129

3. 预埋螺母建模

选用"基于面的公制常规模型"作为族样板文件，类型名称命名为"M12 预埋螺母"（用于后期统计工程量）。整体外观如图 7–61 所示。执行"拉伸"命令完成建模，"拉伸"命令涉及的定位尺寸如图 7–62 所示。

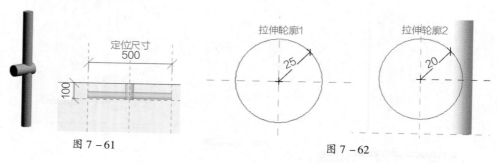

图 7–61　　　　　　　　　　　　　　　图 7–62

4. 电气预埋件建模

选用"基于墙的公制常规模型"作为族样板文件，类型名称命名为"PC20 线盒"，执行"空心拉伸"命令完成建模。参数设置如图 7–63 所示，平面尺寸如图 7–64 所示，立面尺寸如图 7–65 所示。注意：其实就是几个普通的洞口剪切，该处只绘制了其中一个，具体的绘制数量请与模型或者图纸为准。

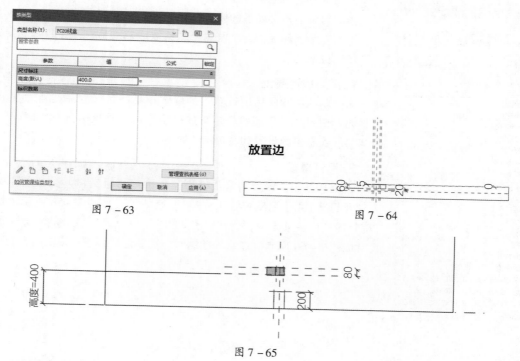

图 7–63　　　　　　　　　　　　　　　图 7–64

图 7–65

5. 钢筋建模

1）纵筋建模。分别创建套筒与钢筋，然后进行嵌套。整体外观如图 7–66 所示。选用"基于面的公制常规模型"作为族样板文件，套筒类型名称命名为"套筒组件"（用于后期统计工程量）。具体尺寸明细如图 7–67 所示。钢筋尺寸明细如图 7–68 所示，类型名称命名为"⊈16"（用于后期统计工程量）。

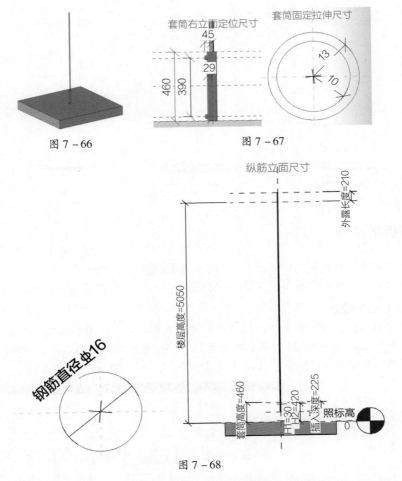

图 7 - 66　　　　　　　　　图 7 - 67

图 7 - 68

① 该族由两部分组成（钢筋拉伸和套筒），二者均以嵌套的方式组合。在操作的时候可以参数化一些尺寸，以实现构件族库的标准化。

② 一定要在原始的族的"属性栏"中勾选"共享"，来实现嵌套族参数的传递。

2）水平筋建模。选用"公制常规模型"作为族样板文件，类型名称命名为"Φ8"。整体外观如图 7 - 69 所示，参照平面尺寸如图 7 - 70 所示，钢筋直径如图 7 - 71 所示。注意：一定要勾选"属性"栏内的"基于工作平面"，不然后期载入到项目内时放置会比较困难。

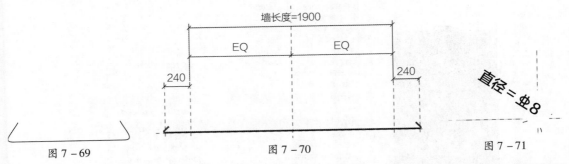

图 7 - 69　　　　　　　　　图 7 - 70　　　　　　　　　图 7 - 71

3）拉筋建模。选用"公制常规模型"作为族样板文件。整体外观如图 7 - 72 所示，参照平面尺寸如图 7 - 73 所示。注意：一定要勾选"属性"栏内的"基于工作平面"，不然后期载入到项目内时放置会比较困难，拉筋采用"隔一拉一"的方式。

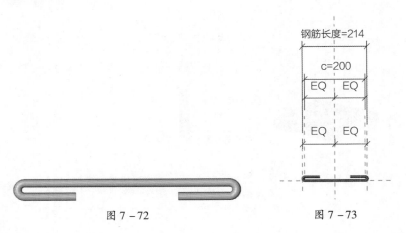

图 7 – 72   图 7 – 73

四、预制板的建立

预制板的绘制可以分为预制板混凝土、钢筋以及预埋件三个部分。

预制板包含如下的族：①预制板混凝土；②钢筋（纵筋、箍筋）；③桁架筋。

1. 预制板混凝土建模

选用"公制结构加强板"作为族样板文件，类型名称命名为"叠合板"。整体外观如图 7 – 74 所示，族类型参数设置如图 7 – 75 所示，前立面尺寸约束如图 7 – 76 所示，低于参照平面尺寸约束 如图 7 – 77 所示。板的顶部采用空心放样并进行剪切，放样尺寸如图 7 – 78 所示。

族类型

类型名称(Y):	叠合板		
搜索参数			

参数	值	公式	锁定
材质和装饰			
cz	C30	=	
结构加强板材质	C30	=	
尺寸标注			
切1(默认)	192.9	=	□
切1高度(默认)	70.0	=	□
切2(默认)	150.7	=	□
切2高度(默认)	80.0	=	□
切3(默认)	150.0	=	□
切4(默认)	200.0	=	□
叠合板内宽度(默认)	1900.0	=叠合板宽度 - 600 mm	□
叠合板内长度(默认)	4400.0	=叠合板长度 - 100 mm	□
叠合板厚度(默认)	60.0	=	□
叠合板宽度(默认)	2500.0	=	□
叠合板钢筋宽度(默认)	3000.0	=	□
叠合板长度(默认)	4500.0	=	□
宽度钢筋调节(默认)	1500.0	=	□
底部厚度	10.0	=	
钢筋宽度排布(默认)	2440.0	=叠合板宽度 - 60 mm	□
叠合板钢筋长度(默认)	4700.0	=	□
钢筋长度排布(默认)	4440.0	=叠合板长度 - 60 mm	□
分析结果			
结构加强板体积(默认)	0.675	=叠合板宽度 * 叠合板长度	
其他			
桁架数量(默认)	4	=叠合板内宽度 / 1 mm	□
钢筋长度方向数量(默认)	12	=钢筋宽度排布 / 1 mm /	□
钢筋宽度方向数量(默认)	22	=钢筋长度排布 / 1 mm /	□
标识数据			

如何管理族类型?   管理查找表格(G)

确定   取消   应用(A)

图 7 – 74   图 7 – 75

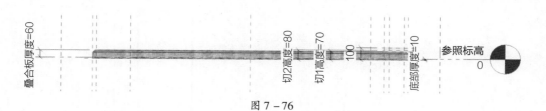

图 7 - 76

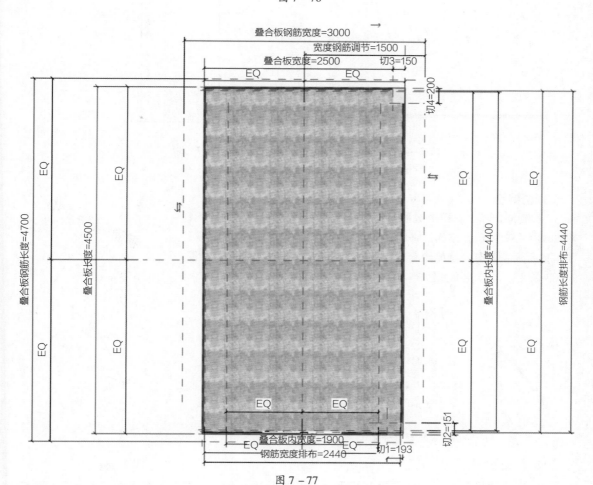

图 7 - 77

 注意：结构加强板无法在项目中进行体积和面积统计（不管是普通体积还是提取材质体积都无法完成），此时可以采用以下两种方法：①在族里编辑计算公式并共享参数，进而将建立的参数传递到项目中，以便于后期使用。②进入"族编辑器"，直接在"族类型"里将"结构加强板"换成"常规模型"。

图 7 - 78

2. 钢筋

选用"公制常规模型"作为族样板文件，类型名称命名为"Φ8"和"Φ20"（用于后期统计工程量）。整体外观如图 7 - 79 所示，参照标高尺寸标注如图 7 - 80 所示，钢筋直径如图 7 - 81 所示。注意：一定要在"属性"栏内勾选"基于工作平面"并取消勾选"总是垂直"，如图 7 - 56 所示，方便后期放置时定位。

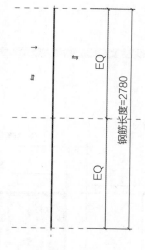

图 7-79　　　　　　　　　　　　图 7-80

3. 桁架筋

1）旋筋建模。选用"公制常规模型"作为族样板文件。整体外观如图 7-82 所示，空间放样路径平面与立面尺寸（该放样路径不是常规的平面，带有一定的倾斜度，需要自行添加一个参照平面）如图 7-83 所示。放样轮廓如图 7-84 所示。

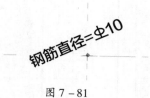

图 7-81

图 7-82

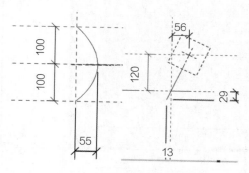

图 7-83

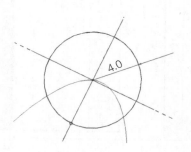

图 7-84

2）桁架建模。选用"公制常规模型"作为族样板文件，类型名称命名为"桁架"。整体外观如图 7-85 所示，钢架平面尺寸如图 7-86 所示，桁架立面尺寸如图 7-87 所示，阵列组排序尺寸如图 7-88 所示，族参数设置如图 7-89 所示。注意：该族依然是采用嵌套的方式进行族的组装，但是不需要使用共享功能，因为是一个整体，所以必须勾选"总是垂直"，如图 7-90 所示。

图 7-85

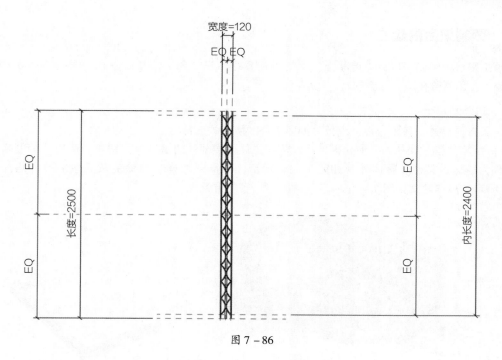

图 7 - 86

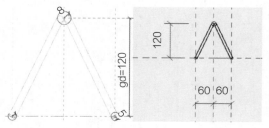

图 7 - 87

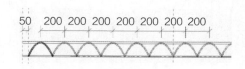

图 7 - 88

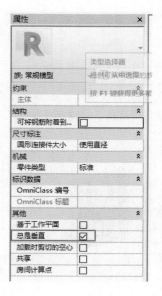

图 7 - 89

图 7 - 90

五、预制阳台的建立

预制阳台的绘制可以分为混凝土、钢筋以及预埋件三个部分。预制阳台包含如下的族：①阳台混凝土；②预留孔洞；③钢筋。

1. 阳台混凝土

为了方便描述，将阳台混凝土分为如图 7 - 91 所示的三部分。

1）反坎建模。此处为方便建模，将反坎与主体连接部分的槽口一同创建。选用"公制常规模型"作为族样板文件。整体外观如图 7 - 92 所示。执行"放样"命令完成建模。放样路径如图 7 - 93 所示，放样轮廓如图 7 - 94 所示，材质为"预制混凝土"。

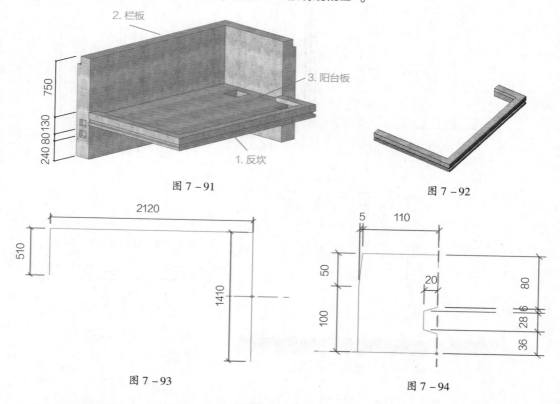

图 7 - 91

图 7 - 92

图 7 - 93

图 7 - 94

2）栏板建模。选用"公制常规模型"作为族样板文件。整体外观如图 7 - 95 所示。执行"放样"命令完成建模。放样路径如图 7 - 96 所示，放样轮廓如图 7 - 97 所示，材质为"预制混凝土"。

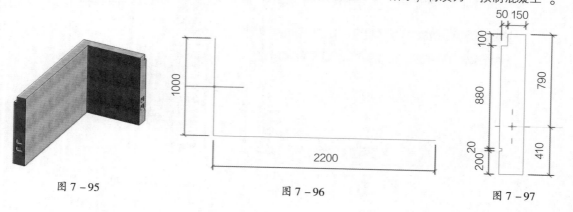

图 7 - 95

图 7 - 96

图 7 - 97

3）阳台板建模。选用"公制常规模型"作为族样板文件。整体外观如图 7 - 98 所示。执行"拉伸"命令完成建模。拉伸轮廓如图 7 - 99 所示，拉伸起点为 0，拉伸终点为 100，材质为"预制混凝土"。

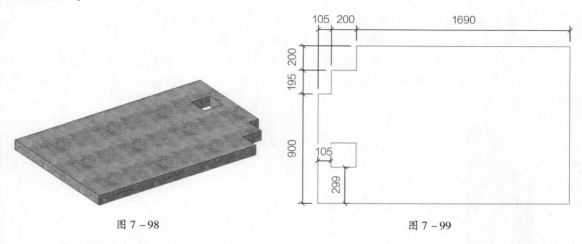

图 7 - 98　　　　　　　　　　　　　　　　　　　图 7 - 99

2. 预留孔洞

预留孔洞采用空心拉伸创建，根据图纸确定尺寸、位置即可。由于建模方式简单，具体建模过程此处不再赘述。

3. 钢筋

钢筋的制作主要是为了后期计算工程量，在这里依然采用嵌套的方式进行处理（此处以其中一根钢筋为例进行讲解，其他的钢筋请读者依据 CAD 图纸详细尺寸进行相同的建模操作）。

1）参照标高尺寸标注如图 7 - 100 所示，放样轮廓如图 7 - 101 所示。

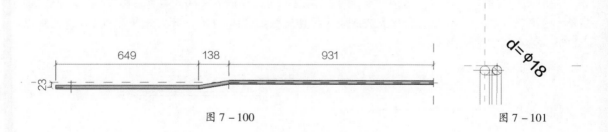

图 7 - 100　　　　　　　　　　　　　　　　　图 7 - 101

①以嵌套的方式组合时，在操作的时候可以参数化一些尺寸，以实现构件族库的标准化。方便后期不同的部位放置时只需要修改部分参数即可。

②一定要在原始的族内"属性"栏里面勾选"共享"，来实现嵌套族参数的传递。

2）完成后效果如图 7 - 102 所示。

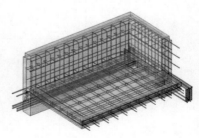

图 7 - 102

六、 预制凸窗的建立

预制凸窗的绘制可以分为混凝土和钢筋两个部分。

预制凸窗包含如下的族：①凸窗混凝土；②钢筋。

1. 凸窗混凝土

为了方便描述，将凸窗混凝土分为如图 7-103 所示的几部分。

1）窗过梁建模。选用"公制常规模型"作为族样板文件，类型名称命名为"凸窗混凝土构件4"。执行"拉伸"命令完成建模。拉伸轮廓如图 7-104 所示，拉伸起点 480，拉伸终点 2080，材质为"预制混凝土"。

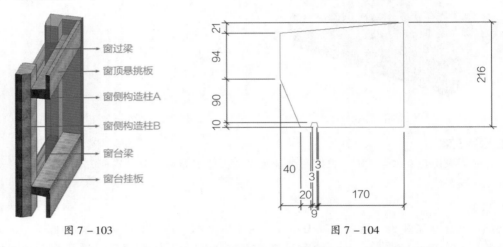

图 7-103   图 7-104

2）窗顶悬挑板建模。选用"公制常规模型"作为族样板文件，类型名称命名为"凸窗混凝土构件3"，执行"拉伸"命令完成建模。拉伸轮廓如图 7-105 所示，拉伸起点 150，拉伸终点 2480，材质为"预制混凝土"。

3）窗侧构造柱 A 建模。选用"公制常规模型"作为族样板文件，类型名称命名为"凸窗混凝土构件2"，执行"拉伸"命令完成建模。拉伸轮廓如图 7-106 所示，拉伸起点 0，拉伸终点 2950，材质为"预制混凝土"。

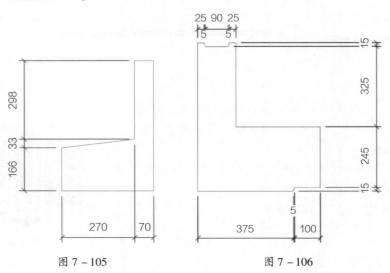

图 7-105   图 7-106

4）窗构造柱 B 建模。选用"公制常规模型"作为族样板文件，类型名称命名为"凸窗混凝土构件 5"，执行"拉伸"命令完成建模。拉伸轮廓如图 7 – 107 所示，拉伸起点 0，拉伸终点 2950，材质为"预制混凝土"。

5）窗台梁建模。选用"公制常规模型"作为族样板文件，类型名称命名为"凸窗混凝土构件 6"，执行"拉伸"命令完成建模。拉伸轮廓如图 7 – 108 所示，拉伸起点 2080，拉伸终点 480，材质为"预制混凝土"。

6）窗台挂板建模。选用"公制常规模型"作为族样板文件，类型名称命名为"凸窗混凝土构件 1"，执行"拉伸"命令完成建模。拉伸轮廓如图 7 – 109 所示，拉伸起点 150，拉伸终点 2480，材质为"预制混凝土"。

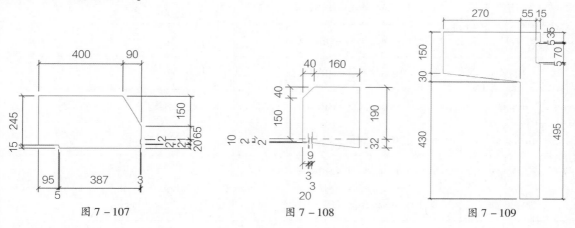

图 7 – 107　　　　　　图 7 – 108　　　　　　图 7 – 109

2. 钢筋

钢筋的制作主要是为了后期计算工程量，在这里依然采用嵌套的方式进行处理。此处以其中一根钢筋为例进行讲解，其他的钢筋请读者依据 CAD 图纸详细尺寸进行相同的建模操作。

1）整体外观如图 7 – 110 所示，执行"放样"命令完成建模。放样轮廓路径如图 7 – 111 所示。

图 7 – 110

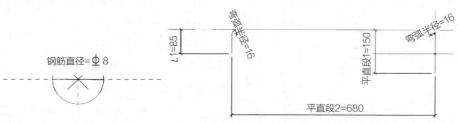

图 7 – 111

① 当以嵌套的方式组合时，在操作时可以参数化一些尺寸，以实现构件族库的标准化。方便后期不同的部位放置时只需要修改部分参数即可。

② 一定要在原始的族的"属性"栏中勾选"共享"，来实现嵌套族参数的传递。

2）完成后效果如图 7 – 112 所示。

图 7 – 112

七、 预制楼梯的建立

预制楼梯的绘制可以分为柱混凝土、钢筋以及预埋件三个部分。

预制楼梯包含如下的族：①预制楼梯混凝土；②预埋件；③钢筋。

楼梯包含的构件统计表如图 7 - 113 ~ 图 7 - 115 所示。

钢筋料表

钢筋类型	编号	型号	数量	钢筋加工尺寸	备注
纵筋	1	12mm/钢筋 - HRB400	10	1120 / 4280 / 105	
纵筋	2	8mm/钢筋 - HRB400	7	945 / 4280 / 265 / 100	
纵筋	3	12mm/钢筋 - HRB400	10	390 / 465	
纵筋	4	8mm/钢筋 - HRB400	7	1260 / 460	
分布筋	5	8mm/钢筋 - HRB400	46	1270	
孔加强筋	6	10mm/钢筋 - HRB400	12	400 D=100	
孔加强筋	7	12mm/钢筋 - HRB400	2	400 D=100	
加强箍筋	8	8mm/钢筋 - HPB300	7	280 / 210	
加强箍筋	9	8mm/钢筋 - HRB400	8	280 / 210	

图 7 - 113

预埋信息表（单块）

编号	功能	图例	数量	规格
MB	栏杆埋件	⬡	3	$100mm \times 100mm \times 8mm$
MG20	脱模、运输	◉	4	$L = 150mm$
MT20	吊装	▭	4	$L = 250mm$

图 7 - 114

构件信息

楼层	数量	标号	预制梁（方量）	预制梁（重量）
俯视图	1	C35	0.91 m^3	2.26t

图例说明： ◁J 键槽　　◁C 粗糙面　　◤ 装配方向

图 7 - 115

1. 预制楼梯混凝土建模

选用"公制常规模型"作为族样板文件，类型名称命名为"楼梯混凝土"。整体外观如图 7 - 116 所示，族类型参数设置如图 7 - 117 所示，参照平面尺寸如图 7 - 118 所示，右立面尺寸约束如图 7 - 119 所示。注意：预制楼梯混凝土模型执行"拉伸"命令完成，其预埋洞口用空心拉伸剪切即可。

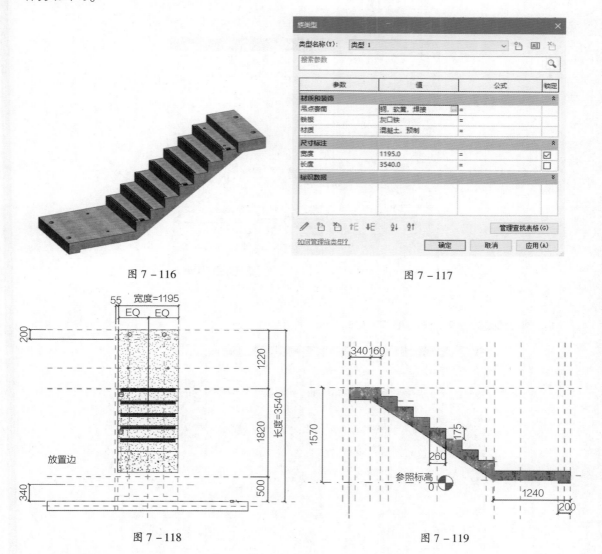

图 7 - 116

图 7 - 117

图 7 - 118

图 7 - 119

2. 预埋件

预制楼梯的预埋件信息参照图 7 - 120 进行绘制。可根据图纸确定尺寸、位置，执行"空心融合"命令进行创建，注意数量不应有遗漏。由于建模方式简单，具体建模过程此处不再赘述。

3. 钢筋

由于预制楼梯的钢筋造型复杂，因此创建方式与其他构件不同，宜在项目环境中利用系统自带的钢筋功能进行布置。计量时只需把统计的对象由"常规模型"调整为"钢筋"即可。

 注意：如果要实现在族构件上布置钢筋，则需要在族环境下单击"族类别和族参数"，在弹出的对话框勾选"可将钢筋附着到主体"，如图 7 - 120 所示。

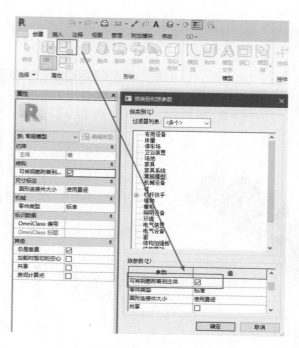

图 7 - 120

1) 钢筋信息如图 7 - 121、图 7 - 122 所示。

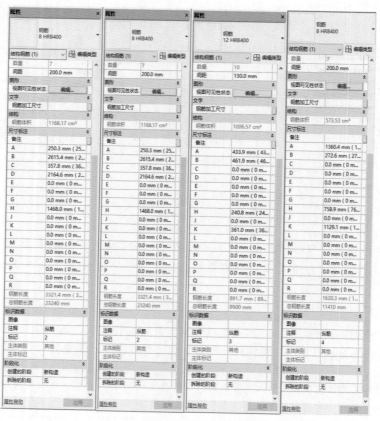

| 1 号钢筋 | 2 号钢筋 | 3 号钢筋 | 4 号钢筋 |

图 7 - 121

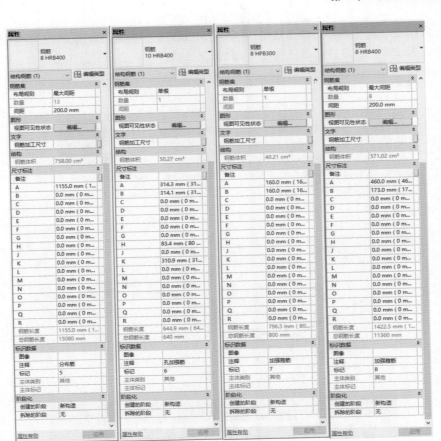

| 5 号钢筋 | 6 号钢筋 | 7 号钢筋 | 8 号钢筋 |

图 7 - 122

2）绘制结束后效果如图 7 - 123 所示。

图 7 - 123

第 3 节　预制单体构件的拼装

1）将处理好的预制构件平面拆分图链接到模型中，打开项目模型，切换到平面，单击"插入"→"导入 CAD"，弹出"链接 CAD 格式"对话框（见图 7 - 124）。也可直接单击"链接

CAD"（类似 CAD 软件中的外部参照功能），如图 7 – 125 所示。建立链接关系后，如外部 CAD 文件修改，则链接进来的文件会随之更新，不必再重复链接。

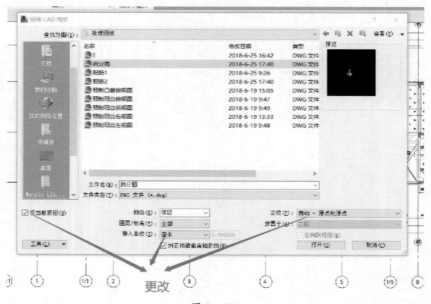

图 7 – 124

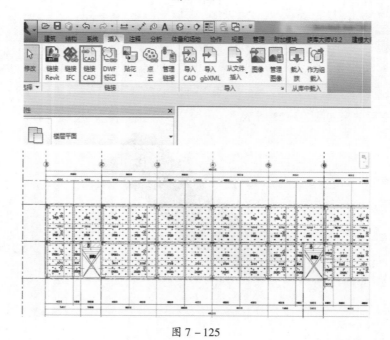

图 7 – 125

2）对照平面拆分图，按照预制柱→预制墙→预制梁→预制板→预制阳台→预制飘窗→预制异形构件的顺序，分别将预制构件载入到项目模型当中，如图 7 – 126 所示。

3）查看构件详图，找到预制构件的粗糙面，观察平面拆分图（见图 7 – 127）的上构件索引及安装方向。以叠合板图纸（见图 7 – 128）为例，其粗糙面须与安装方向对应，预制构件须移动到相对应的位置上，最终将所有的预制构件移到指定位置即完成一层的吊装，如图 7 – 129 所示。其他楼层同理绘制。最终结果如图 7 – 130 所示。

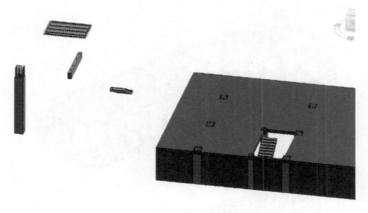

图 7 - 126

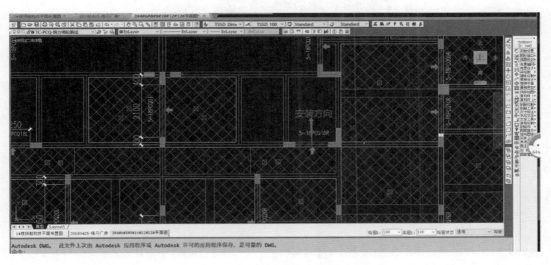

图 7 - 127

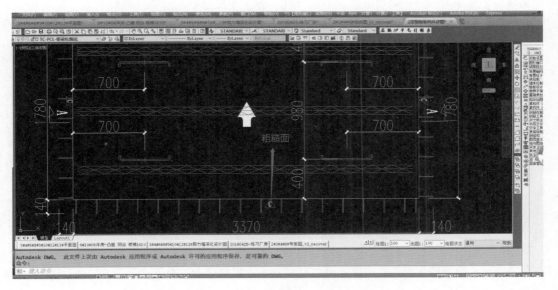

图 7 - 128

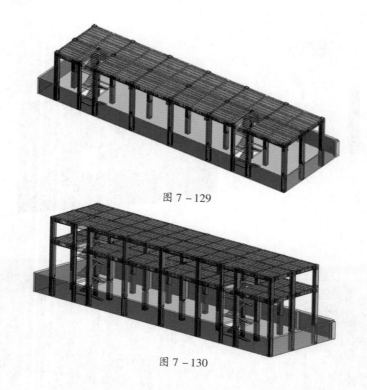

图 7 - 129

图 7 - 130

第 4 节　预制与现浇连接节点的建模

由于预制与现浇连接节点十分复杂，所以本节以柱与梁的连接节点为例，进行简单介绍。

1）按照梁构件详图建立梁上部现浇部分模型，即新建常规模型，分别执行"拉伸""融合"命令绘制梁上部现浇部分及梁端键槽如图 7 - 131 所示。完成后载入到项目模型中。

2）同理，按照柱构件详图完成柱上端现浇部分模型，即新建公制常规模型，执行"拉伸"命令绘制矩形现浇部分柱。如图 7 - 132 所示。完成后载入到项目模型中。

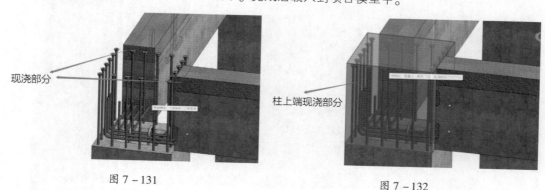

现浇部分

柱上端现浇部分

图 7 - 131

图 7 - 132

3）将梁现浇部分模型与柱现浇部分模型移动到梁柱连接节点处指定位置，完成节点的绘制。梁板节点连接，板搭接在梁上端，现浇部分与梁上部一起现浇，如图 7 - 133 所示。主次梁之间进行搭接，搭接处预留凹槽，主次梁拼接之后绘制现浇部分，如图 7 - 134 所示。

图 7 – 133

图 7 – 134

第 5 节　课后练习

1. 现浇框架柱的绘制应选择（　　）族样板。

　　A. 公制常规模型　　　　　B. 公制轮廓　　　　　C. 公制柱　　　　　D. 公制结构柱

2. 绘制现浇框架柱时，在（　　）视图中可以锁定上下参照线。

　　A. 低于参照标高　　　B. 三维视图　　　　C. 立面视图　　　　D. 以上都可以

3. 预制板的绘制应选择（　　）族样板。

　　A. 公制常规模型　　　　　　　　　B. 基于面的公制常规模型

　　C. 公制结构加强板　　　　　　　　D. 基于楼板的公制常规模型

4. 一定要在原始的族的"属性"栏中勾选（　　）来实现嵌套族参数的传递。

　　A. 可将钢筋附着到主体　　　　　　B. 加载时剪切的空心

　　C. 共享　　　　　　　　　　　　　D. 房间计算点

5. 绘制钢筋的方式有两种，其一是在项目环境下执行"钢筋"命令绘制，其二是在族环境下绘制。而一般采用第二种方式，原因之一是工程量统计方便，另外一个原因也是最重要的原因是要做（　　）族库。

　　A. 标准化　　　　　B. 参数化　　　　　C. 可视化　　　　　D. 轻量化

6. 装配式构件族的建模过程中，（　　）参数的设置应进行提前预设，因为该参数将会成为后期提取工程量时非常关键的字段。

　　A. 钢筋直径　　　　　B. 类型名称　　　　　C. 尺寸　　　　　D. 数量

答案：DCCCAB

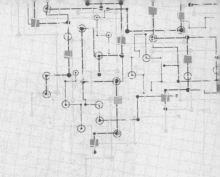

第8章　装配式结构出图

采用 BIM 技术出图时，必须符合现行的二维制图标准。与传统现浇结构有所区别的是，装配式建筑结构设计增加了构件平面布置图（用来区分现浇部位与预制构件部位）、装配式混凝土结构的连接构造节点详图、单构件的深化模板图及配筋图、构件的材料以及相关的工程量、钢筋及预埋件的定位及规格型号等。

装配式建筑结构施工图的出图主要包含图纸目录、结构施工图设计总说明、装配式混凝土结构设计总说明、装配式混凝土结构通用节点详图、预制构件平面布置图、单构件模板图、单构件配筋图等。

本章以"某装配式生产车间"项目为例，运用 Revit 软件，讲解装配式结构出图流程。

第1节　项目样板的创建与设置

一、项目样板的概念

Revit 项目样板是 Revit 项目文件的基础，为项目文件提供了特定的环境与规则。Revit 项目样板的建立可以为后续的出图提供便利，可为设计人员大大提高工作效率。一般由项目负责人制订出图样板，同时根据项目的实际情况修改和更新样板的内容以保证符合国内的制图规范及公司标准。

二、项目样板的基本设置

1. 项目单位的设置

Revit 中提供了"公共"和"各专业"的项目单位的设置。不同的专业提供了不同属性的单位。本节以"公共"和"结构"规程为例，以《房屋建筑制图统一标准》（GB/T 50001—2017）为依据进行设置。

单击"管理"选项卡→"设置"面板→"项目单位"（见图 8 - 1），打开"项目单位"对话框。依据《房屋建筑制图统一标准》（GB/T 50001—2017），当规程为"公共"时，长度的"单位"为"毫米"，"舍入"选择"0 个小数位"，"单位符号"为"无"，如图 8 - 2 所示；当规程为"结构"时，按图 8 - 3 进行设置。

图 8 - 1

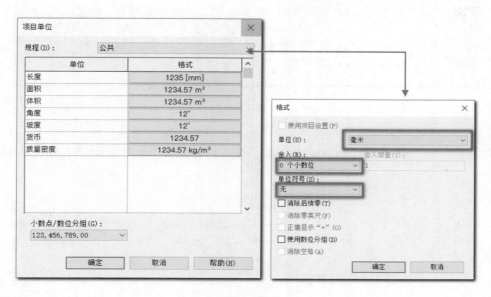

图 8 - 2

单位	格式
能量	1234.6 kJ
钢筋体积	1234.57 cm³
钢筋长度	1235 mm
钢筋面积	1234.57 cm²
钢筋面积/单位长度	1234.57 cm²/m
钢筋间距	1235 mm
钢筋保护层	1235 mm
钢筋直径	1235 mm
裂痕宽度	1234.57 mm
截面尺寸	1234.6 cm
截面属性	1234.6 cm
截面面积	1234.6 cm²

图 8 - 3

2. 文字的设置

在 Revit 出图过程中，文字起着至关重要的作用。文字的字体、字高、宽度系数直接决定是否符合国内的制图标准。《房屋建筑制图统一标准》（GB/T 50001—2017）中对文字有相应的规定，在出图的过程中应对其进行相关设置以符合国内制图标准。

在 Revit 中，族文字的类型包括系统族文字和自定义族文字。以《房屋建筑制图统一标准》（GB/T 50001—2017）为依据，对项目样板中的文字进行设置。

图 8 - 4

1）单击"注释"选项卡→"文字"（见图 8 - 4），打开文字"属性"栏。

2）单击文字"属性"栏中的"编辑类型"，即可打开文字"类型属性"对话框，如图 8 - 5 所示。

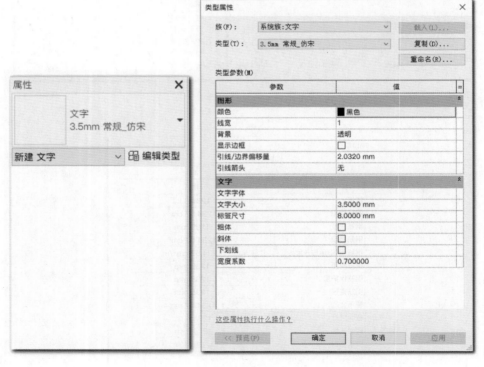

图 8 - 5

3）复制其文字类型并对其重命名为"装配式车间_3.5_仿宋_0.7"，同时对该文字类型进行参数设置，如图 8 - 6 所示。

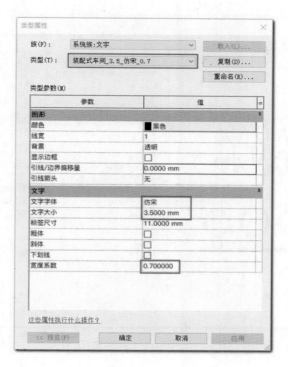

图 8 - 6

4）依据《房屋建筑制图统一标准》（GB/T 50001—2017），对其他文字类型进行设置以满足制图要求，如图 8 - 7 所示。

表 5.0.2　文字的字高（mm）

字体种类	汉字矢量字体	True type 字体及非汉字矢量字体
字高	3.5、5、7、10、14、20	3、4、6、8、10、14、20

5.0.3　图样及说明中的汉字，宜优先采用 True type 字体中的宋体字型，采用矢量字体时应为长仿宋体字型。同一图纸字体种类不应超过两种。矢量字体的宽高比宜为 0.7，且应符合表 5.0.3 的规定，打印线宽宜为 0.25 ~ 0.35mm；True type 字体宽高比宜为 1。大标题、图册封面、地形图等的汉字，也可书写成其他字体，但应易于辨认，其宽高比宜为 1。

表 5.0.3　长仿宋体字高宽关系（mm）

字高	3.5	5	7	10	14	20
字宽	2.5	3.5	5	7	10	14

图 8 - 7

5）由于钢筋符号对本章提到的"某装配式生产车间"项目尤为重要，因此在 Revit 中，需先安装 Autodesk 发布的名为"Revit. ttf"的钢筋字体。安装字体之后，新建"装配式车间_钢筋字体"文字类型。在使用时需按住 < Shift > 键并输入"＄""％""＆""＃"四个字符，代表 HPB300

（＄）、HRB335（％）、HRB400（＆）、RRB400（＃）四种钢筋符号，如图 8－8 所示。

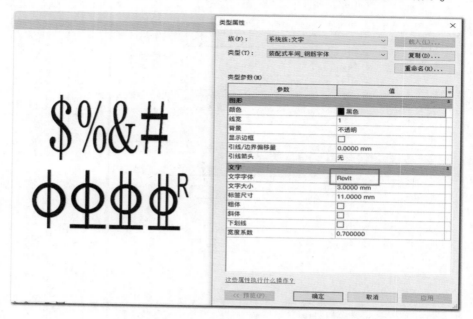

图 8－8

三、尺寸标注的设置

在 Revit 出图项目样板中，合理地设置尺寸标注的相关参数，便于在出图过程中更方便地选择、统一标注样式。

1. 长度标注

在 Revit 中，提供了长度标注、角度标注、弧长标注、高程点标注等标注方式。以《房屋建筑制图统一标准》（GB／T 50001—2017）中第 11 章节为依据，详解"长度"尺寸标注的相关设置。

1）单击"注释"选项卡→"对齐"即可激活"标注"命令（见图 8－9）。单击尺寸标注"属性"栏中的"编辑类型"即可打开"类型属性"对话框，如图 8－10 所示。

2）复制"类型"，重命名尺寸标注名称。

3）设置类型参数时着重设置以下参数：

① 尺寸标注起止符号即类型参数中的"记号"；

② 尺寸界限的设置即类型参数中的"尺寸界线长度""尺寸界线延伸"和"尺寸标注线捕捉距离"。

图 8－9

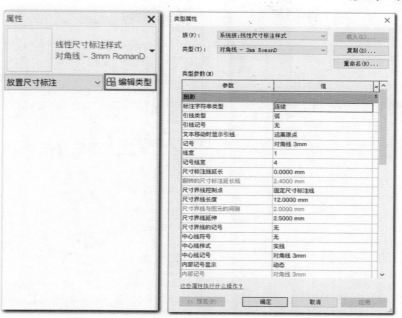

图 8 – 10

依据《房屋建筑制图统一标准》（GB/T 50001—2017），尺寸的标注起止符号长度为 1.414mm，Revit 软件中默认的起止符号类型为"对角线 3mm"，此时，需对其进行添加。单击"管理"选项卡→"其他设置"→"箭头"（见图 8 – 11）→选择"对角线 2mm"，复制并重命名为"对角线 1.414mm"并修改记号尺寸为"1.414"，即可完成"对角线 1.414mm"的类型添加，返回至尺寸标注的"类型属性"对话框中将"记号"改为"对角线 1.414mm"，如图 8 – 12 所示。

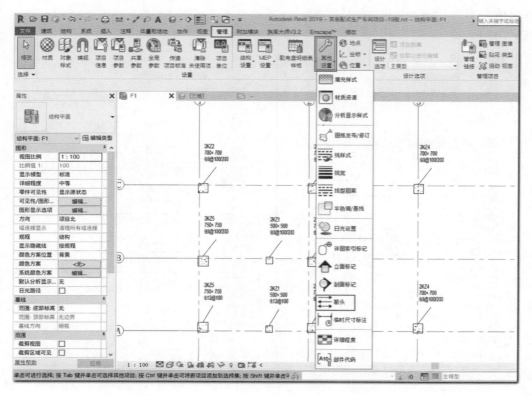

图 8 – 11

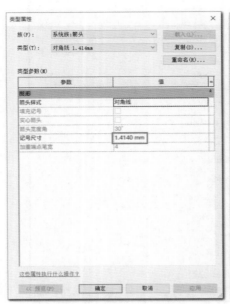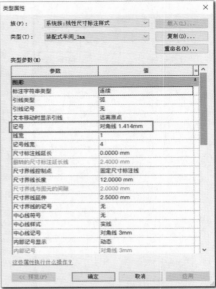

图 8 - 12

依据《房屋建筑制图统一标准》（GB/T 50001—2017），图样上的尺寸界线应用细实线绘制，一般应与被注长度垂直，其一端应离开图样轮廓线不应小于 2mm，另一端宜超出尺寸线 2 ~ 3mm；图样轮廓以外的尺寸界线，距图样最外轮廓之间的距离，不宜小于 10mm；平行排列的尺寸线的间距，宜为 7 ~ 10mm，应保持一致。

打开之前命名的"装配式车间_ 3mm"（见图 8 - 12）尺寸标注类型，依次修改"尺寸标注线延长"值为"0"，"尺寸界线延伸"设置为"2.5mm"，"尺寸标注线捕捉距离"设置为"8mm"，如图 8 - 13 所示。

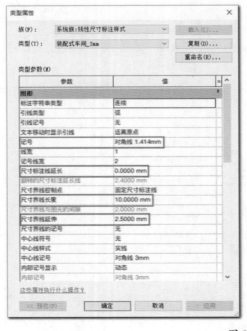

图 8 - 13

2. 角度、弧长、直径、半径标注

参照 "长度" 的尺寸标注类型,以《房屋建筑制图统一标准》(GB/T 50001—2017) 为依据,对角度、弧长、直径、半径依次设置相关参数属性。

1) 角度、弧长的尺寸标注设置。角度及弧长的尺寸标注与长度类似,如图 8 – 14 所示。

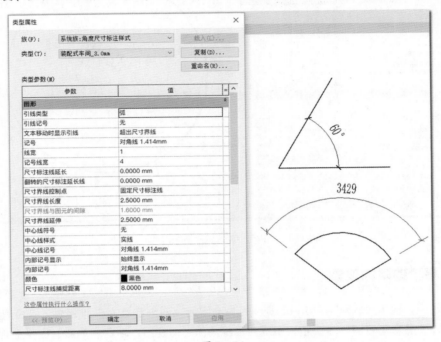

图 8 – 14

2) 直径、半径的尺寸标注设置。如图 8 – 15 所示。

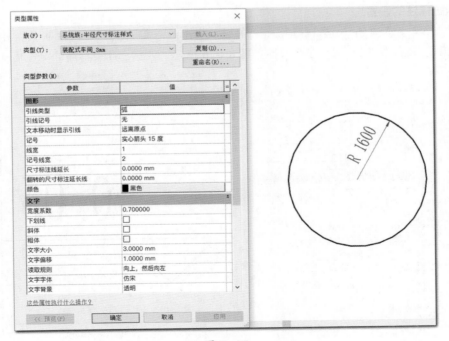

图 8 – 15

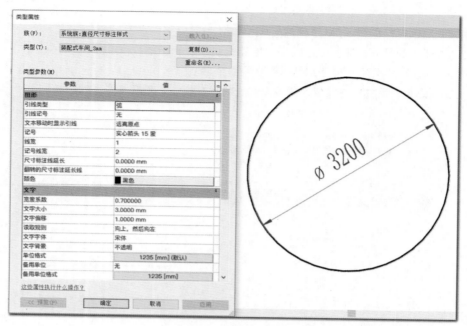

图 8 – 15（续）

四、 标高和轴网的设置

在 Revit 中，标高和轴网均为 Revit 项目的基准图元，两者都具有三维属性。在立面视图绘制相应的标高，"项目浏览器"中会自动生成对应标高的平面视图，轴网亦如此，在平面视图绘制轴线，在立面视图也会相应生成轴网。在 Revit 默认的项目样板中，标高、轴网的出图表达均为美式标准，因此，需按我国标准对标高、轴网标头进行修改。

1. 标高标注的设置

单击"注释"选项卡→"高程点"→"属性"栏中的"编辑类型"→复制类型并重命名为"装配式车间_3mm_仿宋"，具体参数修改如图 8 – 16 所示。注意：此处标高的单位格式需改为以

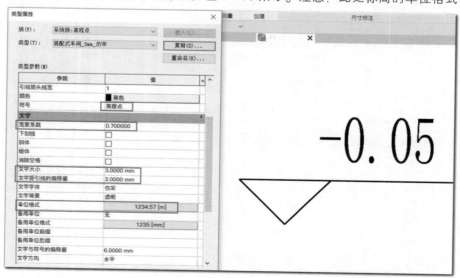

图 8 – 16

m 为单位。

打开"项目浏览器"下拉至"族"并右击（单击鼠标右键），搜索"高程点"，搜索到"高程点"后右击"高程点"编辑族。根据《房屋建筑制图统一标准》（GB/T 50001—2017），做出如图8-17所示的修改并载入项目即可。

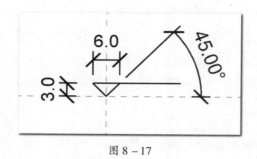

图 8-17

2. 轴网标头的设置

依据《房屋建筑制图统一标准》（GB/T 50001—2017）的规定，定位轴线应编号，编号应注写在轴线端部的圆内。圆应用细实线绘制，直径为 8~10mm。

1）单击"建筑"选项卡→"基准"面板中的"轴网"→"属性"栏中的"类型编辑"→复制并重命名为"装配式车间_轴线_国标"，如图8-18所示。在轴网类型属性中，可对轴线颜色、轴线线型、轴号端点显示等参数进行设置与修改。

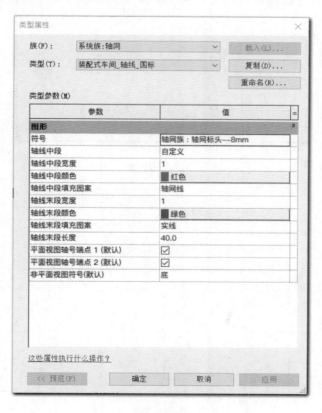

图 8-18

2）由图 8 – 18 看出，轴网的标头由符号族"轴网族"组成。打开"项目浏览器"，下拉至"族"，右击"搜索"，找到"轴网标头 – –8mm"并右击"编辑"即可打开该族编辑对话框。将圆的直径改为 8mm，保存并载入项目中即可。

3）回到轴网"类型属性"对话框，修改"轴线中段"和"轴线末端"的颜色等其他设置，如图 8 – 19 所示，设置好的标准轴网如图 8 – 20 所示。

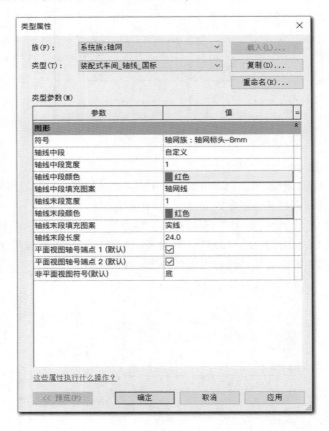

图 8 – 19

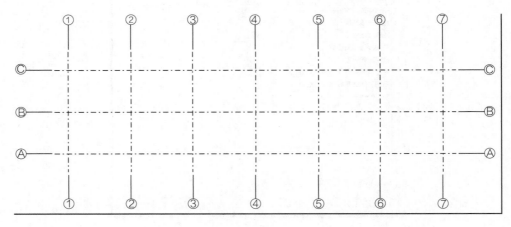

图 8 – 20

五、 线型图案的设置

在 Revit 中，可通过线型图案的设置，使"对象样式"中的线型更符合出图标准。

1）单击"管理"选项卡→"其他设置"→"线型图案"（见图 8-21），打开"线型图案"对话框。默认样板中已有多个线型图案，可根据实际需求和具体项目新建、修改线型图案。

2）依据《房屋建筑制图统一标准》（GB/T 50001—2017），以本章提到的"某装配式生产车间"项目为例，创建符合本项目的"线型图案"，如图 8-22 所示。

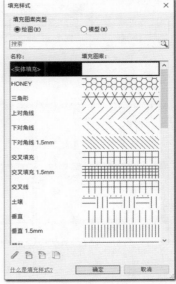

图 8-21

图 8-22

六、 填充样式的设置

在施工图设计中，通过填充样式的设置来表达不同的建筑材料，因此，填充样式在施工图表达中起到了至关重要的作用，《房屋建筑制图统一标准》（GB/T 50001—2017）中第九章节对常用建筑材料图例进行了规定。接下来以"某装配式生产车间项目"为例，制作符合本项目的填充样式。

1）单击"管理"选项卡→"其他设置"→"填充样式"，打开"填充样式"对话框，如图 8-23 所示。

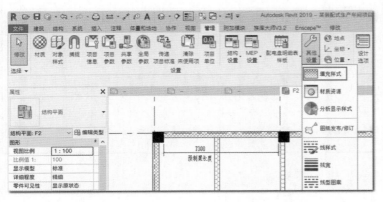

图 8-23

2）通过"填充样式"对话框，可以发现 Revit 中的"填充样式"分为"绘图"和"模型"。"绘图"填充样式相对于图纸保持固定尺寸，"模型"填充样式相对于模型保持固定尺寸。

3）以 Revit 2019 版本为例，打开"填充样式"对话框，在下方单击"新建填充样式"，打开"新填充图案"对话框，制作"预制框架梁"的填充样式，设置及最终效果如图 8 – 24 所示。

4）除了采用新建"填充样式"的方法，还可以通过导入 CAD 中的"acad. pat"文件，添加填充样式。此方法主要用于不规则填充样式。单击"填充样式"对话框→"新建填充样式"→类型属性下的"自定义"→"浏览"→选择"acad. pat"文件→选择"HONEY"，完成"预制次梁"的填充样式，如图 8 – 25 所示。最终平面出图效果如图 8 – 26 所示。

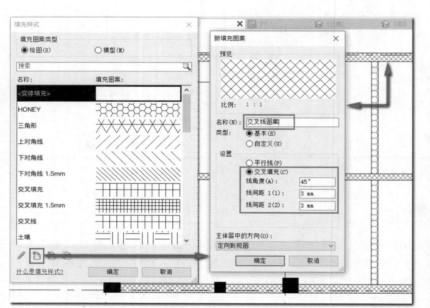

图 8 – 24   图 8 – 25

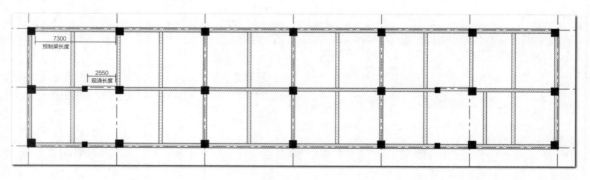

图 8 – 26

七、 材质的创建

对于建筑来说，每个构件都有自己的物理属性，材质就是物理属性之一。在 BIM 模型中，建筑材质起着关键的作用。对于装配式结构项目，可以通过材质来区分预制和现浇的表达。根据《房屋建筑制图统一标准》（GB/T 50001—2017），以本章提到的 "某装配式生产车间" 项目为例，创建常用的材质。

1）单击 "管理" 选项卡→ "材质"，即可打开 "材质浏览器" 对话框，如图 8 – 27 所示。

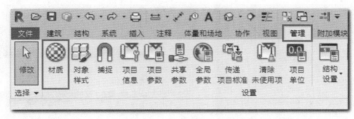

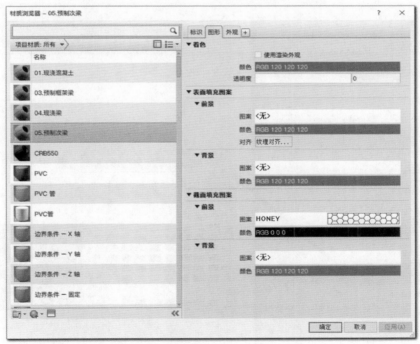

图 8 – 27

2）单击下方的 "新建材质" 即可创建新的材质（见图 8 – 28）。对其新建的材质进行重命名，修改材质的 "颜色"（见图 8 – 29）以及设置 "表面填充图案" 和 "截面填充图案"，如图 8 – 30 所示。

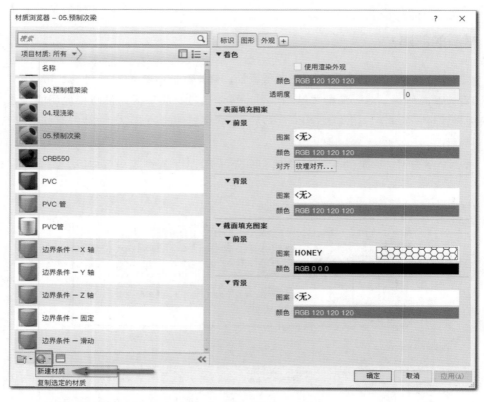

图 8 - 28

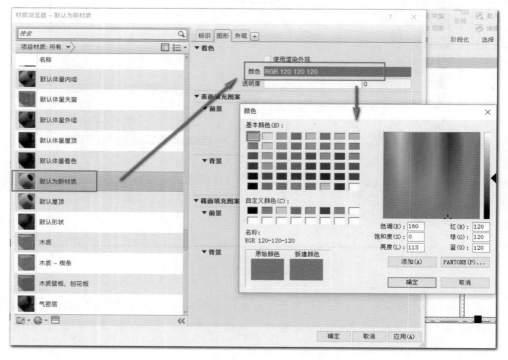

图 8 - 29

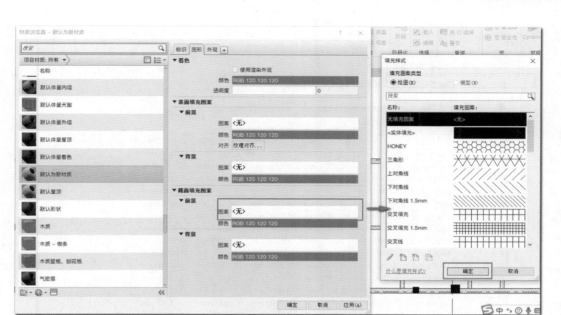

图 8 – 30

3）将材质赋予构件，如图 8 – 31 所示。

图 8 – 31

八、 线宽的设置

根据各专业制图规范要求，不同属性的构件有不同的线宽。结构构件线、主要轮廓线、隐藏线等均有不同的线宽。本节依据《建筑结构制图标准》（GB/T 50105—2017）线宽的相关规定，在项目样板中设置线宽。

1）单击"管理"选项卡→"其他设置"→"线宽"，打开"线宽"对话框。

2）通过"线宽"对话框，可以发现线宽包括模型线宽、透视视图线宽和注释线宽。"模型线宽"控制墙与窗等对象的线宽，"透视图线宽"控制透视图中对象（如墙和窗）的线宽，"注释线宽"控制剖面和尺寸标注等对象的线宽，如图 8 – 32 所示。

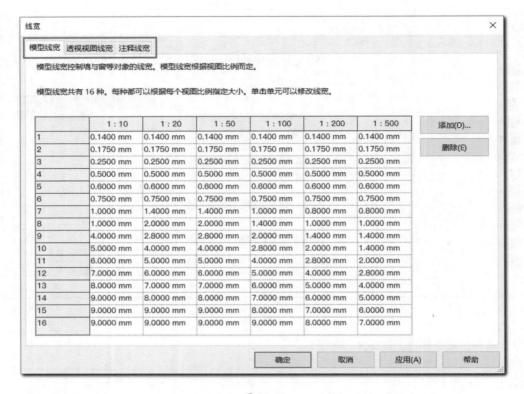

图 8 - 32

3）依据《房屋建筑制图统一标准》（GB/T 50001—2017）的相关规定（如图 8 - 33 所示），图线的基本线宽 b，宜从 1.4mm、1.0mm、0.7mm、0.5mm 线宽系列中选取。

4.0.1　图线的基本线宽 b，宜按照图纸比例及图纸性质从 1.4mm、1.0mm、0.7mm、0.5mm 线宽系列中选取。每个图样，应根据复杂程度与比例大小，先选定基本线宽 b，再选用表 4.0.1 中相应的线宽组。

表 4.0.1　线宽组（mm）

线宽比	线宽组			
b	1.4	1.0	0.7	0.5
$0.7b$	1.0	0.7	0.5	0.35
$0.5b$	0.7	0.5	0.35	0.25
$0.25b$	0.35	0.25	0.18	0.13

注：1　需要缩微的图纸，不宜采用 0.18mm 及更细的线宽。
　　2　同一张图纸内，各不同线宽中的细线，可统一采用较细的线宽组的细线。

图 8 - 33

4）以本章提到的"某装配式生产车间"为例，对本装配式结构样板中的线宽进行设置（选用 $b=0.5$mm 的线宽组）。设置如图 8 - 34 所示。

图 8 - 34

九、 线样式

在使用 Revit 出图的时候我们常需要修改模型在平面表达的线的粗细和颜色，此时，可通过线样式来修改平面线条的表达。

单击"管理"选项卡→"线样式"（见图 8 - 35），打开"线样式"对话框。在对话框中，对 Revit 样板中默认的线样式进行修改或创建以达到出图的要求，如图 8 - 36 所示。

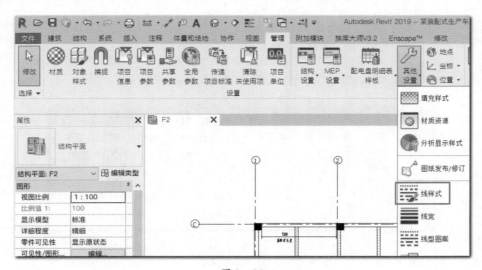

图 8 - 35

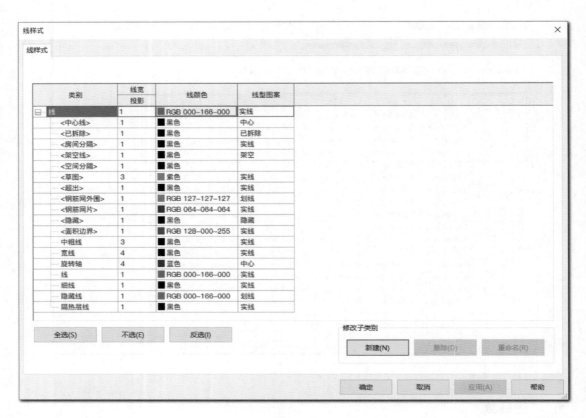

图 8 – 36

十、 对象样式

Revit 中的"对象样式"可理解为 AutoCAD 中的"图层"。Revit 中所有图元都是一个对象（模型、注释等），通过"对象样式"，可以修改"模型"的投影线宽、截面线宽、模型线颜色和模型的线型图案以及注释对象的相关设置。

单击"管理"选项卡→"对象样式"（见图 8 – 37），打开"对象样式"对话框。在对话框中，可修改已有对象样式的线宽、线颜色和线型图案，如图 8 – 38 所示。

图 8 – 37

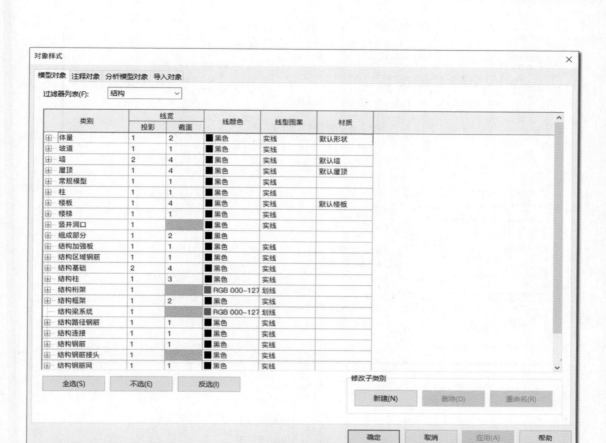

图 8 – 38

十一、结构专业项目浏览器的创建

在 Revit 正向设计出图阶段，项目浏览器组织非常重要，尤其在设计出图过程中，会根据出图的需求，产生大量的视图。大量的视图会造成视图混乱，不便管理。因此，有必要对视图进行分类管理，便于查看和制图。

下面以"某装配式生产车间"项目为例，讲解项目浏览器的创建。

1）单击"管理"选项卡→"项目参数"，在样板中新建"视图分类 – 父"和"视图分类 – 子"项目参数，如图 8 – 39 所示。

2）"视图分类 – 子"项目参数的创建方法与"视图分类 – 父"相同。

3）光标移至"项目浏览器"→右击"视图（全部）"→选择"浏览器组织"→弹出"浏览器组织"对话框（图 8 – 40），单击"新建"→将"名称"命名为"装配式车间_ 结构样板"，单击"确定"→弹出"浏览器组织属性"对话框→切换到"成组和排序"选项卡→设置符合自己需求的浏览器组织，如图 8 –41 所示。

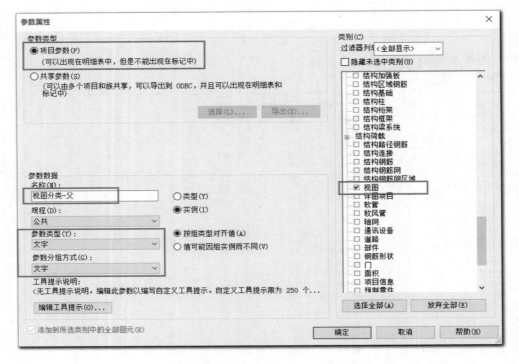

图 8 - 39

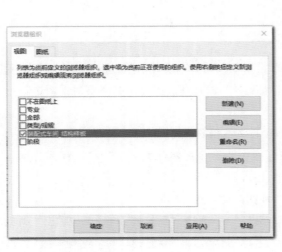

图 8 - 40

图 8 - 41

4）创建好的结构专业项目浏览器组织如图 8 - 42 所示。

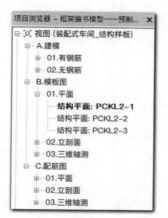

图 8 - 42

十二、结构专业视图样板的创建

Revit 中的视图样板是带有一系列视图属性（例如视图比例、规程、详细程度以及可见性设置）的样板，通过应用设定好的视图样板，可以保证创建项目的规范性。

Revit 视图样板属性中，视图类型过滤器分为四种：三维视图、楼层平面、绘图视图和立剖面。不同种类的视图样板所包含的参数也不同。

下面以本章提到"某装配式生产车间"项目为例，介绍创建单构件视图样板的流程。

1）单击"视图"选项卡→"视图样板"下拉菜单中的"管理视图样板"，打开"视图样板"对话框，如图 8 - 43 所示。

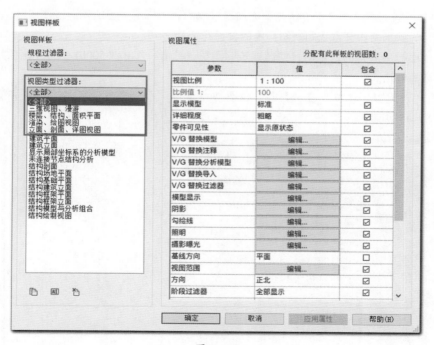

图 8 - 43

2）单击左下角的"复制"，在弹出的对话框中重命名视图样板名称为"构件模板平面图"，将其"视图比例"设置为 1:25，"V/G 替换模型"选择隐藏非结构构件，"模型显示"选择隐藏线模式，对应的对象样式、线宽和线型按照出图标准进行设置。

3）选择任一构件平面图，在左侧"属性"栏"标识数据"下的"视图样板"中选择"构件模板平面"，如图 8 - 44 所示。

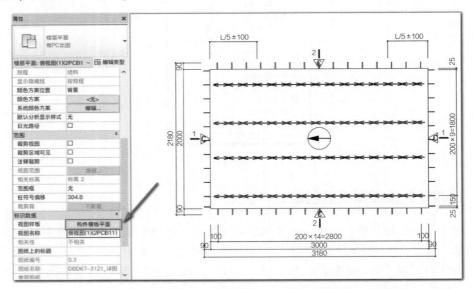

图 8 - 44

十三、剖面标记的制作

Revit 中自带的剖面符号表示方法并不能满足我国的制图标准，因此需通过使用 Revit 的族样板或者更改现有的族来制作符合我国制图标准的剖面标记族。

以 L 形剖面标头族为例，依据《房屋建筑制图统一标准》（GB/T 50001—2017）相关规定，讲解剖面标记族的做法。

1）单击"新建"→"族"在"注释"文件夹中选择"公制常规注释.rft"，打开剖面标记族样板，如图 8 - 45 所示。

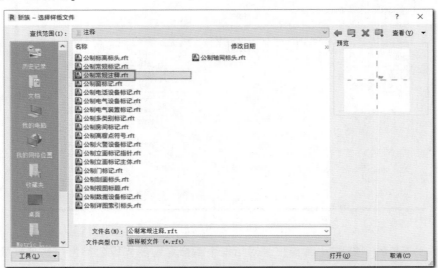

图 8 - 45

2）进入族样板，单击"创建"或者"修改"选项卡→"族类别和参数"→"剖面标头"→"确定"，如图8-46所示。

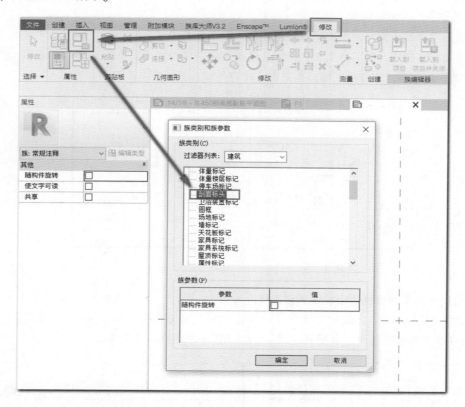

图 8-46

3）单击"创建"选项卡→"线"，绘制出如图8-47所示的L形线段。

4）单击"创建"选项卡→"标签"→"编辑标签"→添加"详图编号"，设置样例值为"1"，单击"确定"即可，如图8-48所示。

图 8-47

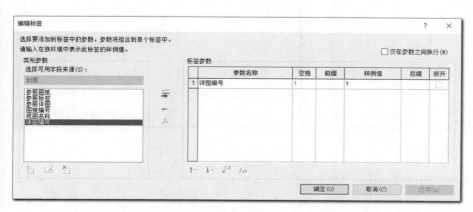

图 8-48

5）选中"标签1"，将其字体修改为合适的字体并将标签移动至"L形线段"标头上方，如图 8 – 49 所示。

6）最后将其制作好的剖面标记族保存并载入到样板中即可使用。

7）在项目环境中，剖面标头和剖面标头末端为左右镜像关系，在族环境中的表现如图 8 – 50 所示。按前面的步骤，制作出剖面标头末端，保存并载入至样板中即可。

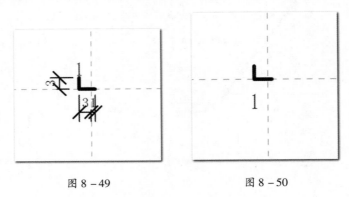

图 8 – 49　　　　　　　　　　　图 8 – 50

8）在项目或者项目样板中设置剖面符号的类型：

① 回到项目样板中，单击"视图"→"剖面"→"编辑类型"→"复制"（见图 8 – 51），即可复制一个类型并重命名为"装配式车间 – L形剖面"，如图 8 – 52 所示。

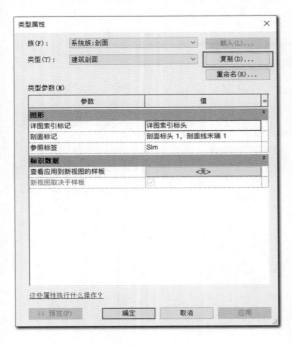

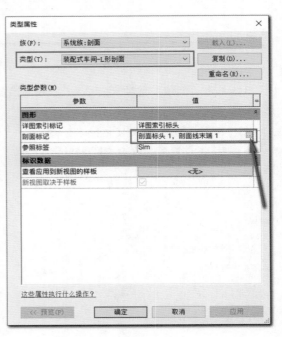

图 8 – 51　　　　　　　　　　　图 8 – 52

② 在"类型属性"对话框中单击"剖面标记"（见图 8 – 52）即可进入"剖面标记"的"类型属性"对话框。"复制"一个类型并重命名为"L形标头"，单击下方"剖面标头"和"剖面线末端"选择对应的类型，单击"确定"，如图 8 – 53 所示。

9）用同样的方法制作"一形"和"O形"剖面标头及标头末端族，并载入至样板中，如图 8 - 54 所示。

图 8 - 53

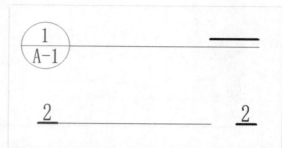

图 8 - 54

十四、图框族的制作

在施工图设计出图过程中都会用到图框。在 Revit 中，自带的图框并不符合出图的要求。依据相关规定，以"某装配式生产车间"项目为例，以"A1"图框讲解制作的相关流程。

1）单击"新建"→"标题栏"（见图 8 - 55）→"A1 公制 . rft"（见图 8 - 56）打开编辑界面。

图 8 - 55

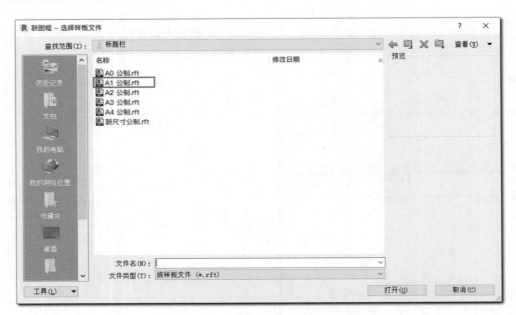

图 8 – 56

2）进入到编辑界面，单击"插入"选项卡→"导入 CAD"，将已有的 CAD 图框导入 Revit。

3）导入 CAD 图框后，将 CAD 图框与预设的边框对齐重合（见图 8 – 57），单击"创建"选项卡→"线"，在"绘制线"状态下，在"子类别"下拉菜单中选择直线的类别（见图 8 – 58）。在"绘制"面板中单击"拾取线"，可通过捕捉 CAD 底图线条来绘制图框线，如图 8 – 59 所示。

图 8 – 57

图 8 – 58

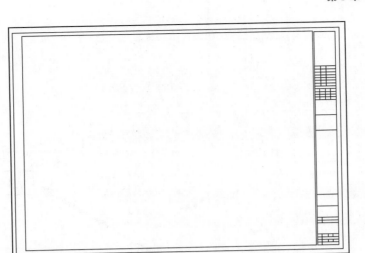

图 8 - 59

4）单击"创建"选项卡→"文字"→"编辑类型"，复制"宋体 3.5mm"，并重命名为"宋体 3mm""宋体 2mm""宋体 1mm"。利用复制的字体绘制文字图签，如图 8 - 60 所示。

5）单击"创建"选项卡→"标签"→"编辑类型"，复制"宋体 3.5mm"并重命名为"宋体 3mm""宋体 2mm""宋体 1mm"，利用复制的标签类型绘制标签。

6）添加标签。标签可与共享参数相关联，将项目信息、图纸信息的参数信息关联到标签内容中。

以"工程名称"为例，将其关联至项目信息中。单击"标签"选项卡，在"工程名称"合适位置单击，出现"编辑标签"对话框，将左侧滑动块下拉至底部，单击"项目名称"，

图 8 - 60

将参数添加到标签，确定即可，如图 8 - 61 所示。单击"管理"选项卡→"项目信息"，将其修改为"装配式车间"，图框中的"工程名称"将会自动改为"装配式车间"并与项目信息中的参数一致，如图 8 - 62 所示。

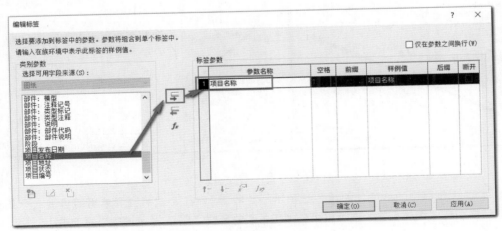

图 8 - 61

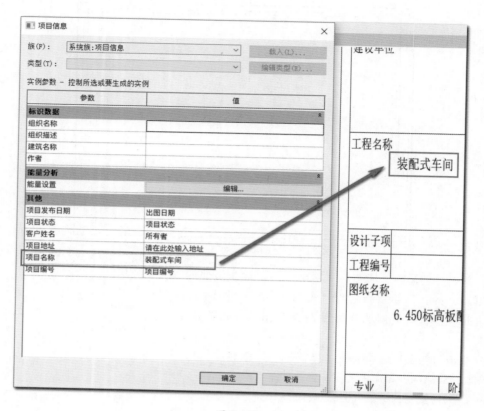

图 8 – 62

以"图号"为例，将其关联至创建好的含有"图号"参数的共享参数文件中。在样板文件中，单击"管理"选项卡→"共享参数"，打开"编辑共享参数"对话框。在对话框中单击"创建"，即可创建"共享参数"文档并新建组（命名为"标题栏"），创建共享参数"图号"，将"规程"改为"公共"，将"参数类型"改为"文字"，如图 8 – 63 所示。

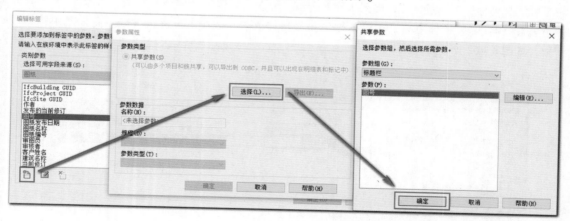

图 8 – 63

回到 A1 图框族中，单击"创建"选项卡→"标签"，在合适的位置单击即可进入"编辑标签"对话框。在"编辑标签"对话框中添加相关联的参数"图号"，如图 8 – 64 所示。

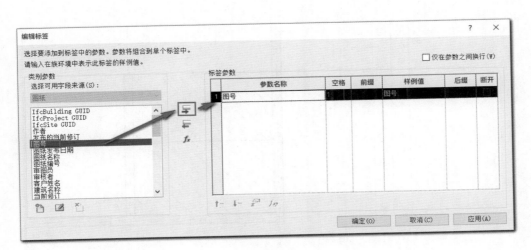

图 8-64

至此，图框与标签的创建流程已全部完成，将图框载入至"装配式车间"样板中即可。

十五、其他常用族载入

在 Revit 中，在完成了装配式实体构件图后，还需载入一些常用的注释和标记族以满足符合标准的出图形式。这些注释和标记族可以与实体构件之间有所关联。另外还需要载入符合项目需求的详图构件族（如预埋件的配件、模型中无法表达的二维表达等），如图 8-65 所示。

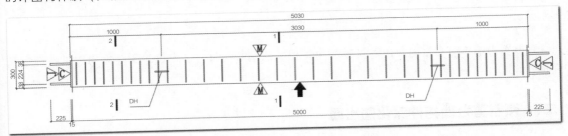

图 8-65

第 2 节　预制剪力墙出图

一、预制剪力墙平面布置图

预制剪力墙平面布置图应按标准层绘制，内容包括预制剪力墙、现浇剪力墙、边缘构件、叠合板等。为表达清楚，可将预制、现浇等不同构件在平面中区分出来。在 Revit 中，可设置不同的填充样式将其区分，并以图例的方式呈现在说明中，如图 8-66 所示。

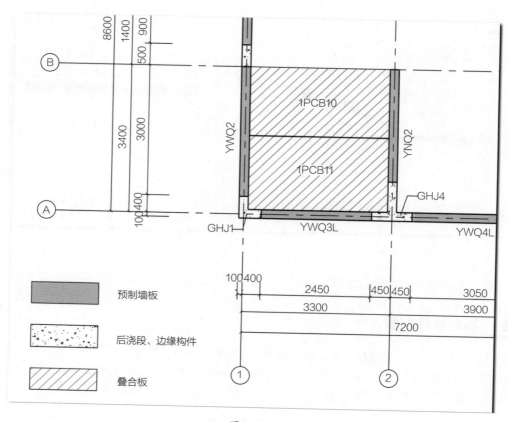

图 8 – 66

预制剪力墙平面布置图中还需对预制构件相关的编号、尺寸、定位、安装方向等进行标记和注释。

二、 预制剪力墙构件深化图出图

与现浇剪力墙不同，预制剪力墙构件深化图需对预制墙板的每一个构件单独出图，以满足工厂加工的需求。

预制剪力墙构件深化图主要表现为各视图的平立面尺寸、预埋件的定位尺寸、线盒的定位尺寸以及钢筋的具体排布。

1）打开 Revit 模型，在"项目浏览器"中找到需要出图的构件的当前层平面，右击"复制视图"→选择"带细节复制"并重命名为"YNQ2 俯视图"；然后切换至三维视图中，选择 YNQ2 构件，回到"YNQ2 俯视图"中，将 YNQ2 构件临时隐藏；回到三维视图中，再选择其他所有图元；再次回到"YNQ2 俯视图"中；将其他所有图元永久隐藏。此时，平面视图中只剩 YNQ2 构件，如图 8 – 67 所示。

2）在当前楼层"属性"栏中将"裁剪视图"和"裁剪区域可见"打开。拖动裁剪框至该构件范围内，并将楼层"属性"栏中视图样板修改为之前制作好的"单构件模板图"视图样板，如图 8 – 68 所示。

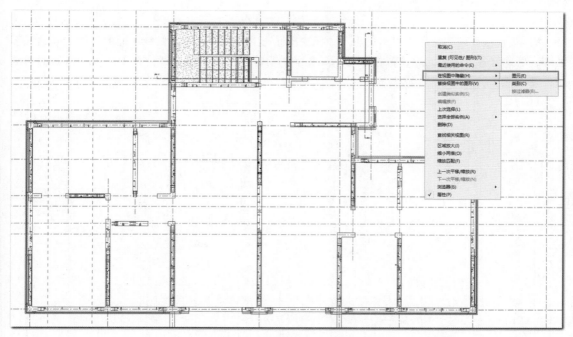

图 8 - 67

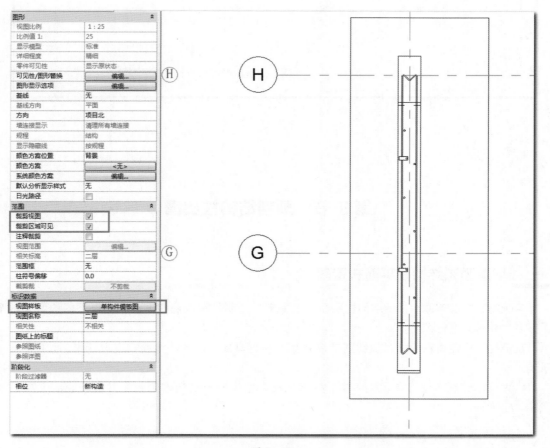

图 8 - 68

3）该视图处理完之后，对其进行尺寸标注及标记注释，即可完成俯视平面的创建。其他视图同理，创建好各个视图之后，将各个视图及文字说明等拖拽至图框合适位置即可，完成后的模板图如图 8－69 所示。

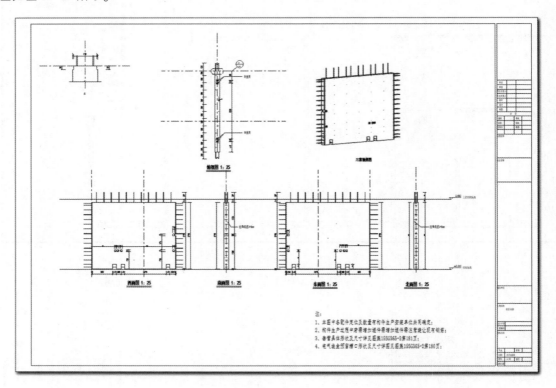

图 8－69

第 3 节　预制结构柱出图

一、创建预制结构柱平面布置图

与预制剪力墙类似，预制结构柱平面布置图需将预制柱和现浇柱区分开，以不同的填充图案进行表达并对其进行标注。

现浇柱的标注需对柱族添加钢筋信息参数、族类型参数以及尺寸参数进行设置，如图 8－70 所示。

柱大样的绘制可使用详图构件族。柱平法施工图说明可创建图例视图并添加说明文字，如图 8－71 所示。

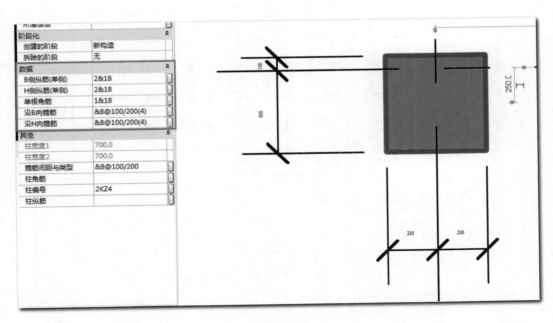

图 8－70

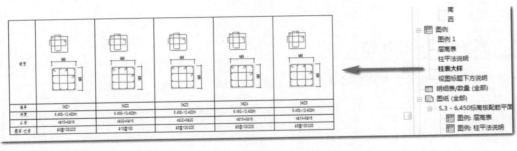

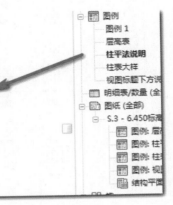

柱平法施工图说明：

1、本工程的柱配筋采用平法表示，平法设计标准采用
　《混凝土结构施工图平面整体表示方法制图规则和构造详图》
　（16G101-1）(以下简称《平法图集》)。

2、本工程框架柱抗震等级为三级，楼梯间四周框架柱抗震等级为二级。
　楼梯间四周框架柱箍筋全程加密。

3、本工程框架柱纵筋均采用HRB400级钢筋；
　柱箍筋均采用HRB400级钢筋。

4、柱纵筋的锚固、搭接及箍筋的加密区范围均应严格
　按《平法图集》中的相关要求进行。

5、柱的编号分层标注。

图 8－71

　　最后创建图纸。命名图纸名称为"6.450～10.400标高柱平法施工图"，选择前面做好的 A1
图框，将柱平面图、施工图说明、柱表大样、层高表等拖动至图框中即可，如图 8－72 所示。

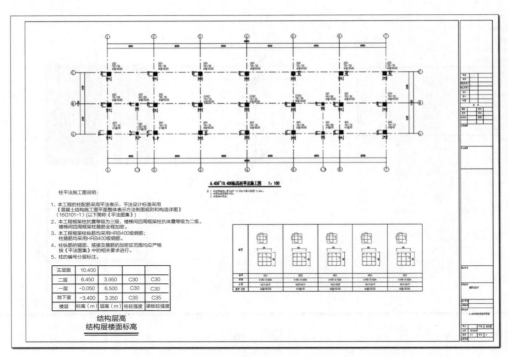

图 8 – 72

二、 预制柱深化图出图

预制柱详图创建方法与预制墙体相同，完成后的柱详图如图 8 – 73 所示。

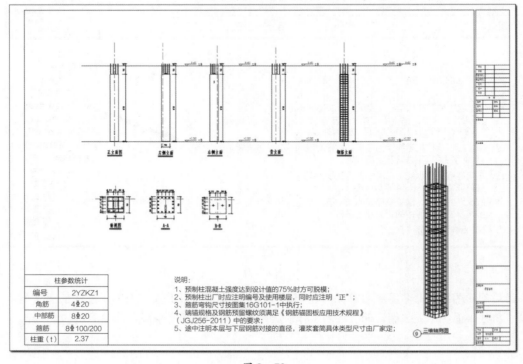

图 8 – 73

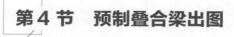

第 4 节　预制叠合梁出图

一、创建预制叠合梁平面布置图

结构梁建模完成后，通过"带细节复制视图"的方法建立"预制叠合梁平面布置图"视图，在平面布置图中对预制梁进行信息标注，主要为梁编号和梁尺寸信息。利用 Revit 中标记族对模型进行关联，即可自动标注。

同时，利用尺寸标注对预制梁长度进行尺寸标注。标记注释完成后，通过"图例"添加预制梁说明及图例说明。完成后的预制叠合梁平面布置图如图 8 - 74 所示。

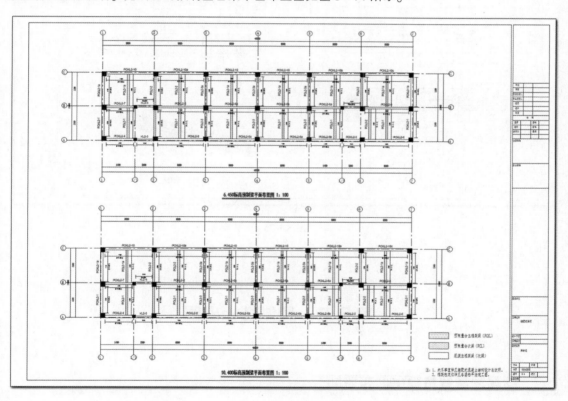

图 8 - 74

二、预制叠合梁深化图出图

构件详图的出图方式与预制墙板相同。完成模型后，通过"带细节复制视图"的方法建立"预制叠合梁平面布置图"视图，使用裁剪视图将"裁剪框"拖拽至合理范围，并将无关构件"永久隐藏"即可。

完成合理的视图布置后，对其进行标注，进行钢筋的排布以及钢筋的尺寸标注。完成后，预制叠合梁深化图如图 8 – 75 所示。

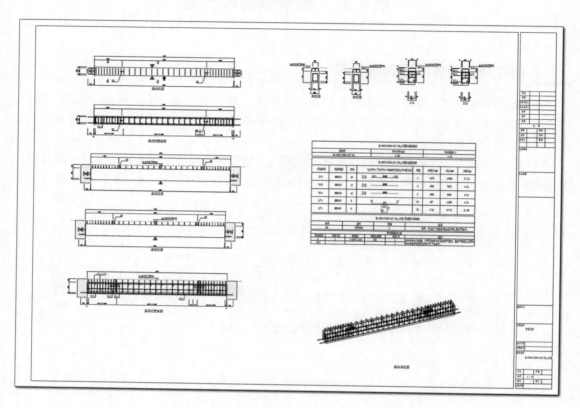

图 8 – 75

第 5 节　预制楼板出图

一、　创建预制叠合板平面布置图

本章提到的"装配式生产车间"项目预制板部分采用桁架钢筋预制叠合板设计，预制厚度为 60mm，现浇厚度为 80mm，楼梯边缘部位采用现浇设计，其余均为预制叠合板。

预制叠合板平面布置图与其他构件平面布置图类似，需用不同的填充样式区分预制与现浇部位，并在平面中标注叠合板编号，便于与叠合板构件深化图对应，如图 8 – 76 所示。

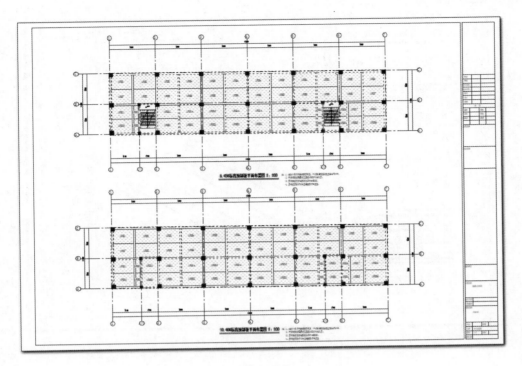

图 8 – 76

二、预制叠合板深化图出图

本案例项目采用桁架钢筋预制叠合板，依据图集相关规定，桁架筋的设置距板边不应大于 300mm，间距不宜大于 600mm，上弦杆钢筋直径不宜小于 8mm，腹杆钢筋直径不宜小于 4mm 且混凝土保护层厚度不应小于 15mm，如图 8 – 77 所示。

图 8 – 77

预制叠合板构件图的绘制方法与预制墙板相同。模型完成后，通过"带细节复制视图"的方法建立"单构件（板编号）"视图，使用裁剪视图将"裁剪框"拖拽至合理范围，并将无关构件"永久隐藏"即可。

完成合理的视图布置后，对其进行标注，进行钢筋的排布以及钢筋的尺寸标注。完成后，预制叠合板深化图如图 8 – 78 所示。

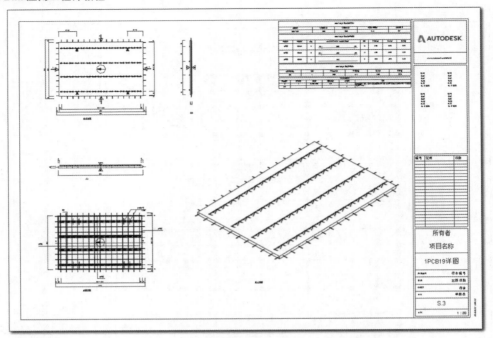

图 8 – 78

三、 预制阳台、 预制空调板出图

预制阳台和预制空调板均为悬挑式构件，有叠合板式和预制板式两种形式。

在预制阳台或预制空调板深化设计时，需注意板要预留雨水管、地漏的孔洞位置，洞口尺寸大小由相关专业确定，可结合设备图纸补充。预制阳台模板图示例如图 8 – 79 所示。

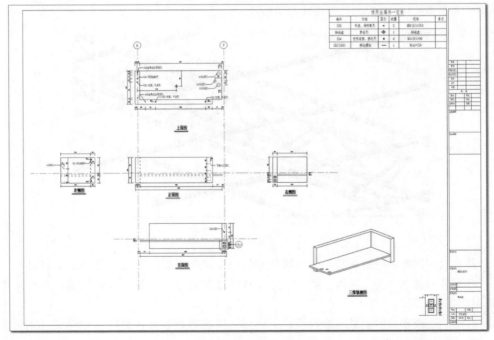

图 8 – 79

第 6 节　预制楼梯出图

一、预制楼梯平面布置图

预制楼梯平面布置图详见预制叠合板平面布置图，不再单独表达，如图 8-76 所示。

二、预制楼梯深化图

预制楼梯深化图分为楼梯模板图、楼梯配筋图和楼梯剖面图。预制楼梯模板图中需对楼梯的平面几何尺寸、梯板类型及编号、定位尺寸和连接做法索引号进行表达。预制楼梯配筋图需对钢筋的类型、钢筋的排布和钢筋的数量进行表达。预制楼梯剖面图需对楼梯编号、梯梁、梯柱编号梯板水平及竖向尺寸、楼层结构标高、层间结构标高进行表达。完成的预制楼梯深化图如图 8-80 所示。

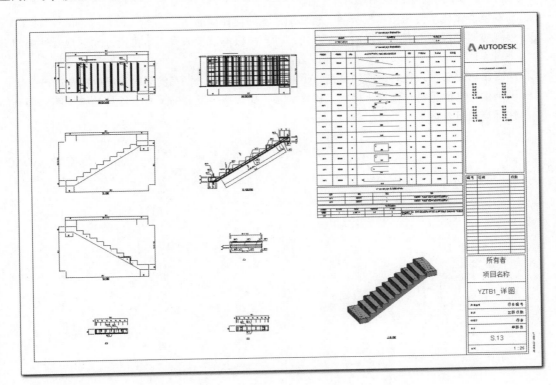

图 8-80

第 7 节　课后练习

1. 依据《房屋建筑制图统一标准》（GB/T 50001—2017）的标准，长度的单位为（　　），舍入选择（　　），单位符号为（　　）。

A. "米" "2 个小数位" "m"　　　　　　　B. "毫米" "2 个小数位" "mm"

C. "米" "0 个小数位" "无"　　　　　　　D. "毫米" "0 个小数位" "无"

2. 下列哪一项不属于调整标记的参数（　　）。

　　A. 线宽　　　　　　　　B. 引线/边界偏移量　　C. 宽度系数　　　　　　D. 规程

3. 安装完成 "Revit. ttf" 的钢筋字体后，按住键盘 <Shift> 键并输入 " $ " " % " " & " " # " 四个字符代表（　　）。

　　A. HPB300（$）、HRB335（%）、HRB400（&）、RRB400（#）四种钢筋符号

　　B. HPB300（$）、HRB335（%）、HRB400（#）、RRB400（&）四种钢筋符号

　　C. HPB300（%）、HRB335（$）、HRB400（&）、RRB400（#）四种钢筋符号

　　D. HPB300（$）、HRB335（&）、HRB400（%）、RRB400（#）四种钢筋符号

4. 在真实模式下，下列设置有效的是（　　）。

　　A. 设置图形截面填充图案　　　　　　B. 设置图形表面填充图案

　　C. 设置外观渲染图片　　　　　　　　D. 设置粗略比例填充样式

5. 关于预制楼梯出图说法错误的是（　　）。

　　A. 预制楼梯深化图分为楼梯模板图、楼梯配筋图和楼梯剖面图

　　B. 预制楼梯模板图中需对楼梯的平面几何尺寸、梯板类型及编号、定位尺寸和连接做法索引号进行表达

　　C. 预制楼梯配筋图只需对钢筋的类型、钢筋的数量进行表达，不需要对钢筋的排布进行表达

　　D. 预制楼梯剖面图需对楼梯、梯梁、梯柱编号，梯板水平及竖向尺寸，楼层结构标高，层间结构标高进行表达

答案：ADACC

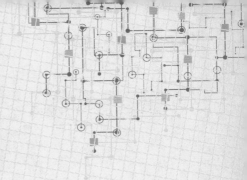

第9章 碰撞检查

第1节 预制构件碰撞检查

一、项目模型介绍

项目采用现浇构件与预制构件相结合的方式，部分构件为 PC 构件，部分构件为现浇构件。采用 Revit 建模后的模型文件大小为 69.8M，采用 Navisworks 进行碰撞检查。本项目 BIM 模型如图 9 - 1所示。

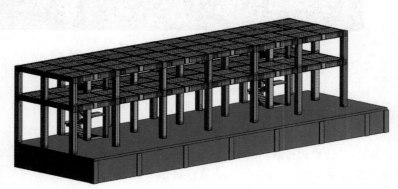

图 9 - 1

为了方便后续的碰撞检查工作，首先应该对模型构件的类型进行分类。由于 Revit 模型中包含一些内部组件（如钢筋、预埋件等），为了能够准确地识别模型属于现浇构件还是预制构件，需要将模型的显示模式改为"线框模式"。

打开 Navisworks 中的选择树，依次选择左侧的类型，查看右侧模型中显示的内容，然后对构件类别进行分类，如图 9 - 2 所示。模型构件分类见表 9 - 1。

表 9 - 1　模型构件分类

选择树	现浇构件	预制构件
无标高	—	平台、梯段
地下室	墙体、楼梯、结构柱	—
一层	结构柱	楼板

（续）

选择树	现浇构件	预制构件
二层	楼梯、结构框架、结构柱	常规模型
三层	结构框架	常规模型

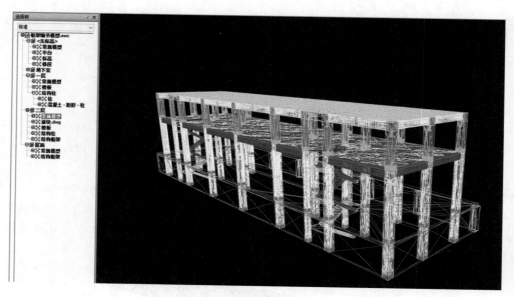

图 9 – 2

二、碰撞检查

在 Navisworks 中，模型碰撞检查的主要类型有四种。

1）实体碰撞。用于检查两个实体相交。

2）硬碰撞（保守）。该检查方法由软件内部算法决定，与单纯的硬碰撞对比，该方法会找出更多的碰撞，在实际项目中的意义不大，因此，实际中很少采用。

3）最小间距。该检查方法是指当两个实体之间的距离小于某个指定的距离时，就视为两者相交。该检查通常用于管道周围需要留有一定空隙的情况。特别说明的是，这种检查方法检查的结果会包含硬碰硬的检查结果。

4）重复项。该检查方法指两个物体的类型和位置必须完全一致才能相交，一般用于检查模型中错误重复的项目。

预制构件的碰撞检查主要使用的是第四种方法，即重复项。

1. 导入模型

打开 Navisworks 软件，打开模型，如图 9 – 3 所示。

模型显示不完全是因为原始模型中存在链接的部分，而 Navisworks 软件默认打开的 Revit 模型是不包含链接模型的，因此，需要在软件中进行设置。设置方法如下：首先单击左上角的"N"，在下拉菜单中单击"选项"（见图 9 – 4），弹出"选项编辑器"对话框。

图 9 - 3　　　　　　　　　　　　　　　　　　　　图 9 - 4

在对话框中，单击"文件读取器"→"Revit"，将右侧所有选项全部勾选（最重要的是勾选"转换链接 Revit 文件"），"转换"选择"整个项目"，如图 9 - 5 所示。

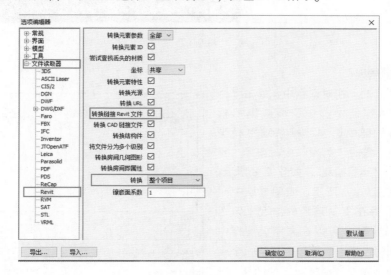

图 9 - 5

导入模型后，利用鼠标滚轮，将模型调整到适合的视角，显示如图 9 - 6 所示。

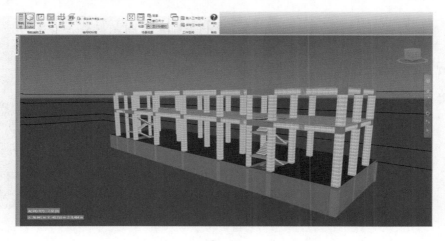

图 9 - 6

2. 新建碰撞检查

单击"Clash Detective"，出现图 9-7 左侧的对话框，新建碰撞检查。

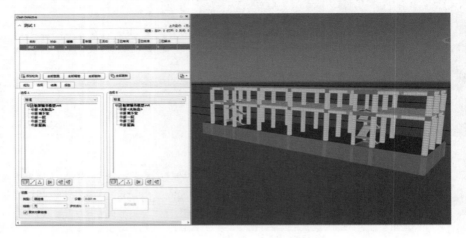

图 9-7

3. 碰撞检测结果

（1）重复项检测　在对话框中，单击"添加检测"，在"A"框中选中"框架编书模型.rvt"，在"B"框中选中"框架编书模型.rvt"。在"设置"栏的"类型"中，选择"重复项"，最后单击"运行检测"，如图 9-8 所示。

检查结果如图 9-9 所示，表明模型中有六个位置的构件存在重复建模的情况。勾选"高亮显示所有碰撞"，可以在右侧模型框中查询所有重复项的位置。也可以选择某一个碰撞监测点，查询具体的碰撞情况，如图 9-10 所示。将检查结果保存为 html 格式，保存结果如图 9-11 所示。

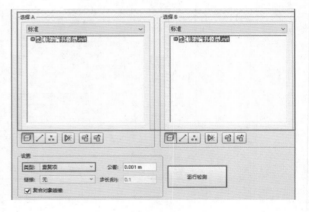

图 9-8

图 9-9

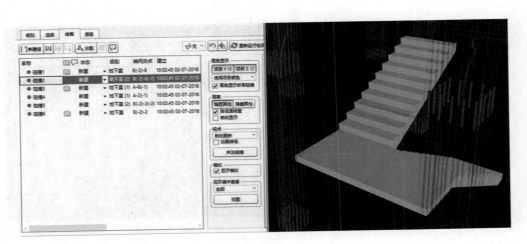

图 9 – 10

碰撞报告

	公差	碰撞	新建	活动的	已审阅	已核准	已解决	类型	状态
测试1	0.001m	6	6	0	0	0	0	重复项	确定

								项目1				项目2			
图像	碰撞名称	状态	距离	网格位置	说明	找到日期	碰撞点	项目ID	图层	项目名称	项目类型	项目ID	图层	项目名称	项目类型
🖼	碰撞1	新建	0.000	B-6	地下室	重复项	2018/7/2 02:02	x:60.388、 y:-13.552、 z:-2.639	元素ID: 599520	地下室	25 mm 前缘	梯段: 整体梯段: 25 mm 前缘	元素ID: 599520	<无标高>	整体梯段	梯段: 整体梯段: 25 mm 前缘
🖼	碰撞2	新建	0.000	B-6	地下室	重复项	2018/7/2 02:02	x:58.988、 y:-13.539、 z:-1.024	元素ID: 599522	地下室	25 mm 前缘	梯段: 整体梯段: 25 mm 前缘	元素ID: 599522	<无标高>	整体梯段	梯段: 整体梯段: 25 mm 前缘
🖼	碰撞3	新建	0.000	A-6	地下室	重复项	2018/7/2 02:02	x:59.688、 y:-15.527、 z:-1.887	元素ID: 599524	地下室	120mm 厚度	平台: 整体平台: 120mm 厚度	元素ID: 599524	<无标高>	整体平台	平台: 整体平台: 120mm 厚度
🖼	碰撞4	新建	0.000	A-2	地下室	重复项	2018/7/2 02:02	x:27.688、 y:-15.527、 z:-1.887	元素ID: 580604	<无标高>	整体平台	平台: 整体平台: 120mm 厚度	元素ID: 580604	地下室	120mm 厚度	平台: 整体平台: 120mm 厚度
🖼	碰撞5	新建	0.000	B-2	地下室	重复项	2018/7/2 02:02	x:26.988、 y:-13.539、 z:-1.024	元素ID: 580602	<无标高>	整体梯段	梯段: 整体梯段: 25 mm 前缘	元素ID: 580602	地下室	25 mm 前缘	梯段: 整体梯段: 25 mm 前缘
🖼	碰撞6	新建	0.000	B-2	地下室	重复项	2018/7/2 02:02	x:28.388、 y:-13.552、 z:-2.639	元素ID: 580457	地下室	25 mm 前缘	梯段: 整体梯段: 25 mm 前缘	元素ID: 580457	<无标高>	整体梯段	梯段: 整体梯段: 25 mm 前缘

图 9 – 11

（2）实体碰撞检测 在进行了重复项检测后，单击"添加检测"，增加"测试2"。在"A"框中选中"框架编书模型.rvt"，在"B"框中选中"框架编书模型.rvt"。在"设置"栏的"类型"中，选择"硬碰硬"，最后单击"运行检测"，如图9 – 12所示。碰撞结果如图9 –13所示。

此外，还可以取消"高亮显示所有碰撞"选项，然后选择具体的某一个碰撞点查询具体情况，如图9 – 14所示。导出的碰撞报告如图9 – 15所示。

图 9 – 12

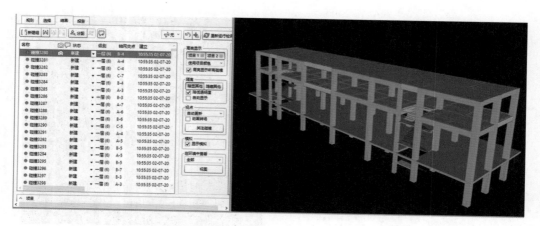

图 9 – 13

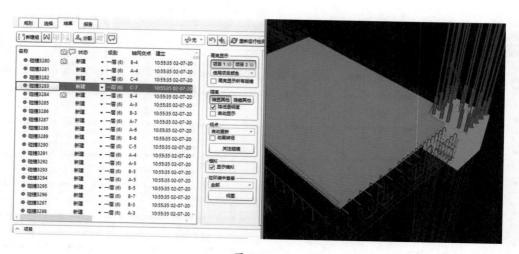

图 9 – 14

碰撞报告

	公差	碰撞	新建	活动的	已审阅	已核准	已解决	类型	状态
测试 2	0.001m	9606	6327	3279	0	0	0	硬碰撞	确定

图像	碰撞名称	状态	距离	网格位置	说明	找到日期	碰撞点	项目1				项目2			
								项目 ID	图层	项目 名称	项目 类型	项目 ID	图层	项目名称	项目 类型
	碰撞 3280	新建	-0.160	B-4：一层	硬碰撞	2018/7/2 02:55	x:44.933、y:-11.509、z:6.310	元素ID: 640109	二层	叠合板	合成部分	元素ID: 659665	二层	现浇段柱	结构柱
	碰撞 3281	新建	-0.160	A-4：一层	硬碰撞	2018/7/2 02:55	x:44.998、y:-15.809、z:6.329	元素ID: 658427	一层	混凝土 - 矩形 - 柱	结构柱:混凝土 - 矩形 - 柱:现浇段柱	元素ID: 640108	二层	叠合板	合成部分
	碰撞 3282	新建	-0.160	C-4：一层	硬碰撞	2018/7/2 02:55	x:44.998、y:-6.009、z:6.328	元素ID: 656242	一层	混凝土 - 矩形 - 柱	结构柱:混凝土 - 矩形 - 柱:现浇段柱	元素ID: 608464	二层	叠合板	合成部分
	碰撞 3283	新建	-0.160	C-7：一层	硬碰撞	2018/7/2 02:55	x:68.848、y:-6.009、z:6.328	元素ID: 612831	二层	叠合板	合成部分	元素ID: 656615	一层	混凝土 - 矩形 - 柱	结构柱:混凝土 - 矩形 - 柱:现浇段柱
	碰撞 3284	新建	-0.160	B-4：一层	硬碰撞	2018/7/2 02:55	x:45.278、y:-11.509、z:6.329	元素ID: 640077	二层	叠合板	合成部分	元素ID: 659665	二层	现浇段柱	结构柱
	碰撞 3285	新建	-0.160	A-3：一层	硬碰撞	2018/7/2 02:55	x:97.488、y:-15.985、z:6.310	元素ID: 658443	一层	混凝土 - 矩形 - 柱	结构柱:混凝土 - 矩形 - 柱:现浇段柱	元素ID: 640140	二层	叠合板	合成部分

图 9 – 15

（3）调整状态 碰撞检查后，需要对每一个检查产生的碰撞点进行核查。例如，当进行 "硬碰硬" 的碰撞检查后，选择 "碰撞 2" 这个点，右侧模型区域就会将该碰撞点高亮显示，此时作为管理人员便会核查该点。经检查柱梁交点并未发生交叉，模型构件位置正确，因此，可以调整该碰撞点的状态。每个碰撞点的后面都有一个"状态"栏，单击"状态"栏中的倒三角按钮，可以根据每个碰撞的实际情况选择"新建""活动""已审阅""已核准""已解决"，方便后期管理使用，如图 9 – 16 所示。

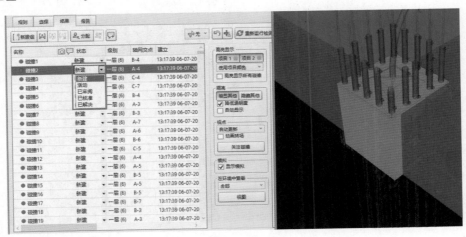

图 9 – 16

第 2 节　预制构件与现浇构件之间的碰撞检查

对预制构件与现浇构件之间进行碰撞检查的主要目的是：检查预制构件和现浇构件在整个模型中的位置是否有冲突，位置是否正确。检查的方法有两种：第一种是利用 Navisworks 自动生成的选择树进行碰撞；第二种是利用 Navisworks 中的集合功能进行碰撞检查。下面分别介绍两种不同的碰撞检查方法。

一、利用原始选择树进行碰撞检查

在进行碰撞检查之前，必须对构件的类型进行分类。表 9 – 1 对构件进行了分类。此处，可直接利用现浇构件与预制构件进行碰撞检查。

首先，新建碰撞检查。在 A 框中将选择树打开，利用〈Ctrl〉键点选结构柱与结构框架选项，在 B 框利用〈Ctrl〉键点选墙和楼板（见图 9 – 17）；碰撞类型选择"硬碰撞"；单击"运行检测"。

注意：将预制墙体放到"选择 B"中是为了同步检查预制墙柱之间的碰撞，减少运行碰撞检测的次数。

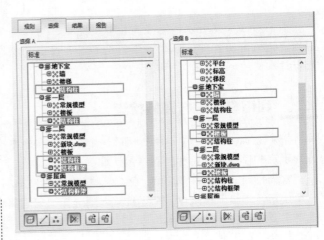

图 9 – 17

为了整体了解碰撞检查的结果，可以勾选"高亮显示所有碰撞"，查询所有碰撞的位置，如图9-18所示。除了高亮显示所有的碰撞检查结果外，还可以单独查询每一个碰撞点，如图9-19所示。

图 9-18

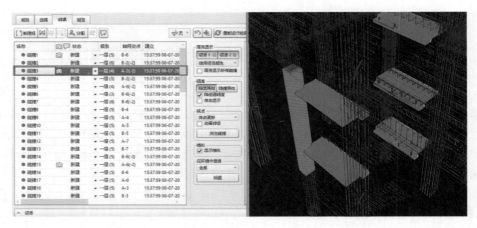

图 9-19

模型管理人员可以根据碰撞检查的结果，对每一个碰撞点进行核查和管理，根据核查的结果对碰撞点的状态做出标注和修改，如图9-20所示。

图 9-20

二、利用集合进行碰撞检查

集合是 Navisworks 中非常有用的一个概念，在碰撞检测中，还可以利用集合的概念将模型构件分为现浇构件和预制构件。具体做法如下：

首先打开"常用"选项卡，在"选择和搜索"选项中找到"集合"，单击"集合"后面的倒三角按钮，弹出下拉菜单，在下拉菜单中选择"管理集合"；然后利用〈Ctrl〉键和左侧的选择树，选中需要的构件，在"集合"框中单击第一个按钮。由此，生成了"现浇结构"和"预制结构"两个集合，如图9-21所示。

重新打开"Clash Detective"，在"选择A"和"选择B"中，将下拉菜单中碰撞检查的方式修改为"集合",如图9-22所示。

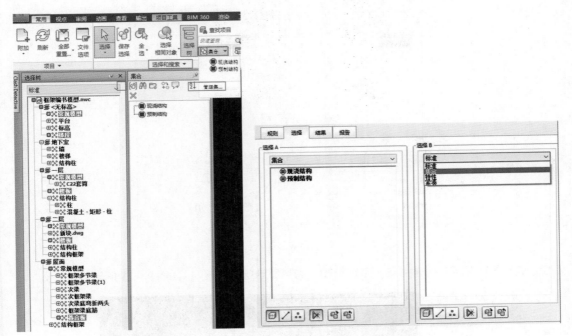

图9-21   图9-22

在"A"框中选择现浇结构,在"B"框中选择预制结构;碰撞方式为硬碰硬。运行碰撞检查,如图9-23所示。结果查询及生成报告在前文已经详细叙述,此处不再赘述。

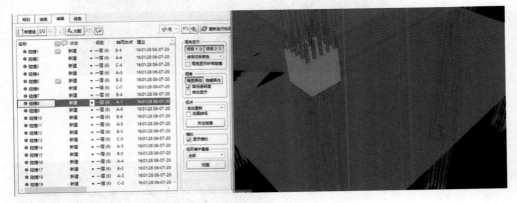

图9-23

第3节 预制构件与预制构件之间的碰撞检查

为了方便地进行预制与预制之间的碰撞检查,可以利用原始选择树或者上文提到的集合的方式进行检查。这里采用集合的方式进行碰撞检查。

首先,在"A"和"B"框中,选择"集合",然后两侧均选中"预制结构",碰撞类型为"硬碰硬",如图9-24所示。

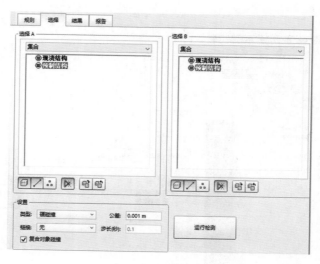

图 9－24

为了方便查看所有的碰撞点，可以勾选"高亮显示所有碰撞"，如图 9－25 所示。

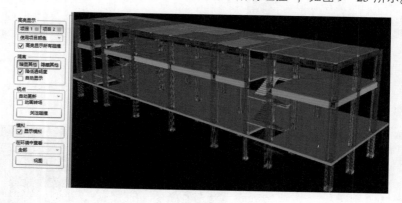

图 9－25

也可以根据需要，查询具体的某一个碰撞点，如图 9－26 所示。修改碰撞点的状态以及生成碰撞报告在前文中已经做了说明，这里不再赘述。

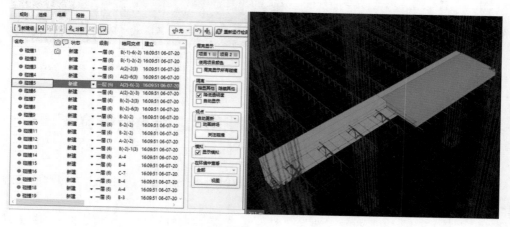

图 9－26

第10章　装配式结构出量

采用 BIM 技术出量时，必须符合现行的出量规则及标准。本章以上海市《装配整体式混凝土构件图集》（DBTJ 08 – 121—2016）为标准，讲解 Revit 中的装配式结构出量方式。

 注意： 相关出量参数设置请查看本书配套文件"参数查询对照表"。

第1节　预制框架梁出量

预制框架梁出量需要统计的信息如图 10 – 1 ~ 图 10 – 3 所示。需要统计"钢筋类型""编号""加工形状尺寸""数量""备注"及"重量""标号""功能"等相关数据。相关信息可参考《装配整体式混凝土构件图集》（DBTJ 8 – 121—2016）。

单体梁构件钢筋料表					
钢筋类型	编号	型号	数量	加工形状尺寸	备注
纵筋	1	C25	4	$\underline{9400}$	两头车丝
腰筋	2	C14	8	$\underline{7770}$	两头车丝
箍筋	3	C8	63	960 460	
箍筋	4	C8	63	960 190	
拉筋	5	C8	82	40 460 40	

图 10 – 1

预埋件明细表（单件）				
名称	功能	图例	合计	规格名称
S1	脱模吊装		4	A25
S2	钢筋连接		16	直螺纹套筒

图 10 – 2

构件信息				
楼层	数量	标号	方量/m³	重量/t
标高 2	1	C35	3.17	7.92

图 10 – 3

1. 单体梁构件钢筋料表的创建

1）打开本书配套文件中提供的 Revit 模型"梁（练习）"，在项目浏览器中找到"明细表/数量"，对其右击，在弹出的快捷菜单中，选择"新建明细表/数量"，新建明细表，如图 10 - 4 所示。

2）在弹出的"新建明细表"对话框中，"类别"列表内选择"常规模型"，修改"名称"为"单体梁构件钢筋料表"，如图 10 - 5 所示。

3）在弹出的"明细表属性"对话框中"字段"选项卡下"可用的字段"分组内，双击字段，添加至右侧"明细表字段"分组，添加完成后如图 10 - 6 所示。

图 10 - 4

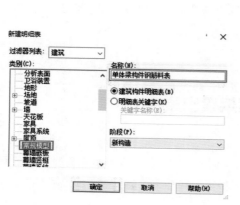

图 10 - 5

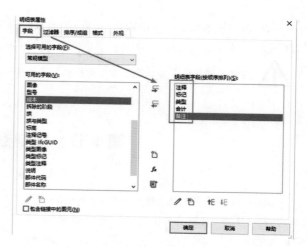

图 10 - 6

4）在"排序/成组"选项卡下选择"类型"作为排序方式，取消勾选"逐项列举每个实例"，如图 10 - 7 所示。

5）在"外观"选项卡下取消勾选"数据前的空行"，如图 10 - 8 所示。

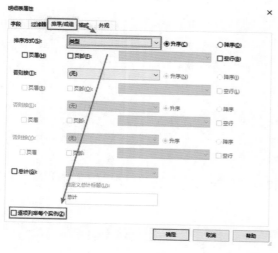

图 10 - 7

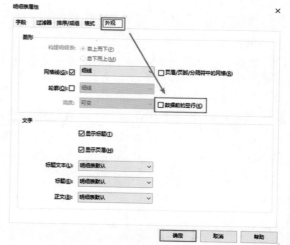

图 10 - 8

6）完成后单击"确定"，列表内信息如图 10 - 9 所示。

<单体梁构件钢筋料表>				
A	B	C	D	E
注释	标记	类型	合计	备注
		A25	4	
		C8	63	
		C8	82	
		C8	63	
		C14	8	
		C25	4	
		直螺纹套筒	16	
		端头锚	4	

图 10 – 9

7）在明细表中"注释""标记""备注"列下相应位置分别输入如图 10 – 10 所示的内容，为构件批量添加参数。

<单体梁构件钢筋料表>				
A	B	C	D	E
注释	标记	类型	合计	备注
		A25	4	
箍筋	4	C8	63	
拉筋	5	C8	82	
箍筋	3	C8	63	
腰筋	2	C14	8	两头车丝
纵筋	1	C25	4	两头车丝
		直螺纹套筒	16	
		端头锚	4	

图 10 – 10

8）在"属性栏"中单击"过滤器"后面的"编辑"。在弹出的"明细表属性"对话框中按图 10 – 11 进行设置。

明细表属性

字段　过滤器　排序/成组　格式　外观

过滤条件(F):	标记	开始部分不是	S
与(A):	标记	大于或等于	0
与(N):	(无)		
与(D):	(无)		
与:	(无)		
与:	(无)		
与:	(无)		
与:	(无)		

确定　取消　帮助

图 10 – 11

9）在"明细表属性"对话框"字段"选项卡下新建参数，按图 10 – 12 编辑参数。

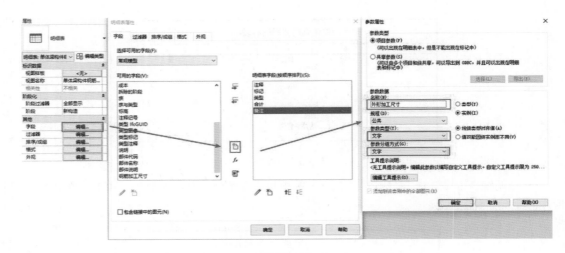

图 10－12

10）完成后，在"字段"选项卡下单击"↑E"，移动相应的字段的位置，并将排序方式修改为"标记"，单击两次"确定"。接着选中不符合出量命名的列标题直接修改，完成后如图 10－13 所示。至此完成了第一个明细表的创建。

<单体梁构件钢筋料表>					
A	B	C	D	E	F
钢筋类型	编号	型号	数量	加工形状尺寸	备注
纵筋	1	C25	4		两头车丝
腰筋	2	C14	8		两头车丝
箍筋	3	C8	63		
箍筋	4	C8	63		
拉筋	5	C8	82		

图 10－13

2. 预埋件明细表（单件）的创建

1）用同样的方式，对预埋件明细表（单件）进行创建。统计的类型为建筑专业下的"常规模型"，名称命名为"预埋件明细表（单件）"。添加的字段为"标记""类型注释""注释记号""合计""类型"，使用"类型"作为排序条件，取消勾选"逐项列举每个实例"，在"外观"选项卡下取消勾选"数列前的空行"。在生成的明细表中对构件进行如图 10－14 所示的批量注释。

<预埋件明细表（单件）>				
A	B	C	D	E
标记	类型注释	注释记号	合计	类型
S1	脱模 吊装		4	A25
4			63	C8
5			82	C8
3			63	C8
2			8	C14
1			4	C25
S2	钢筋连接		16	直螺纹套筒
			4	端头锚

图 10－14

2）在"属性"栏中单击"过滤器"后面的"编辑"。设置如图 10－15 所示的过滤条件。排序条件为"标记"。

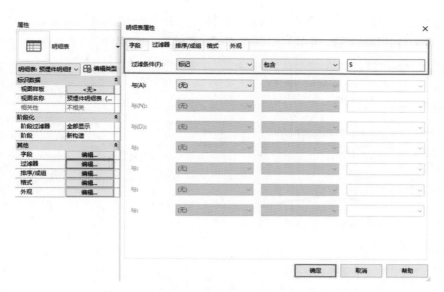

图 10 - 15

3）完成后，明细表如图 10 - 16 所示。

A	B	C	D	E
\<预埋件明细表（单件）\>				
标记	类型注释	注释记号	合计	类型
S1	脱模 吊装		4	A25
S2	钢筋连接		16	直螺纹套筒

图 10 - 16

4）选中不符合出量命名的列标题并直接修改，完成后如图 10 - 17 所示。至此完成了第二个明细表的创建。

A	B	C	D	E
\<预埋件明细表（单件）\>				
名称	功能	图例	合计	规格名称
S1	脱模 吊装		4	A25
S2	钢筋连接		16	直螺纹套筒

图 10 - 17

3. 构件信息明细表的创建

1）用同样的方式，对构件信息明细表进行创建。统计的类型选择结构专业下的"结构框架"，名称命名为"构件信息"，字段选择"参照标高""合计""结构材质""体积"，排序方式选择"参照标高"。在"外观"选项卡下取消勾选"数列前的空行"，完成后如图 10 - 18 所示。

A	B	C	D
构件信息			
参照标高	合计	结构材质	体积
标高 2	1	C35	3.17 m³

图 10 - 18

2）此时单击"属性"栏中"字段"后面的"编辑"，打开"明细表属性"对话框。然后编辑公式，添加一个"重量（吨）"的参数，并赋予它相应的公式，完成后单击"确定"，如图 10 – 19 所示。

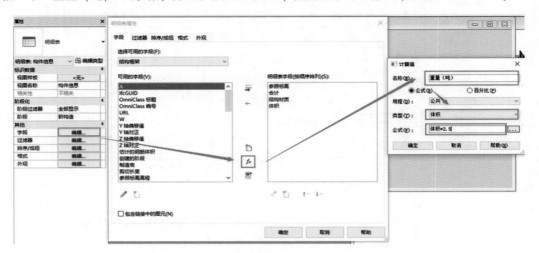

图 10 – 19

规范中设定普通混凝土的表观密度为 1950 ~ 2500kg/m³，此处取最大值。由于 Revit 并没有设置重量类型的参数，此处以"体积"类型作为替代。

3）在"格式"选项卡下，单击字段列表内"体积"字段，在右侧单击"字段格式"，在弹出的对话框中，取消勾选"使用项目设置"并修改"单位符号"为"无"，如图 10 – 20 所示。完成后单击两次"确定"结束编辑。

图 10 – 20

4）选中不符合出量命名的列标题直接修改，完成后明细表如图 10 – 21 所示。至此完成了第三个明细表的创建。

<构件信息>				
A	B	C	D	E
楼层	数量	标号	方量（立方）	重量（吨）
标高 2	1	C35	3.17 m²	7.92

图 10 – 21

4. 创建图纸并完善信息

1）单击"视图"选项卡→"图纸"，新建一张图纸，如图 10 – 22 所示。

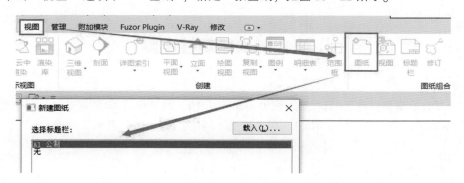

图 10 – 22

2）将三张建好的明细表放在图纸中的右上角。最终效果如图 10 – 23 所示。

图 10 – 23

3）在单体梁构件钢筋明细表与预埋件明细表内，执行"详图线"和"文字"命令，补充完整明细表格的图形文字类元素，如图 10 – 24、图 10 – 25 所示。

预埋件明细表（单件）				
名称	功能	图例	合计	规格名称
S1	脱模吊装		4	A25
S2	钢筋连接		16	直螺纹套筒

图 10 – 24

单体梁构件钢筋料表					
钢筋类型	编号	型号	数量	加工形状尺寸	备注
纵筋	1	C25	4	9400	两头车丝
腰筋	2	C14	8	7770	两头车丝
箍筋	3	C8	63	960 460	
箍筋	4	C8	63	960 190	
拉筋	5	C8	82	40 460 40	

图 10 – 25

> **注意**：本次明细表创建所有数据均已创建并修改至对应模型构件，请在对应配套文件中进行练习。明细表中各项数据均参照图集创建，并与 Revit 软件对应，本书创建方式仅以本书附带模型为准。例如相同类型的钢筋模型，材质、直径及长度属性为重要参数，在材质、直径参数不变时，长度参数被设置为实例参数，因此同一类型会有两个不同编号，此时编号可用实例参数"标记"代替。当属性为类型参数时，可根据实际情况使用类型参数"类型标记"来代替。请根据实际情况使用不同方式创建明细表。

第 2 节　预制柱出量

预制框架柱出量需要统计的信息如图 10 - 26 ~ 图 10 - 28 所示。需要统计"钢筋类型""编号""加工形状尺寸"、"数量""备注"及"重量""标号""功能"等相关数据。

单体构件钢筋料表					
注释	标记	类型	合计	加工形状尺寸	备注
纵筋	1	C25	4	4975	
纵筋	2	C20	16	4975	
箍筋	3	C8	26	630 / 630	
箍筋	4	C8	26	630 / 150	
箍筋	5	C8	78	630 / 180	
吊环	6	A22	2	直径=100　700 700	

图 10 - 26

预埋件明细表				
编号	类型注释	图例	数量	规格
S22	运输吊装	⌐⌐	2	A22
D25	全灌浆套筒	⊕	4	A58
D25	全灌浆套筒	⊕	16	A58
S20	脱模 运输 支撑	▯○	4	M20

图 10 - 27

〈构件信息〉				
A	B	C	D	E
楼层	数量	标号	预制柱/m³	重量/t
AB 二层	1	混凝土，预制	2.19	5.47

图 10 - 28

1. 单体构件钢筋料表的创建

1）打开本书配套文件中提供的 Revit 模型"柱（练习）"，在项目浏览器中右击"明细表/数量"，在弹出的快捷菜单中，选择"新建明细表/数量"，新建明细表，如图 10 – 29 所示。

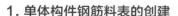

2）在弹出的"新建明细表"对话框中，"类别"列表内选择"常规模型"，并修改"名称"为"单体构件钢筋料表"，如图 10 – 30 所示。

3）单击"确定"后，在弹出的"明细表属性"对话框中"字段"选项卡下"可用的字段"分组内，双击字段添加至右侧"明细表字段"分组中，添加完成后如图 10 – 31 所示。

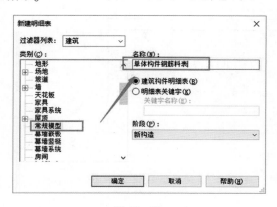

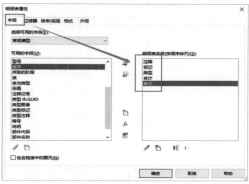

图 10 – 29

图 10 – 30　　　　　　　　　　　　　　　　图 10 – 31

4）在"排序/成组"选项卡下选择"类型"作为排序方式，取消勾选"逐项列举每个实例"，如图 10 – 32 所示。

5）在"外观"选项卡下取消勾选"数据前的空行"，如图 10 – 33 所示。

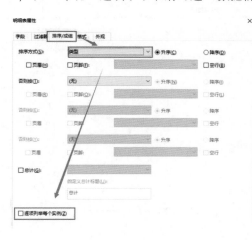

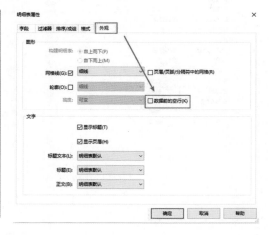

图 10 – 32　　　　　　　　　　　　　　　　图 10 – 33

6）完成后单击"确定"，列表内信息如图 10 – 34 所示。

7）在明细表"注释"和"标记"和"备注"列下相应位置分别输入如图 10 – 35 所示的内容，为构件批量添加参数。

<单体构件钢筋料表>				
A	**B**	**C**	**D**	**E**
注释	标记	类型	合计	备注
		A22	2	
		A58	4	
		A58	16	
		C8	78	
		C8	26	
		C8	26	
		C20	16	
		C25	4	
		M20	4	

图 10 – 34

<单体构件钢筋料表>				
A	**B**	**C**	**D**	**E**
注释	标记	类型	合计	备注
吊环	6	A22	2	
		A58	4	
		A58	16	
箍筋	5	C8	78	
箍筋	4	C8	26	
箍筋	3	C8	26	
纵筋	2	C20	16	
纵筋	1	C25	4	
		M20	4	

图 10 – 35

8）在"属性"栏中单击"过滤器"后面的"编辑"。在弹出的对话框中进行如图 10 – 36 所示的设置。

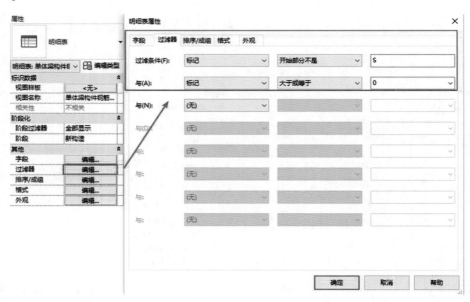

图 10 – 36

9）在"字段"选项卡下单击"新建参数"，在弹出的"参数属性"对话框中进行如图 10 – 37 所示的参数编辑，完成后单击"确定"。

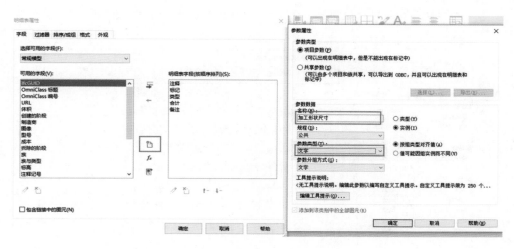

图 10 – 37

10）在"字段"选项卡下单击"↑E"，移动相应字段的位置，并将排序方式修改为"标记"，单击两次"确定"。接着选中不符合出量命名的列标题直接修改，完成后如图 10 – 38 所示。至此完成了第一个明细表的创建。

<单体构件钢筋料表>					
A	B	C	D	E	F
注释	标记	类型	合计	加工形状尺寸	备注
纵筋	1	C25	4		
纵筋	2	C20	16		
箍筋	3	C8	26		
箍筋	4	C8	26		
箍筋	5	C8	78		
吊环	6	A22	2		

图 10 – 38

2. 预埋件明细表的创建

1）用同样的方式，对预埋件明细表进行创建。统计的类型为建筑专业下的"常规模型"，名称命名为"预埋件明细表"。添加的字段为"类型标记""类型注释""合计""类型"，然后在"排序成组"下设置排序条件为"类型"，取消勾选"逐个列项"，在外观选项卡下取消勾选"数列前的空行"并在生成的明细表中对构件进行如图 10 – 39 所示的批量注释。

<预埋件明细表>			
A	B	C	D
类型标记	类型注释	合计	类型
S22	运输 吊装	2	A22
D25	全灌浆套筒	4	A58
D25	全灌浆套筒	16	A58
		78	C8
		26	C8
		26	C8
		16	C20
		4	C25
S20	脱模 运输 支撑	4	M20

图 10 – 39

2）在"属性栏"中单击"过滤器"后面的"编辑"。设置如图 10 – 40 所示的过滤条件。

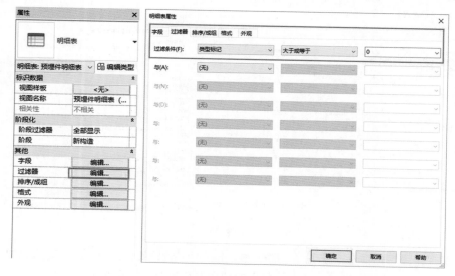

图 10 – 40

3）完成后，明细表如图 10 – 41 所示。

<预埋件明细表>			
A	**B**	**C**	**D**
类型标记	类型注释	合计	类型
S22	运输 吊装	2	A22
D25	全灌浆套筒	4	A58
D25	全灌浆套筒	16	A58
S20	脱模 运输 支撑	4	M20

图 10 – 41

4）在"字段"选项卡下单击"新建参数"，在弹出的"参数属性"对话框中进行如图 10 – 42 所示的参数编辑。

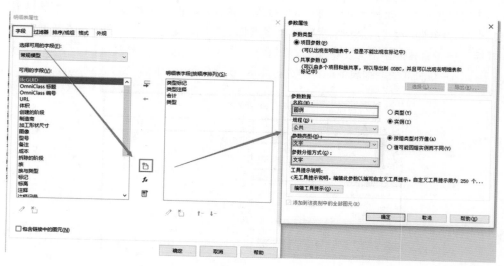

图 10 – 42

5）完成后，在"字段"选项卡下单击"↑E"，移动相应字段的位置。接着选中不符合出量命名的列标题直接修改，完成后如图 10 – 43 所示。至此完成了第二个明细表的创建。

<预埋件明细表>				
A	B	C	D	E
编号	类型注释	图例	但数量	规格
S22	运输 吊装		2	A22
D25	全灌浆套筒		4	A58
D25	全灌浆套筒		16	A58
S20	脱模 运输 支撑		4	M20

图 10 – 43

3. 构件信息明细表的创建

1）用同样的方式对构件信息明细表进行创建。统计的类型选择结构专业下的"结构柱"，名称命名为"构件信息"，字段选择"底部标高""合计""结构材质""体积"，排序方式选择"底部标高"。在"外观"选项卡下取消勾选"数列前的空行"，完成后如图 10 – 44 所示。

<构件信息>			
A	B	C	D
底部标高	合计	结构材质	体积
AB二层	1	混凝土，预制	2.19 ㎡

图 10 – 44

2）单击"属性"栏"字段"后面的"编辑"，打开"明细表属性"对话框，然后编辑公式，添加一个"重量（吨）"的参数，并赋予它相应的公式，如图 10 – 45 所示，然后单击两次"确定"。

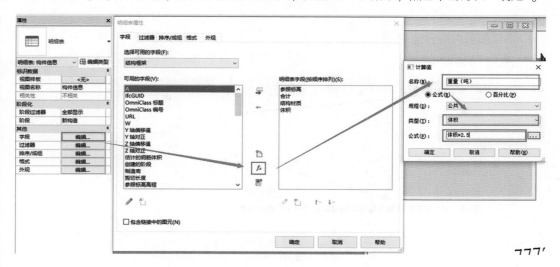

图 10 – 45

规范中设定普通混凝土的表观密度为 1950 ~ 2500kg/m³，此处取最大值。由于 Revit 并没有设置重量类型的参数，此处以"体积"类型作为替代。

3）在"格式"选项卡下，单击字段列表内"体积"字段，在右侧单击"字段格式"，在弹出的对话框中，取消勾选"使用项目设置"并修改"单位符号"为"无"，如图 10 – 46 所示。完成后单击两次"确定"结束编辑。

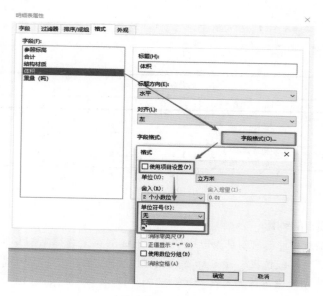

图 10-46

4）接着选中不符合出量命名的列标题直接修改，完成后如图 10-47 所示。至此完成了构件信息明细表的创建。

〈构件信息〉				
A	B	C	D	E
楼层	数量	标号	预制柱/m³	重量/t
AB 二层	1	混凝土，预制	2.19	5.47

图 10-47

4. 创建图纸并完善信息

1）单击"视图"选项卡→"图纸"，新建一张图纸，如图 10-48 所示。

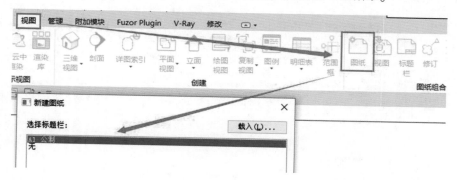

图 10-48

2）将三张建立好的明细表放在图纸中的右上角，最终效果如图 10-49 所示。

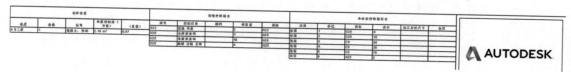

图 10-49

3）在图纸中执行"详图线"和"文字"命令，补充完整明细表格的图形文字类元素。结果如图 10-50、图 10-51 所示。

预埋件明细表				
编号	类型注释	图例	数量	规格
S22	运输吊装	∩	2	A22
D25	全灌浆套筒	⊕	4	A58
D25	全灌浆套筒	⊕	16	A58
S20	脱模 运输 支撑	▯ ◎	4	M20

图 10-50

单体构件钢筋料表					
注释	标记	类型	合计	加工形状尺寸	备注
纵筋	1	C25	4	4975	
纵筋	2	C20	16	4975	
箍筋	3	C8	26	630 / 630	
箍筋	4	C8	26	630 / 150	
箍筋	5	C8	78	630 / 180	
吊环	6	A22	2	直径=100 / 700 700	

图 10-51

注意：本次明细表创建所有数据均已创建并修改至对应模型构件，请在对应配套文件中进行练习。明细表中各项数据均参照图集创建，并与 Revit 软件对应，本书创建方式仅以本书附带模型为准。例如相同类型的钢筋模型，材质、直径及长度属性为重要参数，在材质、直径参数不变时，长度参数被设置为实例参数，因此同一类型会有两个不同编号，此时编号可用实例参数"标记"代替。当属性为类型参数时，可根据实际情况使用类型参数"类型标记"来代替。请根据实际情况使用不同方式创建明细表。

第 3 节 预制剪力墙出量

预制剪力墙出量需要统计的信息如图 10-52~图 10-54 所示。

配筋表

钢筋类型	钢筋编号	配筋	加工尺寸	备注
竖筋	1	C16	22 ⊢ 2780 ⊣ 248	一端车丝长度 22
竖筋	2	C16	22 ⊢ 2780 ⊣ 248	一端车丝长度 22
水平筋	3	C8	80 ⌐ 3050 ⌐ 80	
拉筋	4	C6	60 ⌐ 130 ⌐ 60	

图 10 – 52

预埋件明细表

编号/图例	名称	规格	数量	备注
MJ3	M12 预埋螺母	A12，L = 70 线耳	2	镀锌螺母
MJ2	M16 预埋螺母	A16，L = 70 线耳	6	镀锌螺母
0	PC20 线盒	490mm	2	
MJ1	吊钉	5T 吊钉	3	
TT1/TT2	套筒组件	GT16	9	
0	接线盒	75×75×75	3	

图 10 – 53

构件信息

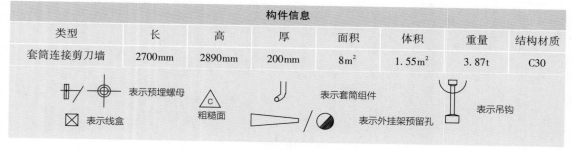

类型	长	高	厚	面积	体积	重量	结构材质
套筒连接剪刀墙	2700mm	2890mm	200mm	8m²	1.55m²	3.87t	C30

图 10 – 54

1. 配筋表的创建

1）打开本书配套文件中提供的 Revit 模型 "墙（练习）"。在 "视图" 选项卡下 "创建" 面板内单击 "明细表" 下拉列表中的 "明细表/数量"，新建明细表，如图 10 –55 所示。

2）在弹出的 "新建明细表" 对话框中，"类别" 列表内选择 "常规模型"，并修改 "名称" 为 "配筋表"，如图 10 – 56 所示。

3）在弹出的 "明细表属性" 对话框中 "字段" 选项卡下 "可用的字段" 分组内，双击字段添加至右侧 "明细表字段" 分组，添加完成后如图 10 – 57 所示。

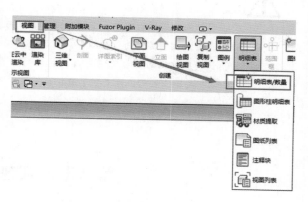

图 10 – 55

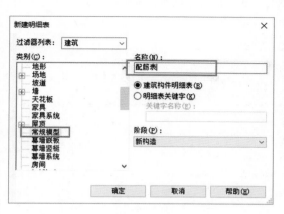

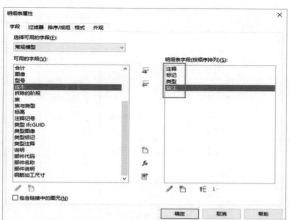

图 10-56　　　　　　　　　　　　　图 10-57

4）在"排序/成组"选项卡下选择"类型"作为排序方式，取消勾选"逐项列举每个实例"，如图 10-58 所示。

5）在"外观"选项卡下取消勾选"数据前的空行"，结果如图 10-59 所示。

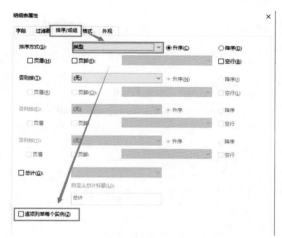

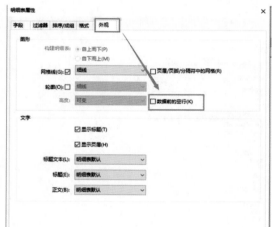

图 10-58　　　　　　　　　　　　　图 10-59

6）完成后单击"确定"，列表内信息如图 10-60 所示。

7）在明细表中"注释"和"标记"和"备注"列下相应位置，分别输入如图 10-61 所示的内容，为构件批量添加参数。结果如图 10-61 所示。

<配筋表>			
A	B	C	D
注释	标记	类型	备注
		C8	
		C16	
		C16	
		M12预埋螺母	
		M16预埋螺母	
		PC20线盒	
		吊钉	
		套筒组件	
		接线盒	
		钢筋拉筋	

<配筋表>			
A	B	C	D
注释	标记	类型	备注
拉筋	5	C6	
水平筋	3	C8	
竖筋	1	C16	一端车丝长度22
竖筋	2	C16	一端车丝长度22
		M12预埋螺母	
		M16预埋螺母	
水平筋	4	PC20线盒	
		吊钉	
		套筒组件	
		接线盒	

图 10-60　　　　　　　　　　　　　图 10-61

8）在"属性"栏单击"过滤器"后面的"编辑"。在弹出的"明细表属性"对话框中进行如图 10 – 62 所示的设置。

图 10 – 62

9）在"字段"选项卡下单击"新建参数"，在新建参数对话框中进行如图 10 – 63 所示的参数编辑。

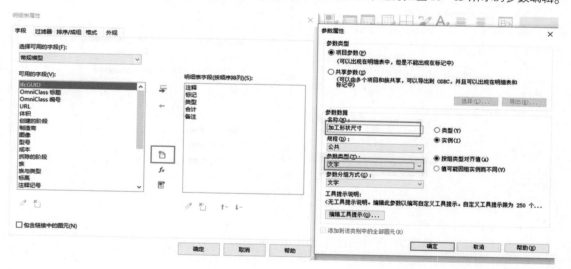

图 10 – 63

10）完成后，在"字段"选项卡下单击"↑E"，移动相应字段的位置，并将排序方式修改为"标记"，单击两次"确定"。接着选中不符合出量命名的列标题直接修改，完成后如图 10 – 64 所示。至此完成了第一个明细表的创建。

<配筋表>				
A	**B**	**C**	**D**	**E**
钢筋类型	钢筋编号	配筋	加工尺寸	备注
拉筋	5	C6		
水平筋	3	C8		
竖筋	1	C16		
竖筋	2	C16		一端车丝长度22
水平筋	4	PC20线盒		一端车丝长度22

图 10 – 64

2. 预埋件明细表的创建

1）用同样的方式，对预埋件明细表进行创建。统计的类型为建筑专业下的"常规模型"，名称命名为"预埋件明细表"，添加的字段为"类型标记""类型""类型注释""合计""备注"。单击"排序/成组"选项卡，使用"类型"作为排序条件，取消勾选"逐项列举每个实例"，在"外观"选项卡下取消勾选"数列前的空行"并在生成的明细表中对构件进行如图 10 – 65 所示的批量注释。注意：此处添加的"0"标记用于后面作为过滤条件。

<预埋件明细表>

A 类型标记	B 类型	C 类型注释	D 合计	E 备注
	C6		76	
	C8		30	
	C16		8	一端车丝长度22
	C16		9	一端车丝长度22
MJ3	M12预埋螺母	A12，L=70线耳	2	镀锌螺母
MJ2	M16预埋螺母	A16，L=70线耳	6	镀锌螺母
0	PC20线盒	490mm	2	
MJ1	吊钉	5T吊钉	3	
TT1/TT2	套筒组件	GT16	9	
0	接线盒	75X75X75	3	

图 10 – 65

2）在"属性"栏中单击"过滤器"后面的"编辑"。设置如图 10 – 66 所示的过滤条件。

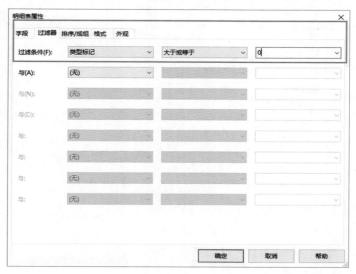

图 10 – 66

3）完成后，选中不符合出量命名的列标题直接修改，完成后如图 10 – 67 所示。至此完成了第二个明细表的创建。

<预埋件明细表>

A 编号/图例	B 名称	C 规格	D 数量	E 备注
MJ3	M12预埋螺母	A12，L=70线耳	2	镀锌螺母
MJ2	M16预埋螺母	A16，L=70线耳	6	镀锌螺母
0	PC20线盒	490mm	2	
MJ1	吊钉	5T吊钉	3	
TT1/TT2	套筒组件	GT16	9	
0	接线盒	75X75X75	3	

图 10 – 67

3. 构件信息明细表的创建

1）用同样的方式，对构件信息明细表进行创建。统计的类型选择建筑专业下的"墙"，字段选择"类型""长度""无连接高度""厚度""面积""体积""结构材质"，排序方式选择"类型"。在"外观"选项卡下取消勾选"数列前的空行"，完成后如图 10 – 68 所示。

<构件信息>						
A	B	C	D	E	F	G
类型	长度	无连接高度	厚度	面积	体积	结构材质
套筒连接剪力墙	2700mm	2890mm	200mm	8 m²	1.55 m³	C30

图 10 – 68

2）单击"属性"栏"字段"后面的"编辑"，打开"明细表属性"对话框。然后编辑公式，添加一个"重量"的参数，并赋予它相应的公式，如图 10 – 69 所示，单击两次"确定"。

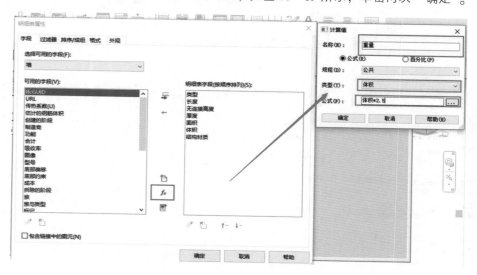

图 10 – 69

规范中设定普通混凝土的表观密度为 $1950 \sim 2500 \mathrm{kg/m^3}$，此处取最大值。由于 Revit 并没有设置重量类型的参数，此处以"体积"类型作为替代。

3）在"格式"选项卡下，单击"字段"列表内"体积"字段，在右侧单击"字段格式"，在弹出的对话框中，取消勾选"使用项目设置"并修改"单位符号"为"无"，如图 10 – 70 所示。完成后单击两次"确定"结束编辑。在"字段"选项卡下单击"↑E"，移动相应字段的位置。

4）选中不符合出量命名的列标题直接修改，完成后如图 10 – 71 所示。至此

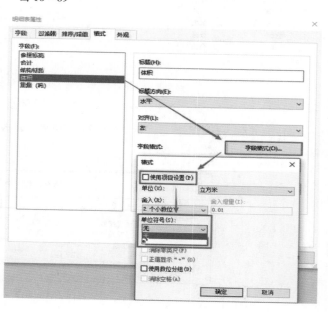

图 10 – 70

完成了第三个明细表的创建。

<构件信息>							
A	B	C	D	E	F	G	H
类型	长	高	厚	面积	体积	重量	结构材质
套筒连接剪力墙	2700mm	2890mm	200mm	8 m²	1.55 m³	3.87	C30

图 10－71

4．创建图纸并完善信息

1）单击"视图"选项卡→"图纸"，新建一张图纸，如图 10－72 所示。

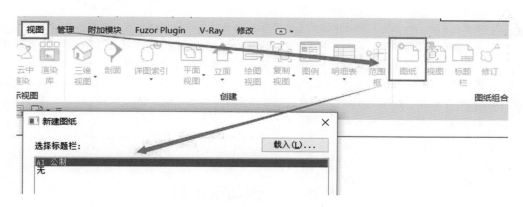

图 10－72

2）将三张建立好的明细表放在图纸中的右上角，最终效果如图 10－73 所示。

图 10－73

3）在图纸中执行"详图线"和"文字"命令，补充完整明细表格的图形文字类元素，结果如图 10－74、图 10－75 所示。

构件信息							
类型	长	高	厚	面积	体积	重量	结构材质
套筒连接剪力墙	2700mm	2890mm	200mm	8m²	1.55m³	3.87t	C30

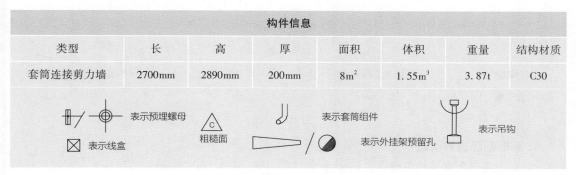

图 10－74

配筋表				
钢筋类型	钢筋编号	配筋	加工尺寸	备注
竖筋	1	C16	22 ┼ 2780 ┼ 248	一端车丝长度22
竖筋	2	C16	22 ┼ 2780 ┼ 248	一端车丝长度22
水平筋	3	C8	80 ⌒ 3050 ⌒ 80	
拉筋	4	C6	60 ⌒ 130 ⌒ 60	

图 10-75

注意：本次明细表创建所有数据均已创建并修改至对应模型构件，请在对应配套文件中进行练习。明细表中各项数据均参照图集创建，并与 Revit 软件对应，本书创建方式仅以本书附带模型为准。例如相同类型的钢筋模型，材质、直径及长度属性为重要参数，在材质、直径参数不变时，长度参数被设置为实例参数，因此同一类型会有两个不同编号，此时编号可用实例参数"标记"代替。当属性为类型参数时，可根据实际情况使用类型参数"类型标记"来代替。请根据实际情况使用不同方式创建明细表。

第4节 预制板出量

预制剪力墙出量需要统计的信息如图 10-76 所示。

底板配筋表			
编号	类型	钢筋加工尺寸	合计
1	A8	3100	19
2	A8	2330	11
3	桁架	2120 〈〈〈〈〈〉	3

图 10-76

构件信息			
类型	结构加强板体积	重量	结构加强板材质
叠合板	0.68m³	1.69t	C30

图 10-77

1. 底板配筋表的创建

1）打开本书配套文件中提供的 Revit 模型"板（练习）"。在"视图"选项卡下"创建"面板内，单击"明细表"下拉列表中的"明细表/数量"，新建明细表，如图 10-78 所示。

2）在弹出的"新建明细表"对话框中，"类别"列表内选择"常规模型"，并修改"名称"为"底板配筋表"，如图 10 - 79 所示。

3）在弹出的"明细表属性"对话框中"字段"选项卡下"可用的字段"分组内，双击字段添加至右侧"明细表字段"分组，添加完成后如图 10 - 80 所示。

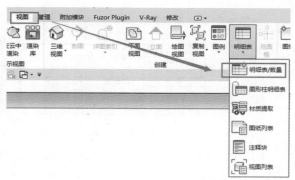

图 10 - 78

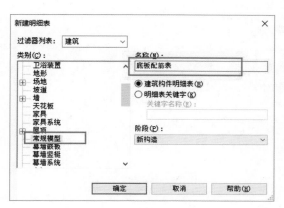

图 10 - 79

图 10 - 80

4）在"排序/成组"选项卡下选择"类型"作为排序方式，取消勾选"逐项列举每个实例"，如图 10 - 81 所示。

5）在"外观"选项卡下取消勾选"数据前的空行"，结果如图 10 - 82 所示。

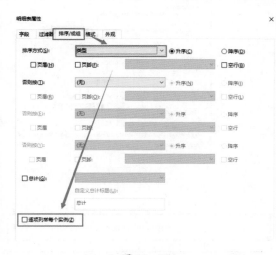

图 10 - 81

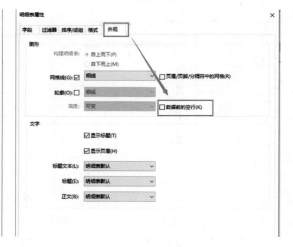

图 10 - 82

6）完成后单击"确定"，列表内信息如图 10 - 83 所示。

7）在明细表中"注释"和"标记"和"备注"列下相应位置分别输入如图 10 - 84 所示的内

容，为构件批量添加参数，结果如图 10 – 84 所示。

<底板配筋表>		
A	B	C
标记	类型	合计
	A8	11
	A8	19
	桁架	3

图 10 – 83

<底板明细表>		
A	B	C
标记	类型	合计
2	A8	11
1	A8	19
3	桁架	3

图 10 – 84

8）在"属性"栏中单击"过滤器"后面的"编辑"。过滤条件的设置如图 10 – 85 所示。

图 10 – 85

9）在"字段"选项卡下单击"新建参数"，在"参数属性"对话框中进行如图 10 – 86 所示的参数编辑。

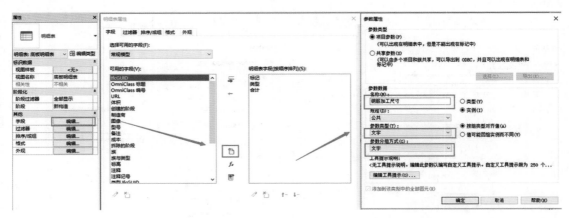

图 10 – 86

10）完成后，在"字段"选项卡下单击"↑ E"，移动相应字段的位置，并将排序方式修改为"标记"，单击两次"确定"。接着选中不符合出量命名的列标题直接修改，完成后如图 10 – 87 所示。至此完成了第一个明细表的创建。

<底板配筋表>			
A	B	C	D
标记	类型	钢筋加工尺寸	合计
2	A8		11
1	A8		19
3	桁架		3

图 10 – 87

2. 构件信息明细表的创建

1）用同样的方式，对构件信息明细表进行创建。统计的类型选择结构专业下的"结构加强板"，名字命名为"构件信息"。字段选择"类型""结构加强板体积""结构加强板材质"，排序方式选择"类型"。在"外观"选项卡下取消勾选"数列前的空行"，完成后如图 10-88 所示。

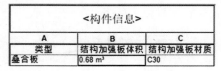

<构件信息>		
A	B	C
类型	结构加强板体积	结构加强板材质
叠合板	0.68 m³	C30

图 10-88

2）单击"属性"栏"字段"后面的"编辑"，打开"明细表属性"对话框，编辑公式，添加一个"重量"的参数，并赋予它相应的公式，如图 10-89 所示，单击两次"确定"。

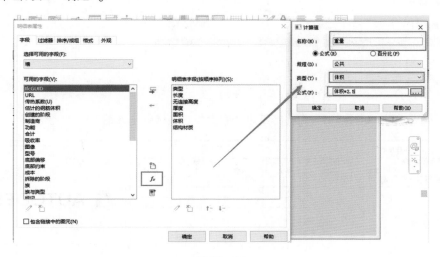

图 10-89

规范中设定普通混凝土的表观密度为 $1950 \sim 2500 \text{kg/m}^3$，此处取最大值。由于 Revit 并没有设置重量类型的参数，此处以"体积"类型作为替代。

3）在"格式"选项卡下，单击"字段"列表内"体积"字段，在右侧单击"字段格式"按钮，在弹出的对话框中，取消勾选"使用项目设置"并修改"单位符号"为"无"，如图 10-90 所示，完成后单击两次"确定"结束编辑。在"字段"选项卡下单击"↑E"，移动相应字段的位置。

4）选中不符合出量命名的列标题直接修改，完成后如图 10-91 所示。至此完成了第二个明细表的创建。

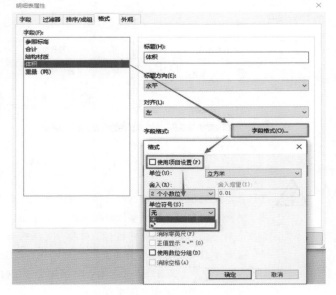

图 10-90

<构件信息>			
A	B	C	D
类型	结构加强板体积	重量	结构加强板材质
叠合板	0.68 m³	1.69 t	C30

图 10-91

3. 创建图纸，完善信息

1）单击"视图"选项卡→"图纸"，新建一张图纸，如图 10－92 所示。

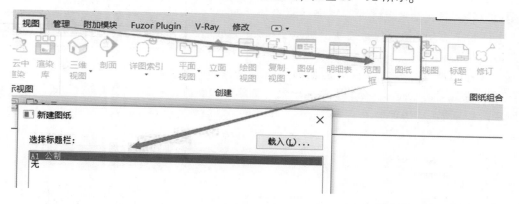

图 10－92

2）将两张张建立好的明细表放在图纸中的右上角，最终效果如图 10－93 所示。

构件信息				底板配筋表				
类型	结构加强板体积	重量	结构加强板材质	标记	类型	钢筋加工尺寸	合计	
叠合板	0.68 m³	1.69t	C30	1	A8		19	
				2	A8		11	
				3	桁架		3	

图 10－93

3）在图纸中"底板配筋表"表格中，"钢筋加工尺寸"列下执行"详图线"命令绘制各类型钢筋示意图，绘制结果如图 10－94 所示。执行"文字"命令，创建符号以及完善注释，效果如图 10－94 所示。

构件信息				底板配筋表				
类型	结构加强板体积	重量	结构加强板材质	标记	类型	钢筋加工尺寸	合计	
叠合板	0.68 m³	1.69t	C30	1	A8	⎯⎯⎯	19	
				2	A8	⎯⎯⎯	11	
				3	桁架	⋀⋁⋀⋁	3	

注：叠层板起吊时使用桁架钢筋，图中未标明的位置采用六点吊装。

图 10－94

 注意： 本次明细表创建所有数据均已创建并修改至对应模型构件，请在对应配套文件中进行练习。明细表中各项数据均参照图集创建，并与 Revit 软件对应，本书创建方式仅以本书附带模型为准。例如相同类型的钢筋模型，材质、直径及长度属性为重要参数，在材质、直径参数不变时，长度参数被设置为实例参数，因此同一类型会有两个不同编号，此时编号可用实例参数"标记"代替。当属性为类型参数，可根据实际情况使用类型参数"类型标记"来代替。请根据实际情况使用不同方式创建明细表。

第 5 节　预制楼梯出量

预制楼梯出量需要统计的信息如图 10 – 95 ~ 图 10 – 97 所示。需要统计"钢筋类型""编号"
"钢筋加工尺寸""数量""备注"及"重量""标号""功能"等相关数据。

钢筋料表						
钢筋类型	编号	型号	数量	钢筋加工尺寸		备注
纵筋	1	12mm/钢筋 – HRB400	10	1120　4280　105		
纵筋	2	8mm/钢筋 – HRB400	7	945　4280　265　100		
纵筋	3	12mm/钢筋 – HRB400	10	390　465		
纵筋	4	8mm/钢筋 – HRB400	7	1260　460		
分布筋	5	8mm/钢筋 – HRB400	46	1270		
孔加强筋	6	10mm/钢筋 – HRB400	12	400　D=100		
孔加强筋	6	12mm/钢筋 – HRB400	2	400　D=100		
加强箍筋	7	8mm/钢筋 – HPB300	7	280　210		
加强箍筋	8	8mm/钢筋 – HRB400	8	280　210		

图 10 – 95

预埋信息表（单块）				
编号	功能	图例	数量	规格
MB	栏杆埋件	⬡	3	$100 \times 100 \times 8$
MG20	脱模、运输	⬡	4	$L = 150$
MT20	吊装	▭	4	$L = 250$

图 10 – 96

构件信息				
楼层	数量	标号	预制梁/m³	预制梁/t
俯视图	1	C35	0.91	2.26

图例说明：◁ 键槽　◁ 粗糙面　◁ 装配方向

图 10 – 97

在统计之前需要依据钢筋料表中的"钢筋类型""编号"列的内容逐一对所有钢筋构件进行"注释"和"标记"（钢筋类型对应注释，编号对应标记）。

1. 钢筋料表的创建

1）打开本书配套文件中提供的 Revit 模型"楼梯（练习）"，新建明细表，如图 10 - 98。

2）在弹出的"新建明细表"对话框中，"类别"列表内选择"常规模型"，并修改"名称"为"钢筋料表"，如图 10 - 99 所示。

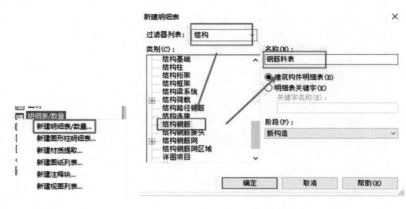

图 10 - 98　　　　　　　　　　　　　图 10 - 99

3）在弹出的"明细表属性"对话框中"字段"选项卡下"可用的字段"分组内，双击字段添加至右侧"明细表字段"分组，添加完成后如图 10 - 100 所示。

4）在"排序/成组"选项卡下选择"类型"作为排序方式，取消勾选"逐项列举每个实例"，如图 10 - 101 所示。

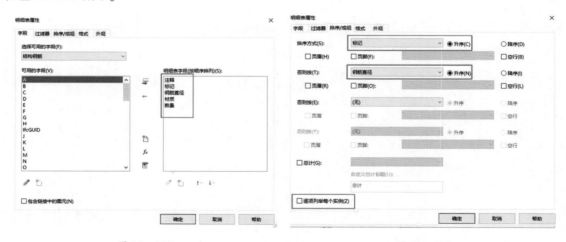

图 10 - 100　　　　　　　　　　　　　图 10 - 101

5）在"外观"选项卡下取消勾选"数据前的空行"，结果如图 10 - 102 所示。

6）在"格式"选项卡下选择"数量"，对它进行"计算总数"命令操作，如图 10 - 103 所示。

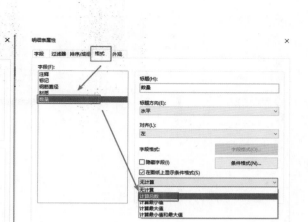

图 10 – 102　　　　　　　　　　　　　图 10 – 103

7）完成后单击"确定"，列表内信息如图 10 – 104 所示。

<钢筋料表1>

A	B	C	D	E
注释	标记	钢筋直径	材质	数量
纵筋	1	12 mm	钢筋 - HRB400	10
纵筋	2	8 mm	钢筋 - HRB400	7
纵筋	3	12 mm	钢筋 - HRB400	10
纵筋	4	8 mm	钢筋 - HRB400	7
分布筋	5	8 mm	钢筋 - HRB400	46
孔加强筋	6	10 mm	钢筋 - HRB400	12
孔加强筋	6	12 mm	钢筋 - HRB400	2
加强箍筋	7	8 mm	钢筋 - HPB300	7
加强箍筋	8	8 mm	钢筋 - HRB400	8

图 10 – 104

8）在"字段"选项卡下单击"新建参数"，在对话框中进行如图 10 – 105、图 10 – 106 所示的参数编辑。

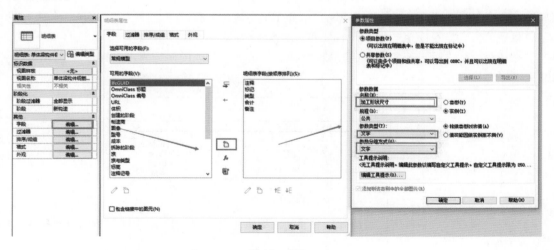

图 10 – 105

图 10 – 106

9）完成后，在"字段"选项卡下单击"↑E"，移动相应字段的位置。接着选中不符合出量命名的列标题直接修改，完成后如图 10 – 107 所示。至此已经完成了第一个明细表的创建。

<钢筋料表>

A	B	C	D	E	F
钢筋类型	编号	型号	数量	钢筋加工尺寸	备注
纵筋	1	12 mm/钢筋 - HRB400	10		
纵筋	2	8 mm/钢筋 - HRB400	7		
纵筋	3	12 mm/钢筋 - HRB400	10		
纵筋	4	8 mm/钢筋 - HRB400	7		
分布筋	5	8 mm/钢筋 - HRB400	46		
孔加强筋	6	10 mm/钢筋 - HRB400	12		
孔加强筋	6	12 mm/钢筋 - HRB400	2		
加强箍筋	7	8 mm/钢筋 - HPB300	7		
加强箍筋	8	8 mm/钢筋 - HRB400	8		

图 10 – 107

2. 预埋信息表 （单块） 的创建

1）用同样的方式，对预埋信息表（单块）进行创建。统计的类型为建筑专业下的"常规模型"，名称命名为"预埋件信息表（单块）"。添加的字段为"标记""注释""图例""合计""类型"，然后单击"排序成组"选项卡，使用"类型"为排序条件，取消勾选"逐项列举每个实例"，在"外观"选项卡下取消勾选"数列前的空行"。在生成的明细表中对构件进行如图 10 – 108 所示的批量注释。

<预埋信息表 （单块）>

A	B	C	D	E
标记	注释	图例	合计	类型
MB	栏杆埋件		3	100*100*8
MG20	脱模、运输		4	L=150
MT20	吊装		4	L=250
			1	类型 1

图 10 – 108

2）在"属性"栏中单击"过滤器"后面的"编辑"，设置如图 10 – 109 所示的过滤条件，排序条件为标记。

3）完成后，明细表如图 10 – 110 所示。

图 10－109

＜预埋信息表（单块）＞				
A	B	C	D	E
标记	注释	图例	合计	类型
MB	栏杆埋件		3	100*100*8
MG20	脱模、运输		4	L=150
MT20	吊装		4	L=250

图 10－110

4）选中不符合出量命名的列标题直接修改，完成后如图 10－111 所示。至此完成了第二个明细表的创建。

＜预埋信息表（单块）＞				
A	B	C	D	E
编号	功能	图例	数量	规格
MB	栏杆埋件		3	100*100*8
MG20	脱模、运输		4	L=150
MT20	吊装		4	L=250

图 10－111

3. 构件信息明细表的创建

1）用同样的方式，对构件信息明细表进行创建。统计的类型选择结构专业下的"结构框架"，名称命名为"构件信息"。字段选择"标高""合计""材质""体积"，排序方式选择"参照标高"。在"外观"选项卡下取消勾选"数列前的空行"，完成后如图 10－112 所示。

2）单击"属性"栏中"字段"后面的"编辑"，打开"明细表属性"对话框，然后

＜构件信息＞			
A	B	C	D
标高	合计	材质	体积
俯视图	1	C35	0.91 m²
俯视图	1		0.00 m²
俯视图	1		0.00 m²
俯视图	1		0.00 m²
俯视图	1		
俯视图	1		
俯视图	1		
俯视图	1		
俯视图	1		0.00 m²
俯视图	1		0.00 m²
俯视图	1		0.00 m²
俯视图	1		0.00 m²

图 10－112

编辑公式，添加一个"重量（吨）"的参数，并赋予它相应的公式，单击"确定"，如图10-113所示。

规范中设定普通混凝土的表观密度为 $1950 \sim 2500 \mathrm{kg/m^3}$，此处取最大值。由于 Revit 并没有设置重量类型的参数，此处以"体积"类型作为替代。

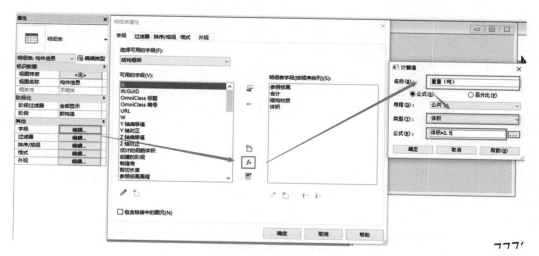

图 10-113

3）在"格式"选项卡下，单击"字段"列表内"体积"字段，在右侧单击"字段格式"，在弹出的对话框中，取消勾选"使用项目设置"并修改"单位符号"为"无"，如图 10-114 所示。完成后单击两次"确定"结束编辑。

4）完成后如图 10-115 所示。

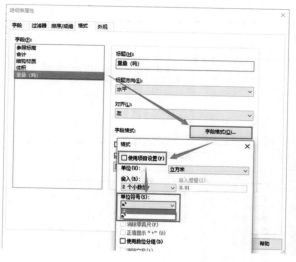

图 10-114

<构件信息>				
A	B	C	D	E
标高	合计	材质	体积	预制梁（重量）
俯视图	1	C35	0.91 m²	2.26
俯视图	1		0.00 m²	0.00
俯视图	1		0.00 m²	0.00
俯视图	1		0.00 m²	0.00
俯视图	1			
俯视图	1			
俯视图	1			
俯视图	1		0.00 m²	0.00
俯视图	1		0.00 m²	0.00
俯视图	1		0.00 m²	0.00
俯视图	1		0.00 m²	0.00

图 10-115

5）接下来我们来设置如图 10-116 所示，设置过滤条件。

6）选中不符合出量命名的列标题直接修改，完成后如图 10-117 所示。至此完成了第三个明细表的创建。

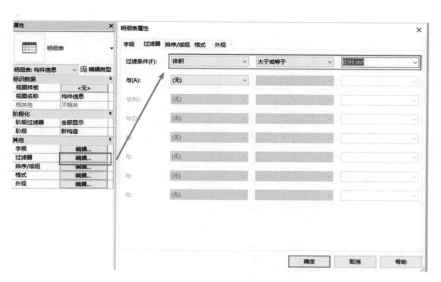

图 10 – 116

<构件信息>				
A	B	C	D	E
楼层	数量	标号	预制梁（方量）	预制梁（重量）
俯视图	1	C35	0.91 m³	2.26

图 10 – 117

4.创建图纸并完善信息

1）单击"视图"选项卡→"图纸"，新建一张图纸。

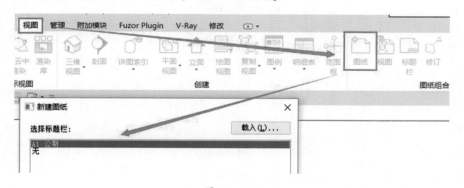

图 10 – 118

2）将三张建立好的明细表放在图纸中的右上角。最终效果如图 10 – 119 所示。

图 10 – 119

3）在图纸中单体梁构件钢筋明细表与预埋信息表（单块）内，执行"详图线"和"文字"命令，补充完整明细表格的图形文字类元素，如图 10 – 120 ~ 图 10 – 122 所示。

钢筋类型	编号	型号	数量	钢筋加工尺寸	备注
			钢筋料表		
纵筋	1	12mm/钢筋 – HRB400	10	1120 4280 105	
纵筋	2	8mm/钢筋 – HRB400	7	945 4280 265 100	
纵筋	3	12mm/钢筋 – HRB400	10	390 465	
纵筋	4	8mm/钢筋 – HRB400	7	1260 460	
分布筋	5	8mm/钢筋 – HRB400	46	1270	
孔加强筋	6	10mm/钢筋 – HRB400	12	400 D=100	
孔加强筋	6	12mm/钢筋 – HRB400	2	400 D=100	
加强箍筋	7	8mm/钢筋 – HPB300	7	280 210	
加强箍筋	8	8mm/钢筋 – HRB400	8	280 210	

图 10 – 120

编号	功能	图例	数量	规格
		预埋信息表（单块）		
MB	栏杆埋件		3	$100 \times 100 \times 8$
MG20	脱模、运输		4	$L = 150$
MT20	吊装		4	$L = 250$

图 10 – 121

楼层	数量	标号	预制梁/m³	预制梁/t
		构件信息		
俯视图	1	C35	0.91	2.26

图例说明： ⌐J 键槽 ◁ 粗糙面 ◀ 装配方向

图 10 – 122

注意：本次明细表创建所有数据均已创建并修改至对应模型构件，请在对应配套文件中进行练习。明细表中各项数据均参照图集创建，并与 Revit 软件对应，本书创建方式仅以本书附带模型为准。例如相同类型的钢筋模型，材质、直径及长度属性为重要参数，在材质、直径参数不变时，长度参数被设置为实例参数，因此同一类型会有两个不同编号，此时编号可用实例参数"标记"代替。当属性为类型参数时，可根据实际情况使用类型参数"类型标记"来代替。请根据实际情况使用不同方式创建明细表。

第6节　课后练习

1. 目前装配式结构相对于现浇结构成本普遍偏高，需要在（　　）阶段对装配式结构的工程量进行快速准确地计算，为成本控制做好铺垫。

　A. 决策　　　　　　　B. 设计　　　　　　　C. 生产　　　　　　　D. 施工

2. 下列关于装配式剪力墙结构的算量方法中说法错误的是（　　）。

　A. 可采用软件与手算相结合，进行两种算量方法的功能互补

　B. 在软件中无法设定参数的构件，利用手算方法统计相应的工程量

　C. 因装配式剪力墙结构的钢筋排布与现浇构件的钢筋排布形式大不同，在利用软件进行参数设定时，可根据装配式结构的配筋要求及标准，调整软件中的参数定义

　D. 只通过软件算量，不能计算出正确的工程量

3. 下列说法中错误的选项是（　　）。

　A. 装配式剪力墙结构由预制构件和现浇节点组成，预制构件内和现浇节点处的钢筋排布和做法均与现浇结构有较大的区别，利用 BIM 软件能够快速对两种不同的结构进行计量

　B. 现有的钢筋算量软件只对现浇结构的钢筋量计算较准确，利用 BIM 软件可以精确计算混凝土量

　C. BIM 软件的计量功能强大，能够精确地统计出各类装配式构件的数量，未来造价软件将逐步被 BIM 软件所取代

　D. 现有的算量软件，因部分预埋构件的参数或图形无法在软件中设定，不能直接得到装配式剪力墙结构中预埋件的各类工程量，此时需要 BIM 软件辅助算量

答案：BDC

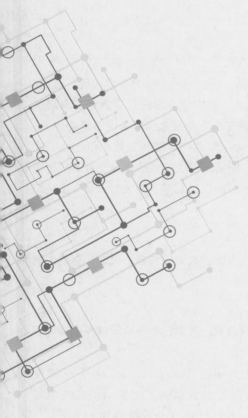

第 4 部分
其他软件介绍

PART 04

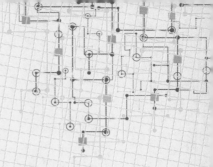

第 11 章　Bentley 装配式 BIM 解决方案

一、方案简介

Bentley 公司是美国的一家工程软件公司。Bentley 软件覆盖建筑、水利、电力、水处理、道路、桥梁、隧道、轨道、工厂等行业。Bentley 装配式 BIM 技术解决方案主要分为民用建筑和工业建筑两个方向。民用建筑与工业建筑在专业方面的不同，主要体现在机电专业上。工业建筑需要高温、高压、高热的管道设计，以及变电站和厂用电气设计。但 Bentley 软件在建筑和民用电气专业的软件易用性、友好性较 Revit 较弱。Revit 创建的模型文件过大，钢筋建模功能也较弱，没有钢筋碰撞检查功能。所以，整合了 Autodesk 和 Bentley 两大 BIM 技术体系的优势功能，开发了"A + B 装配式 BIM 应用技术体系"。

1. 民用建筑装配式 BIM 解决方案流程

基于"A + B 装配式 BIM 应用技术体系"的民用建筑解决方案，其流程和各阶段软件完成内容如图 11 - 1。

2. 工业建筑装配式 BIM 解决方案流程

基于"A + B 装配式 BIM 应用技术体系"的工业建筑解决方案，其流程和各阶段软件完成内容如图 11 - 2 所示。

"A + B 装配式 BIM 应用技术体系"的核心软件是 Bentley ProStructures。这是一款在 Bentley Microstation 软件上开发的混凝土结构和钢结构深化设计 BIM 软件，主要功能包括混凝土构件、钢筋、钢构件、钢结构节点设计，工业级建模，碰撞检查（含钢筋碰撞检查），工程量统计，二维图纸出图，渲染、漫游动画制作等功能。Bentley ProStructures 可以完成 PC 构件加工、模具加工和结构（混凝土结构、钢结构和木结构）深化的一体化、集成式 BIM 设计，如图 11 - 3 所示。

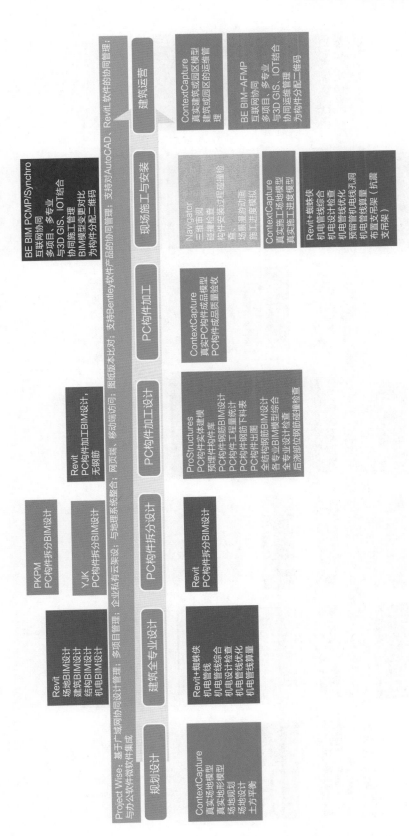

图11-1

Project Wise：基于广域网协同管理；多项目管理；企业私有云架设；与地理系统整合；网页端、移动端访问；图纸版本比对；支持Bentley软件系统集成；与办公软件无缝集成

为构件产品的协同管理；支持AutoCAD、Revit软件的协同管理

规划设计

ContextCapture
真实场地模型
真实地形模型
场地规划
场地设计
土方平衡

建筑全专业设计

OpenPlant Modeler
工业管道
机电管线综合
机电设计检查
机电管线优化
机电管线算量

Substation
工厂电气BIM设计
变电站BIM设计

P&W
仪表BIM设计

BRCM
电缆及桥架敷设BIM设计

Revit
照明电气BIM设计

PC构件拆分设计

PKPM
PC构件拆分BIM设计

YJK
PC构件拆分BIM设计

Revit
PC构件拆分BIM设计

PC构件加工设计

Revit
PC构件加工BIM设计，无钢筋

ProStructures
PC构件实体建模
预埋件构件库
PC构件钢筋BIM设计
PC构件工程量统计
PC构件钢筋下料表
PC构件出图
全结构钢筋BIM设计
各专业BIM模型综合
全专业BIM模型综合
后浇部位钢筋碰撞检查

PC构件加工

BE BIM PCMP/Synchro
互联网协同
多项目、多专业
与3D GIS、IOT结合
协同施工管理
BIM模型变更对比
为构件分配二维码

ContextCapture
真实PC构件成品模型
PC构件成品质量验收

现场施工与安装

Navigator
三维审阅
碰撞检查
构件安装过程碰撞检查
场景漫游动画
施工进度模拟

ContextCapture
真实施工场地模型
真实施工进度模型

OpenPlant Support
布置支吊架BIM设计
支吊架统计
支吊架出图

建筑运营

ContextCapture
真实建筑或园区模型
建筑或园区的运维管理

BE BIM-AFMP
互联网协同
多项目、多专业
与3D GIS、IOT结合
协同运维管理
为构件分配二维码

图 11-2

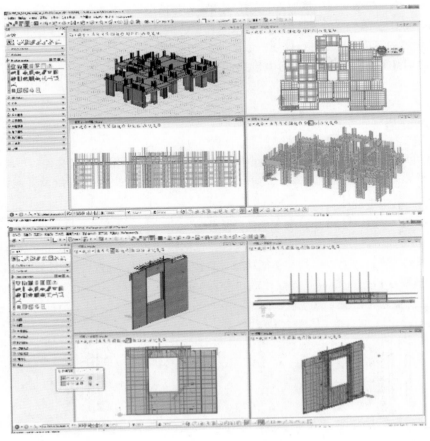

图 11－3

二、技术特点

1) 完整承接 Autodesk Revit 软件创建的 BIM 模型文件, 既可以降低模型交互过程中构件丢失的风险, 也降低了重复建模的成本和风险; 其与其他软件交互的数据格式多达 50 多种, 极大地提高与其他软件的协同工作效率。

2) 创建 BIM 模型文件极小, 一栋 $1000m^2$ 的结构构件及其钢筋的模型大小不超过 5MB, 单个 PC 构件全部模型文件 500KB 左右。因此, 普通配置的计算机即可完成整栋建筑结构深化设计和 PC 构件加工 BIM 模型, 而无须购买高配置的计算机, 从而降低了企业和个人在计算机硬件方面的投资。

3) 具有实体建模、特征建模、网格建模、曲面建模等多种建模模块, 最新版增加了参数化构件建模功能, 可以创建复杂的工业级别模型。

4) 创建钢筋的原理是基于线放样生成钢筋。线形状修改, 钢筋也随着修改。复杂形状的钢筋, 只要能绘制出其形状的线, 就能创建钢筋; 对于复杂形体构件, 如双曲面构件, 只要从模型上提取表面模型, 在表面上按间距布置线, 再拾取全部线即可一步创建钢筋。

5) 通过图层来管理所有构件模型, 如显示或隐藏、显示样式、材质和碰撞检查。尤其是在钢筋碰撞检查过程中, 如柱梁节点处钢筋碰撞, 只需将柱和梁的纵筋分配在不同图层, 让两个图层进行碰撞, 即可精确查找钢筋碰撞点, 过程并不会受到箍筋的干扰。

6）碰撞检查，包括图层碰撞检查、链接碰撞检查和模型组碰撞检查。碰撞检查类型包括软碰撞和硬碰撞。除了普通构件的碰撞检查外，还有真正的钢筋碰撞检查。几百个钢筋碰撞点的检查，若使用普通配置的笔记本电脑进行处理，运算时间仅需一分钟。

7）自动创建钢筋下料表，表格中包括编号、钢筋级别、钢筋形状、各段尺寸、长度和重量等。

三、数据交互

Bentley ProStructures 可以完整承接 Autodesk Revit 软件创建的 BIM 模型文件，与其他软件交互的数据格式多达 50 多种。下面主要介绍 Bentley ProStructures 可以支持的 Revit 文件格式。

1. 建筑、机电专业

iModel for Revit 插件是 Bentley 开发的免费插件。iModel 是一种轻量化数据库文件，可以完整、无损地将 Revit 创建的建筑和机电专业 BIM 文件，包括模型和信息转换成 Bentley 软件标准文件格式但只支持单向传递，且 iModel 模型不能编辑，只能浏览、查询、进行碰撞检查。Revit 建筑、机电专业 BIM 模型与 ProStructures 的单向传递如图 11 - 4 所示。

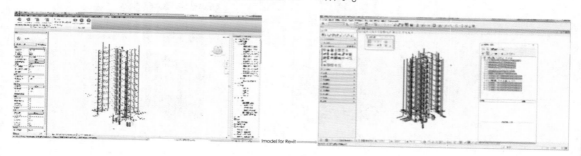

图 11 - 4

2. 结构专业

ISM for Revit 插件是 Bentley 开发的结构构件（混凝土和钢结构）转换的免费插件，只支持标准截面的结构构件转换。ISM 是双向交互的，也可以将 Bentley ProStructures 的结构构件通过 ISM for Revit 插件导入到 Revit 中。经过 ISM 的转换的结构构件在 Revit 和 ProStructures 可以查询、编辑和统计。Revit 结构专业 BIM 模型与 Bentley ProStructures 的双向传递如图 11 - 5 所示。

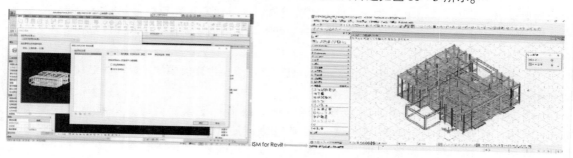

图 11 - 5

3. 复杂构件模型和 PC 构件模型

DWG 实体和 SAT 可以将 Revit 或 Bentley ProStructures 创建的复杂构件模型和 PC 构件模型在二

者之间进行双向交互。DWG 实体是一种可以导出带图层的 SAT 文件；SAT 是一种三维智能实体模型，可以编辑，但没有信息。

图 11 - 6

第 2 节 Bentley 在实际项目中的应用

一、 项目概况

某装配式展览馆，建筑面积 1400m^2，如图 11 - 7 所示。建设单位是江西省朝晖建筑工业化有限公司。

本项目预制率为 50%，PC 构件有外墙、楼板、阳台板、雨篷板和楼梯。其中，外墙为中间带保温层的 PC 三明治外墙。PC 三明治外墙、PC 楼板、PCF 板和 PC 楼梯分别如图 11 - 8 ～图 11 - 11 所示。

图 11 - 7

图 11 - 8　　　　　　图 11 - 9　　　　　　图 11 - 10　　　　　　图 11 - 11

二、 应用内容

1. 施工图设计阶段的 BIM 建模

建筑专业 BIM 模型的建模：按核心层中心创建墙体，门窗构件由族插入墙，链接模型组放置在洞口，如图 11 - 12 所示。

结构专业 BIM 模型的建模：异形边缘构件用矩形结构柱构件拼接创建，墙、梁边到边进行创建，如图 11 - 13 所示。

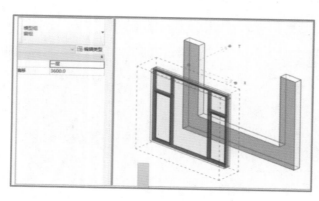

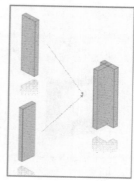

图 11 – 12　　　　　　　　　　　　　　　　　图 11 – 13

机电专业 BIM 模型的建模：贴楼板底敷设的管线，其楼板应考虑叠合楼板厚度。机电专业建模范围包括管道、末端和线管。

2. PC 构件拆分设计阶段的 BIM 建模

PC 构件 BIM 模型的拆分：拆模，不连接，如图 11 – 14 所示。PC 构件 BIM 模型的提取：需预制的构件创建模型组，绑定链接。结构构件拆分关键点：PC 楼板与现浇楼板、PC 梁与现浇梁、PC 柱与现浇柱、PC 墙板与现浇梁。机电构件拆分关键点：管线、末端的高程，末端与 PC 墙板，预留孔洞。

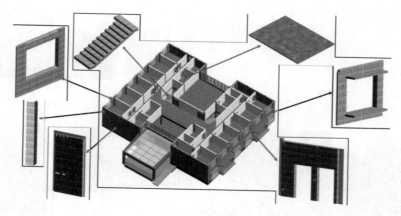

图 11 – 14

3. PC 构件加工设计阶段的 BIM 建模 （不含钢筋）

1）Revit 软件内建族创建 PC 构件加工设计 BIM 模型 （不含钢筋）：适合全 BIM 设计流程。

2）Revit 软件可载入族创建 PC 构件加工设计 BIM 模型 （不含钢筋）：适合翻模。

4. PC 构件加工设计阶段的 BIM 建模 （钢筋建模）

1）在 Revit 中导出 PC 构件 BIM 模型：DWG 实体和 SAT。

2）创建项目的工作空间 （工作环境）。

3）自定义项目样板 （种子） 文件。

4）导入 Revit 创建的 PC 构件模型。

5）PC 构件中各专业构件的分图层放置和构件模型整理。

6）在 Bentley ProStructures 中创建 PC 构件的钢筋 BIM 模型，如图 11 – 15 和图 11 – 16 所示。

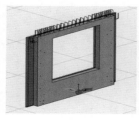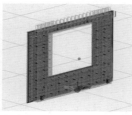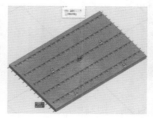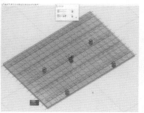

图 11 – 15　　　　　　　　　　　　　　　　图 11 – 16

5. PC 构件加工设计 BIM 模型各专业间的碰撞检查

进行预埋件、非结构构件与混凝土构件的碰撞检查。进行预埋件、非结构构件与钢筋的碰撞检查。接线盒与钢筋碰撞检查如图 11 – 17 所示。

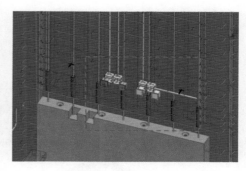

图 11 – 17

6. 输出钢筋下料表用于钢筋自动加工

输出钢筋下料表用于钢筋自动加工如图 11 – 18 所示。

图 11 – 18

7. PC 构件加工设计 BIM 模型工程量统计

PC 构件加工设计 BIM 模型预埋件工程量统计如图 11 – 19 所示，钢筋工程量统计如图 11 – 20 所示。

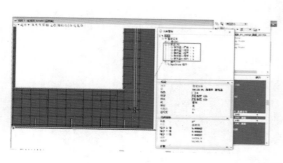
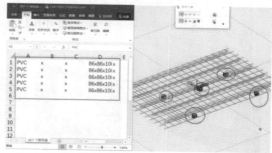

图 11－19

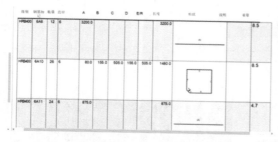
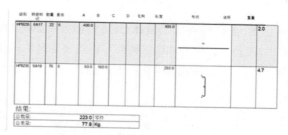

图 11－20

8. PC 构件与模具加工 BIM 设计一体化

PC 构件与模具加工 BIM 设计一体化如图 11－21 所示。

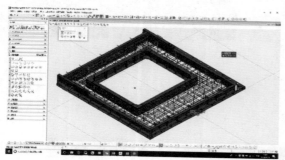
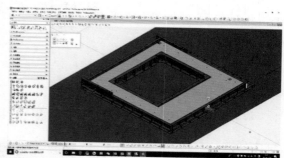

图 11－21

9. 创建 PC 构件加工图

PC 外墙外观图和钢筋布置图如图 11－22 所示。

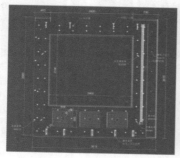
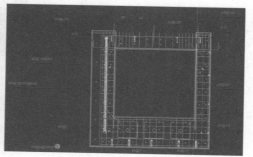

图 11－22

10. 现浇结构构件深化设计 （钢筋） 阶段

从 Revit 中导出现浇结构 BIM 模型，利用 Bentley ProStructures 创建相应的钢筋 BIM 模型，如图 11 –23所示。

图 11 –23

11. 装配标准层各专业构件 BIM 模型

基于项目样板创建标准层总装文件，可组装各专业 BIM 模型，如图 11 –24 所示。

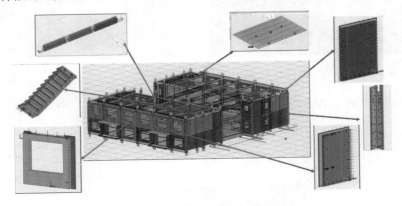

图 11 –24

12. 装配式建筑全专业 BIM 模型碰撞检查

1） 可实现底部标准层与底部转换层之间的连接检查，底部构件的纵向钢筋与上部 PC 构件的连接检查，顶部标准层与屋顶层之间的连接检查，如灌浆套筒与插筋的位置检查 （见图 11 –25）。

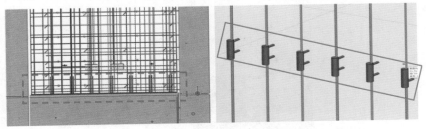

图 11 –25

2） 可实现 PC 外墙板与现浇柱、楼板钢筋以及与 PC 楼板的连接检查，PC 外墙板与结构施工图上梁的冲突检查，PC 外墙板上的管道预留孔洞检查，PC 外墙板上机电预埋与机电施工图的一致性检查，如柱纵筋与 PC 外墙板水平伸出钢筋的碰撞检查 （见图 11 –26），PC 外墙插筋与楼板水平伸出钢筋的碰撞检查（见图11-27），PC外墙插筋与楼板钢筋的碰撞检查（见图11-28），PC外墙盒与装饰专业电气构件的碰撞检查（见图11-29）。

图11-26   图11-27   图11-28   图11-29

3）可实现PC楼板与现浇柱、梁、楼板以及与PC外墙板钢筋的连接检查，PC楼板上的管道预留孔洞检查，PC楼板上机电预埋与机电施工图的一致性检查，如PC楼板预留孔洞与机电管线的碰撞检查（见图11-30），PC楼板预留孔洞与机电专业构件的碰撞检查（见图11-31），PC楼板伸出钢筋与柱纵筋的碰撞检查（见图11-32），PC楼板伸出钢筋与梁纵筋的碰撞检查（见图11-33）。

图11-30   图11-31   图11-32   图11-33

13. 漫游动画（相机路径动画、目标路径动画）

利用 Bentley Navigator，可实现场景漫游，如图11-34所示。

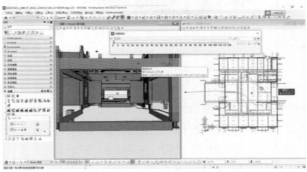

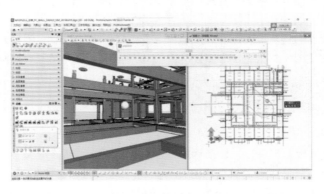

图11-34

14. 施工模拟

利用 Bentley Navigator，可实现施工模拟，如图 11 – 35 所示。

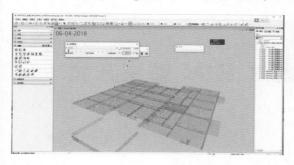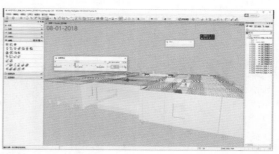

图 11 – 35

三、 应用价值

1）实现了装配式建筑全专业的一体化 BIM 设计，包括建筑、结构、机电、精装修、PC 构件、钢筋、模具等专业和方向。

2）实现了对装配式建筑建设全过程的 BIM 指导和服务，包括施工图、PC 构件拆分、PC 构件加工、模具加工、现浇结构深化、施工模拟。

3）实现了 PC 构件加工、PC 构件模具加工和现浇结构深化的一体化 BIM 设计。

4）实现了对全专业构件模型的碰撞检查，尤其是钢筋的自动碰撞检查。

5）可自动出具钢筋下料表，用于钢筋加工。

6）可根据装配式建筑各专业构件模型进行工程量的统计。

7）可对装配式建筑全专业 BIM 模型进行场景漫游和施工模拟。

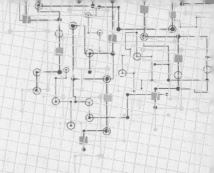

第 12 章　Planbar 装配式 BIM 解决方案

第 1 节　Planbar 解决方案

一、方案简介

Planbar 是应用于装配式建筑行业的 BIM 设计软件，能为自动化设计装配式建筑和细化预制构件提供良好的帮助。其应用范围涵盖简单标准化、复杂专业化等预制件设计，有着快速、高效、零失误等特点。TIM 以三维模型为基础，传递 Planbar 设计数据，为企业所有业务部门集中地提供信息管理、规划等功能，是将 CAD、ERP、生产系统和移动终端连接起来的一体化平台。Planbar 装配式 BIM 解决方案如图 12 - 1 所示。

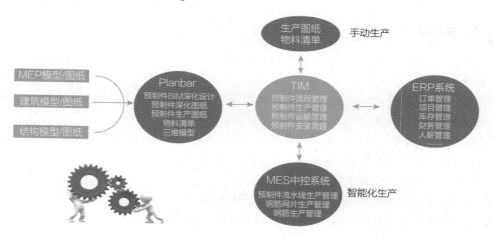

图 12 - 1

二、技术特点

1. 二维/三维的独特结合

Planbar 保留了传统的二维工作方式，在绘制二维平面视图的同时，高效地实现了三维建模工作。之后，在三维模型的基础上进一步创建符合用户要求的二维图纸，从而实现了真正意义上的 BIM 工作流程。

2. 能快速处理大项目数据和图纸

Planbar 支持用户自定义项目的树形结构，如图 12－2 所示，可以便捷、高效地管理项目。Planbar 提供了 9999 个制图文件和 9999 张平面布局图，可以将项目分解为多个小部分，满足稳定、高效地处理大项目数据和图纸的需求。

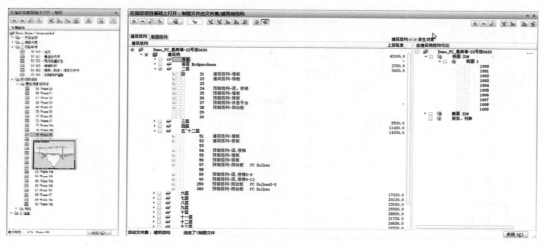

图 12－2

3. 模型轻量化

Planbar 能对模型进行轻量化处理，在保证模型流畅的前提下展示更多的模型，如图 12－3 所示。

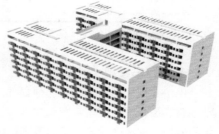

图 12－3

4. 高效创建钢筋模型

Planbar 提供丰富的钢筋形状库，同时支持用户自定义参数创建任意钢筋形状，如图 12－4 所示。此外，Planbar 提供的多样化布筋方法，可高效布置各类复杂构件，提高工作效率。

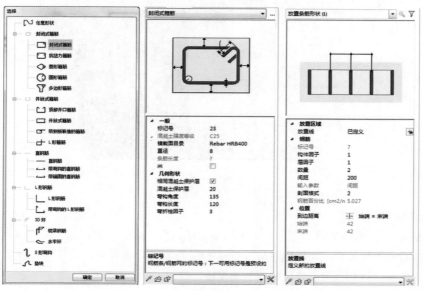

图 12－4

5. 一键出深化图纸

Planbar 内置出图布局库，用户可根据需要自定义图纸的布局排列，如图 12－5 所示。依据构件的三维模型，一键点击即可自动生成二维图纸。图纸上不仅自动提供了预埋件、钢筋的标签和尺寸标注线，还提供了该预制构件的所有物料信息。

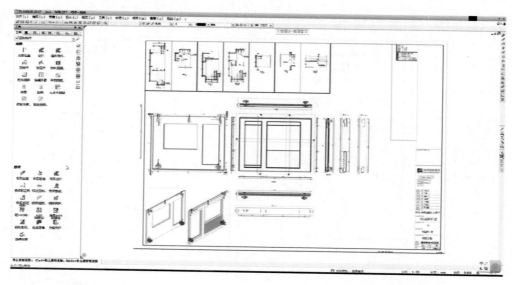

图 12－5

6. 图纸与模型实时联动

用户在图纸中修改构件、预埋件、钢筋的数量、位置、形状等相关信息时，Planbar 后台会自动编辑模型，保证模型与图纸始终一致。同样，修改模型时，图纸也会自动更新。保证了设计图纸的质量，提高了用户的工作效率，如图 12－6 所示。

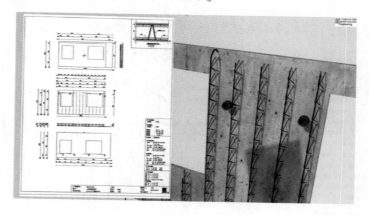

图 12－6

7. 快速创建物料清单

对于 Planbar 的列表发生器、报告、图例三项功能，用户只需一键点击，即可分别以不同的格式快速创建所需的物料清单，如构件清单（见图 12－7）、单个构件物料清单（见图 12－8）、工厂钢筋加工下料单等。用户也可自定义物料清单模板。

构件编号	构件类型	高度	尺寸/m	厚/m	混凝土强度
1	中空夹壁墙	280	6.100×2.800	20	C30
101	中空夹壁墙	280	1.300×2.800	20	C30
201	夹心墙	280	4.850×2.800	20	C30
203	夹心墙	280	4.850×2.800	20	C30
301	夹心墙	280	1.300×2.800	20	C30
304	夹心墙	280	1.300×2.800	20	C30
305	夹心墙	280	3.400×2.800	20	C30
306	夹心墙	280	1.200×2.800	20	C30
403	夹心墙	280	0.900×2.800	20	C30
1001	夹心墙	280	1.499×2.800	20	C30
1002	夹心墙	280	2.800×2.800	20	C30
3001	夹心墙	280	3.450×2.800	20	C30
3002	夹心墙	280	4.000×2.800	20	C30
402	夹心墙	280	3.000×2.800	20	C30
103	夹心墙	280	6.100×2.800	20	C30
104	夹心墙	280	1.300×2.800	20	C30
302	夹心墙	280	6.100×2.800	20	C30
303	夹心墙	280	6.100×2.800	20	C30
401	夹心墙	280	3.000×2.800	20	C30
204	夹心墙	280	3.300×2.800	20	C30
2	夹心墙	280	4.300×2.800	20	C30
2001	夹心墙	280	2.190×2.800	20	C30
2003	夹心墙	280	4.300×2.800	20	C30
2004	夹心墙	280	4.250×2.800	20	C30
4001	夹心墙	280	1.500×2.800	20	C30
2002	夹心墙	280	2.000×2.800	20	C30
4002	夹心墙	280	2.800×2.800	20	C30
202	没有现浇混凝土芯的蓄热墙	280	6.800×2.800	20	C40
3003	没有现浇混凝土芯的蓄热墙	293	2.600×2.930	30	C40
201	没有现浇混凝土芯的蓄热墙	293	7.320×2.930	30	C40
101	没有现浇混凝土芯的蓄热墙	301	4.230×3.010	16	C40
103	没有现浇混凝土芯的蓄热墙	301	5.570×3.010	16	C40
301	没有现浇混凝土芯的蓄热墙	301	2.000×3.010	16	C40
1002	没有现浇混凝土芯的蓄热墙	301	6.480×3.010	16	C40
1003	没有现浇混凝土芯的蓄热墙	301	3.820×3.010	16	C40

图 12－7

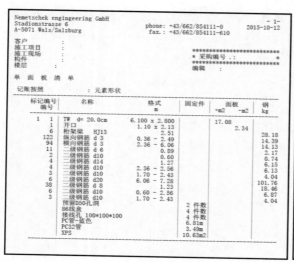

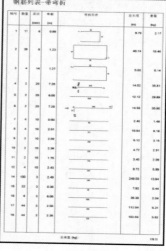

图 12 - 8

8. 为自动化生产设备提供可靠的生产数据

Planbar 所提供的生产数据，可与全球范围内绝大多数自动化流水线进行无缝对接，如图 12 - 9 所示。可将生产数据以 Unitechnik 和 PXML 等格式导出后传递到中控系统，实现工厂流水线的高效运转。

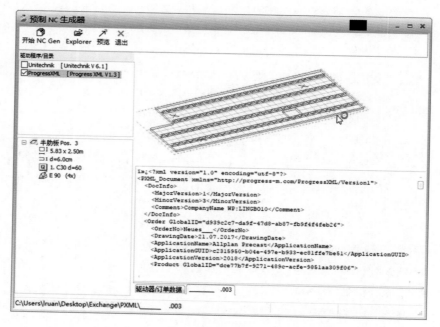

图 12 - 9

9. 为钢筋加工设备提供所需的生产数据

Planbar 可为钢筋加工设备提供需要的生产数据，包括钢筋弯折机需要的 BVBS 数据、钢筋网片焊接机需要的 MSA 数据（MSA 数据甚至支持弯折的钢筋网片的加工生产）等。

10. 碰撞检查

在 Planbar 中，通过对钢筋和钢筋、钢筋和预埋件之间的碰撞检查，用户可以快速发现设计中存在的不合理问题并及时解决，将错误降到最低，最大限度地避免了预制构件返工的风险。

11. 提供 ERP 系统需要的数据

Planbar 中的模型信息能够以 XML 数据格式导出。通过对 XML 数据解析，ERP 系统能够轻松地提取混凝土、钢筋、预埋件的物料信息，如物料名称、编码、数量、单位等。

12. 工业化规划

Planbar 中针对楼板、墙板等预制构件的设计模块，基本满足了目前装配式建筑行业所需要的相关技术参数。参数化设计如图 12 – 10 ~ 图 12 – 12 所示。

图 12 – 10

图 12 – 11

图 12 – 12

13. 提供多种协同工作方式

Planbar 可实现多种协同工作方式。如多个用户可同时在一个项目上进行编辑修改，并实时更新项目的最新状态；用户也可以分别从资源文件夹中下载项目到本地计算机，完成相应编辑修改后再将更新后的版本回传到资源文件夹。

三、数据交互

Planbar 支持 40 种以上的数据交换形式，可快速、简单地将数据信息以用户需要的任意格式导出，如 DXF、DWG、PDF、IFC、SKP、C4D、DGN、3DS、3DM、UNI、PXML 等格式。

第 2 节　Planbar 在实际项目中的应用

一、项目简介

某项目（见图 12 –13）包括 3 栋 11 层和 3 栋 27 层高层住宅（含 1 层地下室），总建筑面积 13 万 m²。项目采用装配整体式剪力墙结构，装配率约为 60%。采用的预制构件类型有预制外墙、预制飘窗、预制叠合板、预制阳台、预制空调板、预制楼梯、预制阳台隔板。

二、应用内容

图 12 – 13

1. 核心设计

本项目的核心设计为墙板的设计。设计人员先在 Planbar 中进行建筑建模，再通过 Planbar 中

"墙体构件设计"命令将建筑墙转化为三明治墙或单明治墙,并用"连接"命令在预制墙体上进行节点拆分,得到各预制墙的三维模型,整个设计过程通过参数设定完成,取消了传统设计画点画线的过程。图 12 - 14 为设计结果展示图。

2. 深化设计

(1) 针对初步深化设计　运用 Planbar 对各种构件进行参数化设计。对于墙、板、梁、柱构件主要通过系统内置"建筑模块"来自动完成;对于异形构件(如阳台、空调板、楼梯等)主要通过"附加工具模块"完成。相关参数设置好以后,开始建立标准层 BIM 模型(见图 12 - 15),最后组合创建完整的 BIM 模型。

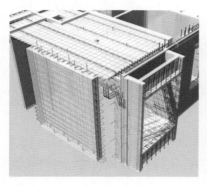
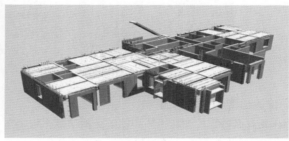

图 12 - 14　　　　　　　　　　　　　　　　图 12 - 15

(2) 针对构件加工图深化设计　如预制墙的设计中,可执行 Planbar "预制构件"模块下的"墙体构件设计"命令对模型中的"建筑墙"进行预制构件化。具体实施步骤如下:

1) 节点构造设计。根据结构数据,从标准节点库引用符合条件的节点完成,预制构件与预制构件、现浇结构之间的标准节点设计。对于非标准节点构造,运用 BIM 参数化设计,完成非标准节点构造的设计,并保存非标准节点构造至节点构造库。

2) 配筋设计。配筋设计主要包括暗柱、梁、剪力墙、板、楼梯等设计。运用 BIM 参数化设计,根据结构图纸,直接选择钢筋型号、数量、弯钩形状和长度,进行配筋设计。对于不同构件的相同配筋,可从标准库直接选择,从而实现一键配筋,大大节省配筋设计所需时间。

当墙布筋及其钢筋形状比较规律时(见图 12 - 16),可使用"钢筋类型"功能进行布筋;当墙体含有窗洞、门洞或较多钢筋形状特殊时,可使用"工程模块"功能进行布筋。

3) 水电预留预埋设计。根据水电施工图的相关要求,建立水电预埋件标准库,可直接在标准库中选择相应埋件,在三维可视化界面中布置埋件,提高了水电预留预埋位置的精准度。

图 12 - 16

4) 吊点设计。通过对构件脱模、起吊等因素的综合考虑,运用 BIM 技术对构件模型进行受力分析,确定吊点位置及吊钉规格,从标准库选择相应规格吊钉进行准确布置。

5) 施工预留预埋设计。施工预留预埋主要包括模板加固预埋、斜支撑固定预埋、外架附着预留预埋、塔式起重机附墙预留预埋、施工电梯附墙预留预埋及其他二次构造预留预埋,如雨棚、空调架等。

3. 碰撞检查

利用 Planbar 碰撞检查功能进行深化设计检查优化，包括：对构件与构件之间、构件与现浇结构之间、构件与施工设施之间的空间关系进行检查；构件内部的钢筋与钢筋之间、钢筋和水电线管之间、钢筋与预埋件之间的空间关系进行检查，如图 12 – 17 所示。

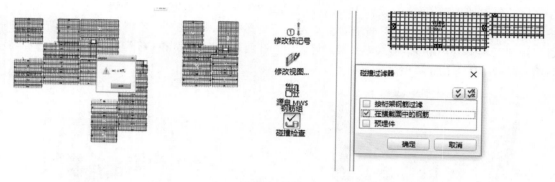

图 12 – 17

4. 快速出图和信息输出

Planbar 具有强大的智能出图和自动更新功能，可根据公司规定定义图纸布局。一般用户可直接选择"元素平面图"功能，框选预制构件，软件自动生成需要的深化设计图纸，然后与模型动态链接，一旦模型数据发生修改，与其关联的所有图纸都将自动更新，最后通过"批处理的元素平面图"命令导出不同格式的图纸（如 PDF、DXF、DWG 等），如图 12 – 18、图 12 – 19 所示。

Planbar 可直接导出生产数据，由数控机床来画图、布置钢筋和预埋件，帮助工人工作。Planbar 设计文件可以生成 BVBS 和 MSA 两种可供机器识别的数据。

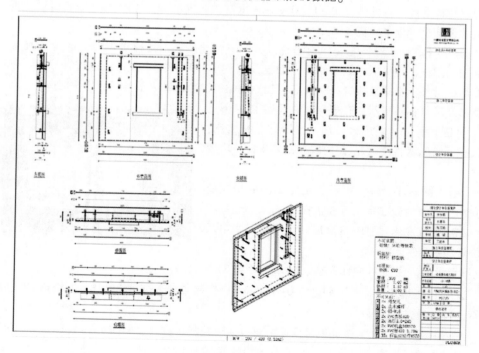

图 12 – 18

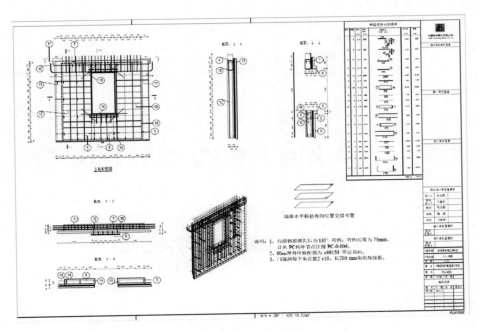

图 12 – 19

5．信息共享

TIM 软件作为一个集成平台，可将 Planbar 中的所有信息（模型、图纸、生产数据、ERP 数据、物料信息等等）零损失地传递到微软 SQL 数据库中，进而实现预制构件的吊装、运输和生产管理。同时，TIM 还可通过集成化服务与第三方平台对接，在网页和移动终端实现模型展示，可实时了解、把控项目进度，管理工作流程，如图 12 – 20 所示。

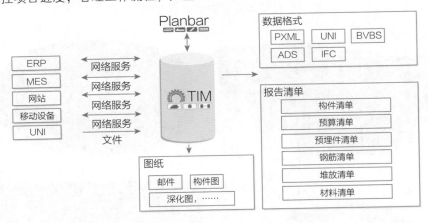

图 12 – 20

三、 应用价值

Planbar 能高效准确地完成预制构件深化设计工作，并且可以将数据完整无损地流通到工厂或其他平台，实现设计，生产，管理一体化。

通过 Planbar 和 TIM，数据可正确地从设计端，传递到生产端，再到管理平台，保证了数据的准确与完整，大大提高了设计、生产、施工及管理效率。

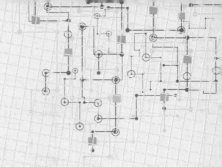

第 13 章　Trimble 装配式 BIM 解决方案

第 1 节　Trimble 解决方案

一、方案简介

Trimble（天宝）公司是美国的一家工程软件公司。Trimble BIM 软件主要有 SketchUp、Tekla Structures、Vico Office 等。SketchUp 软件中文名为草图大师，国内建筑行业常用于做建筑方案、规划和景观专业设计，拥有大量的建筑、结构、机电、算量等专业插件，用户数和市场占有率仅次于 AutoCAD 软件。Tekla Structures 是一款钢结构和混凝土结构深化设计 BIM 软件，包括钢构件、钢结构节点、混凝土构件、钢筋和 PC 构件等专业模块；Vico Office 是一款施工管理软件，包括模型综合、三维审阅、版本比对、进度管理、碰撞检查、工程算量、漫游动画等功能。Trimble 官网展示的部分案例如图 13 - 1 所示，装配式 BIM 解决方案流程如图 13 - 2 所示。

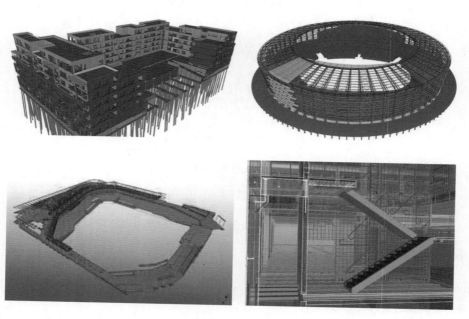

图 13 - 1

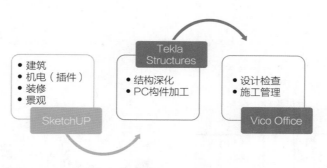

图 13 - 2

Trimble 装配式 BIM 应用技术体系中，核心软件是 Tekla Structures，主要功能包括混凝土构件、钢筋、钢构件、钢结构节点、碰撞检查（含钢筋碰撞检查）、工程量统计、二维图纸、渲染、漫游动画等功能。

二、技术特点

1）可以实现 PC 构件加工、简单模具加工和结构（混凝土结构、钢结构）深化的一体化、集成式 BIM 设计。

2）创建的 BIM 设计数据可直接与工厂生产线实现对接。

3）创建的 BIM 设计数据可以通过 Trimble 公司的放样机器人与施工现场实地测量数据进行关联，将 BIM 设计数据带到施工现场。

三、数据交互

Trimble BIM 软件数据交互格式较少，其创建的 BIM 模型可以经由 Import From Tekla To Revit 插件导入到 Revit 中。

第 2 节　Trimble 在实际项目中的应用

一、项目概况

某个项目采用装配整体式剪力墙体系，预制率 32%，预制构件种类包括外墙、内墙、叠合楼板和楼梯，如图 13 - 3、图 13 - 4 所示。

图 13 - 3

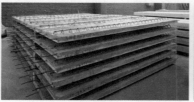

图 13 - 4

二、 应用内容

通过 Tekla Structures，可实现以下应用。

1）构件拆分，如图 13 - 5 所示。

2）封闭阳台预制，如图 13 - 6 所示。

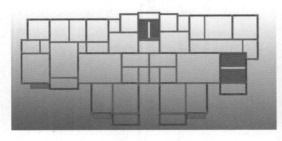
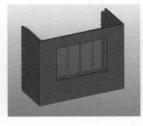

图 13 - 5 　　　　　　　　　　　　　　　图 13 - 6

3）现浇层转预制层连接。通过现浇层预埋插筋，预制层预留灌浆套筒实现连接，如图 13 - 7 所示。

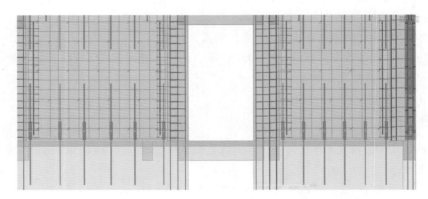

图 13 - 7

4）标准层墙板与墙板连接，如图 13 - 8 所示。

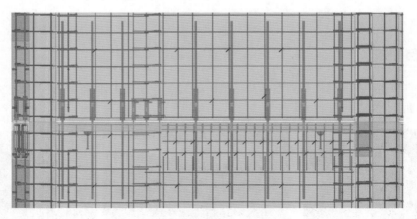

图 13 - 8

5）标准层柱与柱连接，如图 13 - 9 所示。

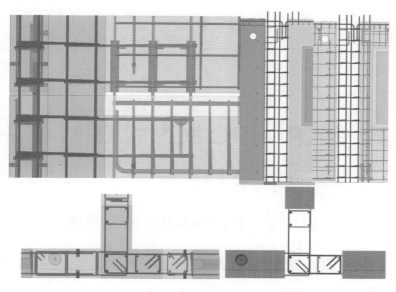

图 13 – 9

6）现浇梁与预制梁、墙板连接，如图 13 – 10 所示。

图 13 – 10

7）设备管线预埋，如图 13 – 11 所示。
8）幕墙及窗副框预埋，如图 13 – 12 所示。

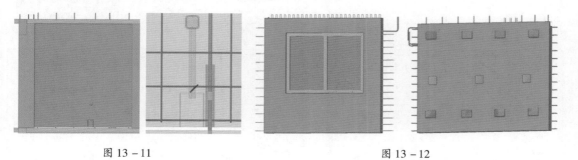

图 13 – 11　　　　　　　　　　　　　　图 13 – 12

三、　应用价值

1）实现 PC 构件加工、PC 构件模具加工和现浇结构深化的一体化 BIM 设计。
2）实现了对全专业构件模型的碰撞检查，尤其是钢筋的自动碰撞检查。
3）可自动出具钢筋下料表，用于钢筋加工。
4）可根据装配式建筑各专业构件模型进行工程量的统计。

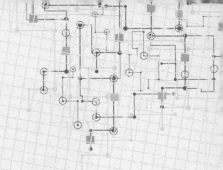

第 14 章　PKPM-PC 装配式 BIM 解决方案

第 1 节　PKPM-PC 解决方案

一、方案简介

中国建筑科学研究院基于"十三五"国家重点研发计划项目《基于 BIM 的预制装配建筑体系应用技术》（项目编号：2016YFC0702000），在国内首创了基于自主 PKPM-BIM 系统的装配式建筑全产业链集成应用体系，建立了符合我国装配式建筑特点的 BIM 数据标准化描述、存取与管理架构，实现了数据共享和协同工作，如图 14-1 所示。

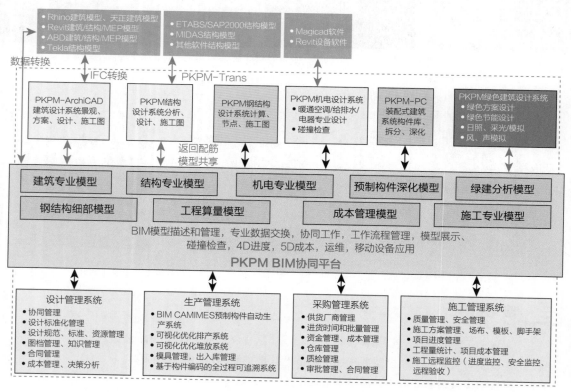

图 14-1

PKPM-PC 作为项目成果中设计阶段的应用软件，按照装配式建筑全产业链集成应用模式研发，在 PKPM-BIM 平台下实现了预制部品部件库的建立、构件拆分与预拼装、全专业协同设计、构件深化与详图生成、碰撞检查、材料统计等功能，设计数据可直接接力到生产加工设备，从而提高设计效率和质量。

二、　技术特点

PKPM-PC 软件具备以下技术特点。

1．提供开放的标准化预制构件库

程序内置满足国标要求的构件库及附件库，按照模数化与标准化理念建立标准构件库，为装配式设计与生产加工提供基础单元，包括各种结构体系的墙、板、楼梯、阳台、梁、柱等，同时还支持各类异形构件的自定义创建、布置和统计（见图 14 – 2）。

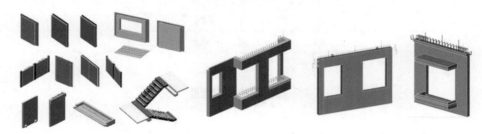

图 14 – 2

2．满足设计院应用流程的主线功能

1）灵活的拆分方式，快速确定拆分方案。通过多种建模方式完成装配式 BIM 模型的建立。根据运输尺寸、吊装重量、模数化要求，自动完成构件拆分，根据国标设计规范要求完成自动设计（见图 14 – 3）。

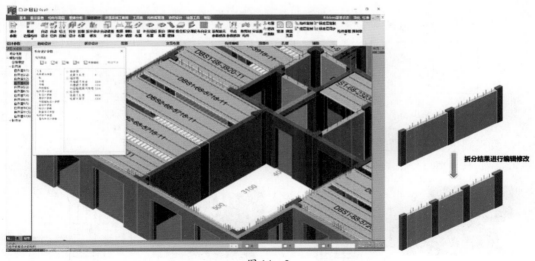

图 14 – 3

2）结构整体分析与设计。针对装配式结构完成现浇部分地震内力放大、现浇部分与预制部分承担的规定水平力地震剪力百分比统计、叠合梁纵向抗剪计算、构件接缝处的受剪承载力计算等。

3）接力结构分析结果，自动生成符合审图要求的计算书及施工图（见图 14 – 4）。

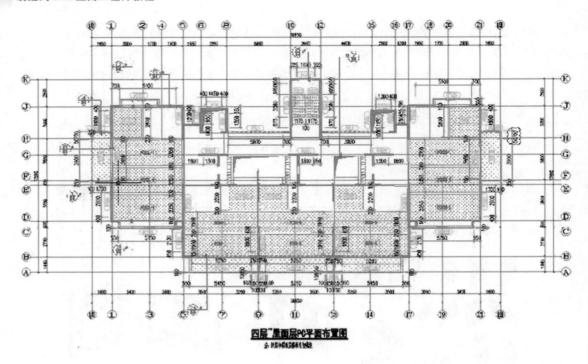

图 14 – 4

4）按照规范要求进行构件验算及生成相应计算书。

5）由模型自动生成相应构件清单列表（见图 14 – 5）。

3#，4#，5#楼预制楼板清单

序号	浇筑单元	图示	规格（W×D×H）/洞口尺寸	墙体竖向投影面积（m²）	墙体外表面积（m²）	重量（kg）	体积（m³）	单元数	层数	总体积（m³）
1	PCB-1L		200*615*2630	1.617	4.533	485	0.19	1	16	3.04
2	PCB-1R		200*615*2630	1.617	4.533	485	0.19	1	16	3.04

图 14 – 5

3. 实现高效、高质量的深化设计

1）梁、柱节点可提供多种避让方式，如图 14 – 6 所示。

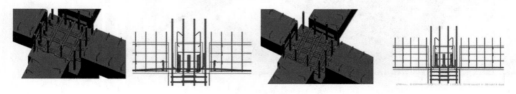

图 14 – 6

2）机电专业孔洞预留、管线预埋。通过提资机电专业模型，可以在预制构件中自动生成水暖孔洞及电气预埋条件，如图 14 – 7 所示。

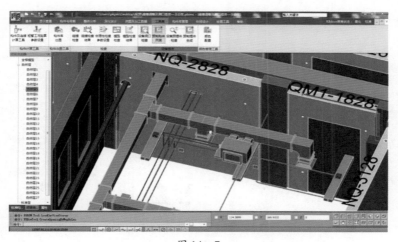

图 14 - 7

3）构件、钢筋碰撞检查。可以实现专业间碰撞检查及预制构件间的钢筋碰撞检查（见图 14 - 8）。

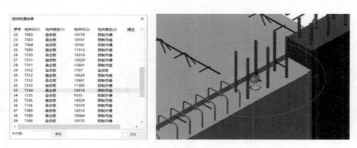

图 14 - 8

4）自动出全楼构件加工图纸。装配式项目需要细化每个预制构件深化图纸，详图工作量大。借助软件中的"详图"模块，可自动生成满足加工要求的详图图纸，并可保证模型与图纸的一致性，既能够提高设计效率，又能够提高构件深化图纸的精度，减少错误（见图 14 - 9 ~ 图 14 - 11）。

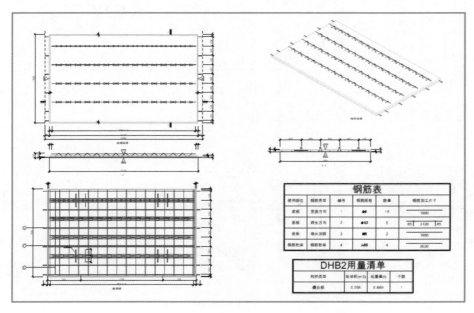

图 14 - 9

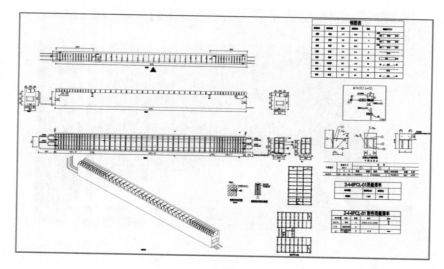

图 14 – 10

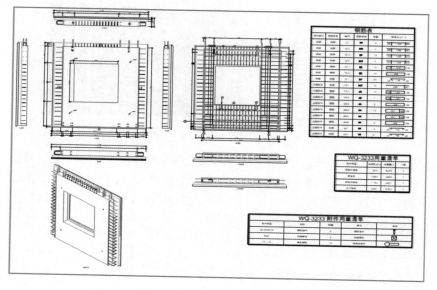

图 14 – 11

5）内置通用节点库，方便用户直接调用选取（见图 14 – 12）。

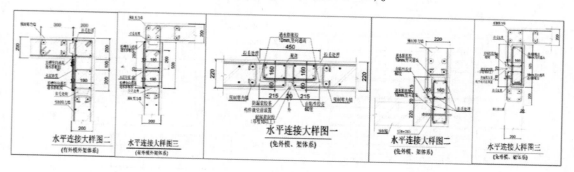

图 14 – 12

4.模型数据可接力数控加工（CAM）

BIM 模型数据直接接力工厂数控加工设备，自动进行钢筋分类、机械加工、构件边模及钢筋摆放、管线开孔画线定位、混凝土智能浇筑等工作，实现构件无纸化加工，提升生产效率（见图 14 - 13）。

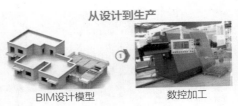

从设计到生产

BIM设计模型　　　　数控加工

图 14 - 13

三、数据交互

PKPM-BIM 系统采用统一的开放数据交换标准，解决了不同软件之间的数据交换问题。系统支持多种格式的数据交换方式，以 IFC、FBX 数据格式为主，可与国内外多款 BIM 设计软件实现数据信息的对接。在数据交换的过程中，可以尽可能保证信息的完整性和一致性，以实现 BIM 信息数据的最大化应用价值（见图 14 - 14）。

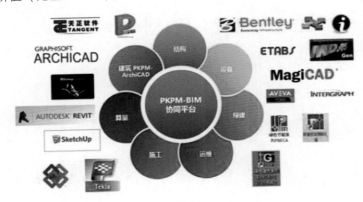

图 14 - 14

第2节　PKPM-PC 在实际项目中的应用

一、项目概况

下面以某新建厂房工程项目为例进行介绍。

本项目装配式建筑面积的比例为 100%，建筑单体预制装配率不低于 40%。根据《沪建管联〔2015〕417 号》第四条规定，装配式建筑面积按建筑单体计算，暂不包括小型配套附属设施，如垃圾房、配电房等面积。根据《沪建建材联〔2016〕24 号》文第三条规定，3#楼、4#楼为配套用房，可以不采用装配式建筑，其余建筑 1#楼、2#楼须采用装配式建筑。装配体系为装配整体式框架结构体系。预制构件主要由预制柱、预制梁、预制板、预制楼梯等组成，单体预制装配率不低于 40%。下面以 1#楼为例进行介绍。

1#楼建筑层为 6 层，建筑高度 27.200m，建筑面积 5102.91m²，耐火等级二级，抗震设防烈度为七度。结构体系采用装配整体式框架结构，保温形式为内保温。预制构件类型包括预制柱、叠合梁、叠合板；装配范围是 1 ~ 5 层（见图 14 - 15）。

图 14 - 15

二、应用内容

本项目采用 PKPM-BIM 系统，实现了装配式建筑全专业协同的设计流程，具体工作流程如图 14 - 16 所示。

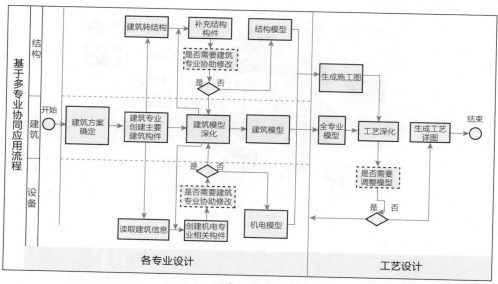

图 14 - 16

在设计过程中，对于各专业模型的建模深度进行了统一定义，确保项目信息的有效利用，避免过度建模。模型最终成果达到 LOD350 的精度要求（见图 14 - 17）。

序号	信息内容	阶段深度		
		方案设计阶段	初步设计阶段	施工图设计阶段
1	结构体系的初步模型表达、结构设缝、主要结构构件布置	√	√	√
2	结构层数，结构高度	√	√	√
3	主体结构构件：结构梁、结构板、结构柱、结构墙、水平及竖向支撑等的布置及截面		√	√
4	空间结构的构件基本布置及截面，如桁架、网架的网格尺寸及高度等		√	√
5	基础的类型及尺寸，如桩、筏板、独立基础等		√	√
6	主要结构洞定位、尺寸		√	√
7	次要结构构件深化：楼梯、坡道、排水沟、集水平坑等			√
8	次要结构构件深化：楼梯、坡道、排水沟、集水平坑等			√
9	建筑围护体系的结构构件布置			√
10	钢结构深化			√

序号	信息内容	阶段深度		
		方案设计阶段	初步设计阶段	施工图设计阶段
1	项目结构基本信息，如设计使用年限，抗震设防烈度，抗震等级，设计地震分组，场地类别，结构安全等级，结构体系等	√	√	√
2	构件材质信息，如混凝土强度等级，钢材强度等级	√	√	√
3	结构荷载信息，如风荷载、雪荷载、温度荷载、楼面恒活荷载等		√	√
4	构件的配筋信息钢筋构造要求信息，如钢筋锚固、截断要求等			√
5	防火、防腐信息			√
6	对采用新技术、新材料的做法说明及构造要求，如耐久性要求、保护层厚度等			√
7	其他设计要求的信息		√	√

图 14 - 17

在交付成果时，除各专业项目模型外，还包括模拟分析报告、碰撞检查报告、工程量清单等各类 BIM 应用形成的成果文件，也包括由三维建筑信息模型输出的二维图纸和三维视图（见图14－18）。

序号	内容	软件	交付格式	备注
1	模型成果文件	PKPM-BIM	*.pbims	
2	浏览审核文件	Navigator	*.imodel	
3	媒体文件		*.mp4	
4	图片文件		*.jpeg	
5	办公文件	Office	*.docx	

图 14－18

以下分专业进行概述。

1. 建筑专业

1）创建三维可视化模型并进行渲染，快速实现方案的设计与优化（见图14－19）。

2）精细化细部设计，实现装配式建筑部品布置（见图14－20）。

图 14－19

图 14－20

3）模型快速生成平立剖图及大样图，确保信息一致（见图14－21）。

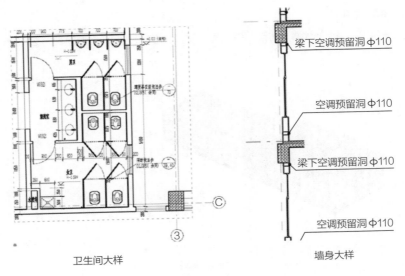

卫生间大样　　　　　　　　墙身大样

图 14－21

4）工程量清单统计自动生成，准确、及时（见图 14 – 22）。

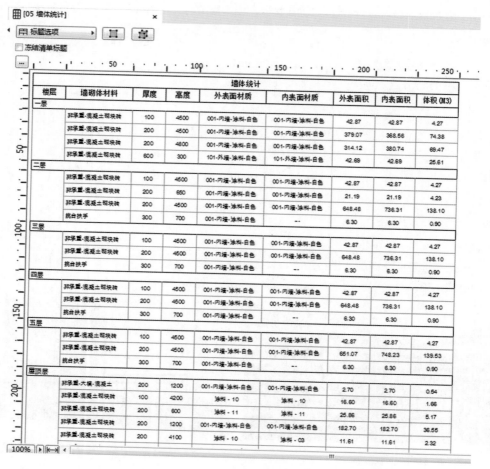

图 14 – 22

2. 结构及装配式专业

1）模型创建完成，接力计算分析，实现满足规范的抗震设计（见图 14 – 23）。

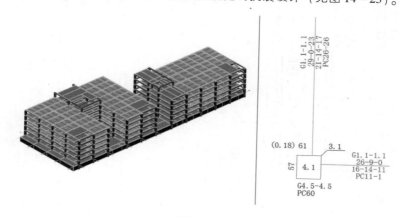

图 14 – 23

2）对构件进行智能化拆分，实现装配式预制率指标的快速统计（见图 14 – 24）。

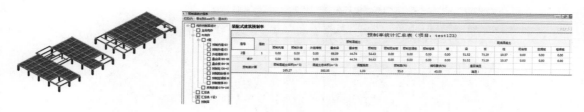

图 14－24

3）进行构件及节点深化设计，实现钢筋避让（见图 14－25）。

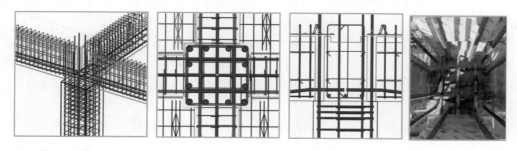

图 14－25

4）生成图纸及计算书，满足规范及校审要求（见图 14－26）。

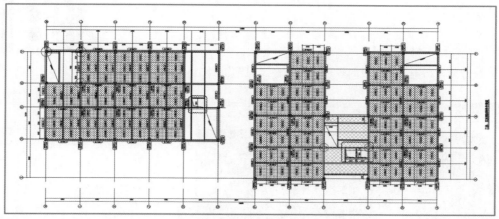

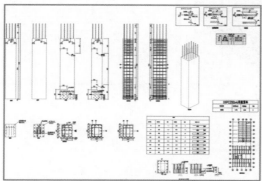

图 14－26

5）机电提资开洞、预埋等条件可得到及时反馈和自动处理（见图 14－27）。

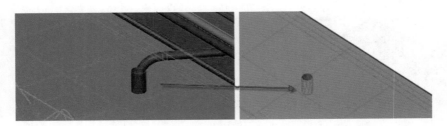

图 14-27

6）装配式构件及材料清单由模型自动生成，数据及时准确，对接生产需要（见图 14-28）。

材料统计清单（项目：用户案例一）

浇筑单元	类型	材料	体积/m³	重量/kg	钢筋重量/kg	合计重量/kg
PCL-1-1	预制梁		1.64	4.09	282.42	286.51
附件	材料	附件单重(kg)	每构件数量	每构件总重(kg)	每构件合计重量(kg)	
MGB_25-锚固板			10		0.00	
浇筑单元数量	1		浇筑单元总重量(kg)	286.51	附件总重量（kg）	0.00

图 14-28

3. 机电专业

1）可实现设备的三维建模，并进行可视化排布管线（见图 14-29）。

2）对多专业集成模型进行空间碰撞分析。查漏补缺，优化净空（见图 14-30）。

3）统计全楼机电材料，及时获取工程用量（见图 14-31）。

图 14-29

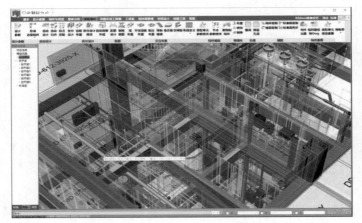

图 14-30

图 14-31

三、 应用价值

本项目全程采用 PKPM-BIM 系统，在设计过程中将 PKPM-PC 与 BIM 技术深度融合，对精装点位设置、管线预埋、钢筋埋件等部位进行碰撞检查，规避常规设计各专业独立进行，相互间缺乏有效沟通，带来施工碰撞的问题，对项目的吊装、成本、质量和后期运维具有重要指导意义。各专业利用 BIM 模型和信息化技术均实现了较好的应用价值。

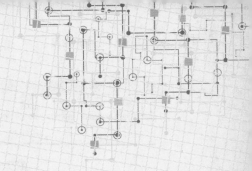

第15章 YJK 装配式 BIM 解决方案

第1节 YJK-AMCS 解决方案

一、方案简介

YJK-AMCS 是一款基于 BIM 技术开发的全产业链装配式结构设计软件系统。该系统采用双平台协同设计模式：一方面搭载结构分析能力强大的 YJK 平台，实现装配式结构整体计算、预制构件拆分定义、专项验算、图纸深化及参数化管理等工作；另一方面搭载目前普及程度较高的 Revit 平台，实现 BIM 全专业协同设计工作。两平台之间通过深度的数据协同管理实现 BIM 数据的无缝链接和高度集成。

同时，开源的数据库可与企业管理系统、数字机床生产线及高校仿真实验室等下游系统实现数据交互和集成管理，完善了产业链各个环节，可满足装配式结构设计、生产、施工的不同需求，如图 15-1 所示。

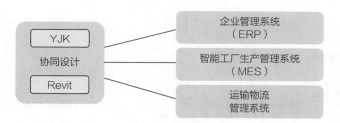

图 15-1

YJK-AMCS 依据《装配式混凝土结构技术规程》（JGJ 1-2014）及《装配式混凝土结构连接节点构造》（G310-1~2）图集进行开发，支持北京《装配式剪力墙结构设计规程》（DB 11/1003-2013）和上海《装配整体式混凝土公共建筑设计规程》（DGJ 08-2154-2014）等地方规程。

YJK-AMCS 提供了 PC 构件的脱模、运输、吊装过程中的单构件计算，整体结构分析及相关内力调整，构件及连接设计功能；可实现三维构件拆分、施工图及详图设计、构件加工图、材料清单、多专业协同、构件预拼装、施工模拟与碰撞检查、构件库建立等功能；能与工厂生产管理系统集成，对接预制构件信息和数字机床生产线。设计大概流程如下：

1）在上部结构建模模块实现预制构件的指定和预制率统计（见图 15-2）。

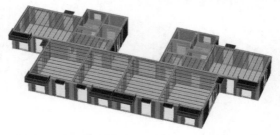

图 15 – 2

2）在上部结构计算模块实现整体计算设计（见图 15 – 3）。

3）在施工图模块实现预制构件的编辑、专项验算、深化图纸设计功能，并生成三维模型（见图 15 – 4 ~ 图 15 – 7）。

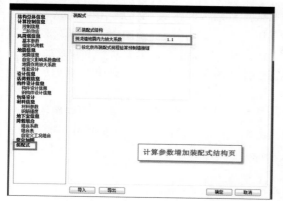

图 15 – 3

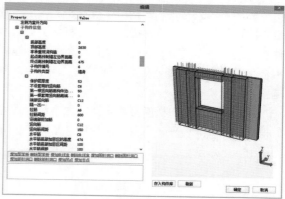

图 15 – 4

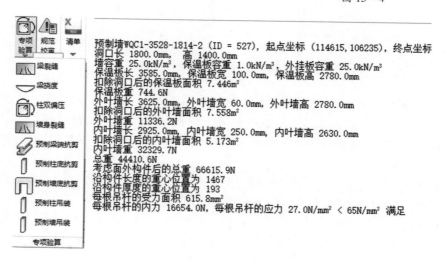

图 15 – 5

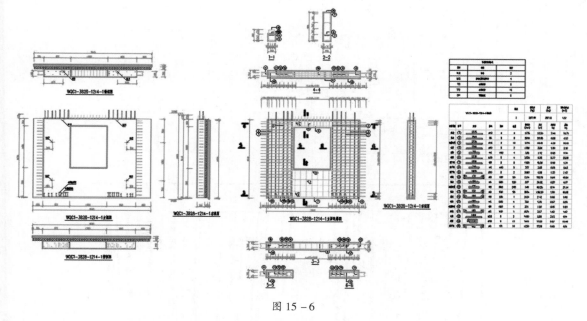

图 15-6

4）在 Revit 下实现 BIM 全专业协同设计（见图 15-8）。

图 15-7　　　　　　　　　　　　　　图 15-8

二、技术特点

1. 可自动设计的预制构件类型多、种类齐全

YJK-AMCS 可自动设计的预制构件的类型包括叠合楼板、预制柱、预制梁、预制剪力墙、预制楼梯、预制阳台、预制空调板、预制外挂板、填充墙等。

2. 智能化设计效率高

（1）初步设计阶段　YJK-AMCS 在建模阶段指定预制构件，可在指定预制构件后即时进行预制率的统计。建模指定预制构件和上部结构计算的相关功能可完全满足装配式建筑初步设计阶段的各项要求。

（2）深化设计阶段　每一类预制构件的拆分与合并可根据结构布置情况智能进行，自动设计效率高，人工干预方便。YJK-AMCS 对预制构件还会进行施工阶段验算和吊装验算，并给出详细的计算书。

3. 不断深化专业设计的内容

1）少规格多组合，提高重复利用率。叠合板计算完成后，可自动实现对叠合板规格、叠合板房间编号的归并；预制梁、柱、剪力墙构件指定后，程序自动完成选筋及构件归并，如图 15-9 所示。

2）完成规范要求的连接形式，如图 15-10 所示。

3）达到加工深度的构件加工详图，如图 15-11 所示。

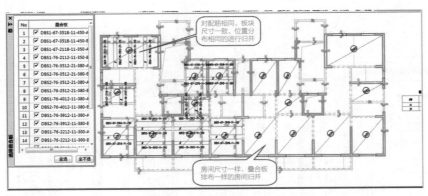

图 15 – 9

图 15 – 10

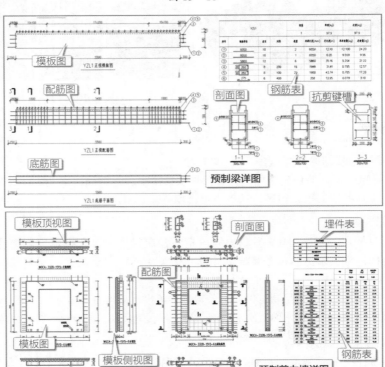

图 15 – 11

4. 完整的三维模型数据管理

YJK-AMCS 会给出所有预制构件详细的三维模型信息，可实现三维构件碰撞检查、构件安装动画演示等功能。

1）三维构件信息的参数化管理。可对用户已布置或修改过的预制构件实现随时入库管理，并能根据需求在构件库中进行钢筋及几何参数的任意修改，实现不同工程间的构件调用，如图 15 – 12 所示。

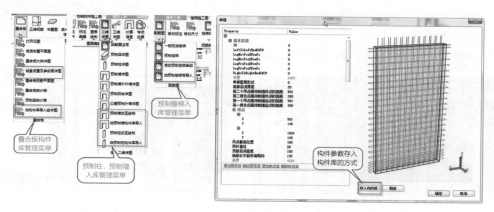

图 15 – 12

2）三维模型展示，如图 15 – 13 所示。

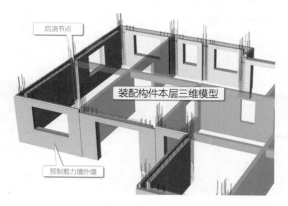

图 15 – 13

3）三维碰撞检查，如图 15 – 14 所示。

4）三维构件安装动画演示，如图 15 – 15 所示。

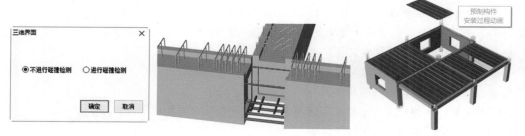

图 15 – 14　　　　　　　　　　　　　　　　　　　　图 15 – 15

5. Revit 平台下的全专业协同设计

一方面，YJK-AMCS 可在 Revit 平台配合各类应用软件进行协同设计；另一方面，可同时提供 Revit 下的建筑设计软件 Revit-YJKA 和机电专业设计系列软件。

图 15 – 16

（1）建筑设计软件 Revit-YJKA　Revit-YJKA 为在 Revit 平台下开发的建筑设计软件，其特点是：

1）帮助建模，如图 15 – 16 所示。

2）布置构件智能、高效，如图 15 – 17 所示。

3）快速进行建筑平、立、剖面图标注，如图 15 – 18 所示。

图 15 – 17

图 15 – 18

4）族库丰富。

5）数据格式开放，可对接其他建筑模型数据。

6）建筑、结构专业间可智能转换。

（2）机电设计系列软件（见图 15 – 19）包括 Revit 版采暖通风设计 YJK-V For Revit、给排水设计 YJK-W For Revit、电气专业设计 YJK-E For Revit。

图 15 – 19

三、数据交互

1. YJK 与 Revit 平台的数据交互

Revit-YJKS 协同设计平台是 YJK-AMCS 系统中的重要组成部分，该平台可实现 YJK 与 Revit 模型数据的互通互联和实时共享，真正实现双平台协同设计。

2. YJK 与各种下游软件的数据交互

1）给出预制构件明细表，可与构件厂加工管理系统对接，如图 15 – 20 所示。

2）预制构件信息和数字机床自动生产线的对接，如与 Planbar 进行对接。

3）YJK 与 AutoCAD 的数据交互。

①读入 dwg 格式的结构平面布置图并转化成各层平面布置。

②读入平法钢筋图的配筋信息。

③读取电气、水暖专业 dwg 格式平面图上的灯具布置信息并生成预埋件布置信息。

④YJK 深化图纸转为 dwg 格式文件。

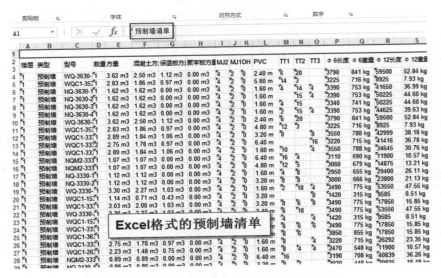

图 15 - 20

第 2 节　YJK-AMCS 在实际项目中的应用

一、工程概况

某装配式住宅项目，地上 18 层，地下 2 层，总高度 47m。8 度（0.2g）抗震设防，三类场地，地震分组第一组。该项目地上部分除楼梯间和顶层外都采用桁架钢筋混凝土叠合板布置，地上 5 层以上外墙采用预制外墙设计。采用预制楼梯、预制阳台和预制空调板。全楼预制率 30.1%。项目模型如图 15 - 21 所示。

图 15 - 21

二、应用内容

本工程装配式设计采用《装配式混凝土结构技术规程》（JGJ 1 - 2014）、《装配式混凝土结构连接节点构造》（G310 - 1 ~ 2）图集和北京《装配式剪力墙结构设计规程》（DB 11/1003 - 2013）作为设计依据。

1. 装配式剪力墙结构现浇墙段内力放大

依据《装配式混凝土结构技术规程》（JGJ 1 - 2014），软件进行内调整，如图 15 - 22 所示。

2. 墙体偏拉验算的要求

依据北京《装配式剪力墙结构设计规程》（DB 11/1003 - 2013）5.3.2 条（见图 15 - 23）软件设计结果中输入剪力墙偏拉验算结果，并同时给出大偏拉（DPL）、小偏拉（XPL）的标识，如图 15 - 24 所示。

图 15 – 22

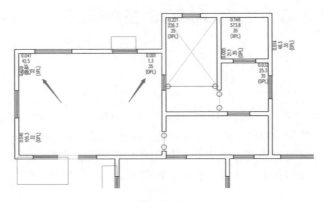

图 15 – 23

图 15 – 24

3. 预制构件接缝抗剪验算

依据北京《装配式剪力墙结构设计规程》（DB 11/1003 – 2013）5.5.2 条（见图 15 – 25），软件处理如图 15 – 26 所示。

5.5.2 预制墙板底部水平接缝的受剪承载力设计值应按下列公式进行计算：

$$V_{jd} = 0.6 \left(f_y A_s + f_v A_n \right) + 0.8N \qquad (5.5.2)$$

式中：V_{jd} —— 水平接缝处受剪承载力设计值；

f_y —— 钢筋抗拉强度设计值；

A_s —— 垂直于水平接缝的抗剪钢筋面积，预制墙板竖向钢筋仅采用型钢或钢板的连接时，A_s 取为 0；

N —— 与剪力设计值 V 相应的垂直于水平接缝的轴向力设计值，压力时取正，拉力时取负；当大于 $0.6 f_c b h_0$ 时，取为 $0.6 f_c b h_0$；

f_v —— 型钢或钢板连接件的钢材抗剪强度设计值；

A_n —— 型钢或钢板连接件的钢材抗剪净截面面积。

图 15 – 25

4. 预制构件施工阶段吊装验算

依据《装配式混凝土结构技术规程》（JGJ 1 – 2014），软件处理如图 15 – 27 所示。

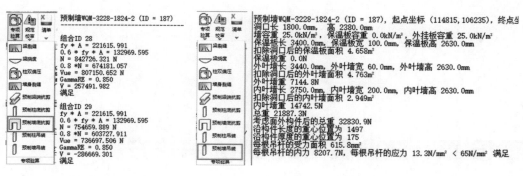

图 15 – 26　　　　　　　　　　　　　　　　图 15 – 27

5. 图纸深化

绘图标准以《装配式混凝土结构连接节点构造》（G310 – 1 ~ 2）图集为主，预制墙体加工详图如图 15 – 28 所示；标准层预制构件三维展示如图 15 – 29 所示，三维钢筋细部展示如图 15 – 30 所示。

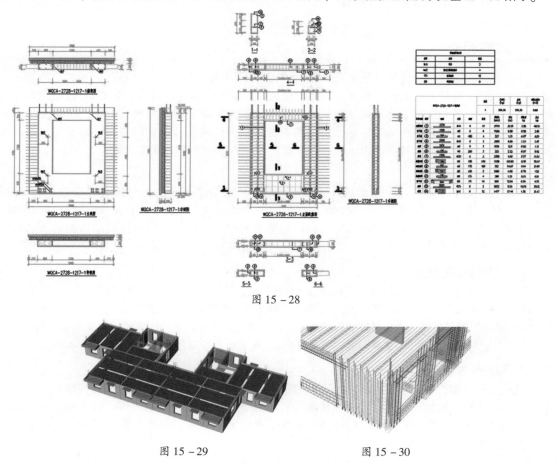

图 15 – 28

图 15 – 29　　　　　　　　　　　　　图 15 – 30

三、应用价值

设计单位利用 YJK-AMCS 可完成装配式建筑结构设计、深化设计。构件加工、安装企业利用 YJK-AMCS 可完成构件深化设计、企业构件库建立，实现施工过程模拟，同时实现与现有系统的集成。工程总包单位可利用 YJK-AMCS 制订装配式建筑设计、生产、施工一体化解决方案。土建类院校应用 YJK-AMCS 可实现基于 BIM 技术的装配式建筑设计、生产、施工全过程模拟教学。

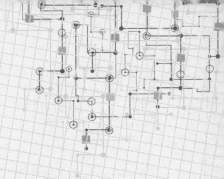

第 16 章 鸿业装配式 BIM 解决方案

第 1 节 鸿业解决方案

一、方案简介

鸿业装配式建筑设计软件是基于 BIM 理念，以 Revit 平台为载体的设计软件，通过从方案、全专业协同、预制构件拆分到预制构件深化设计及统计的全流程跟踪，实现了从 Revit 模型到预制件深化设计及统计的全流程设计。鸿业装配式建筑设计软件集成了国内装配式规范、图集及相关标准，能够快速实现预制构件拆分、编号、钢筋布置、预埋件布置、深化出图、材料表统计及项目预制率统计，可提供整套符合国内设计流程、提升设计质量和效率的解决方案。

1．智能构件拆分

装配式混凝土结构设计中预制构件的拆分是装配式设计的核心，是标准化、模数化的基础，关系到构件详图、工厂预制及项目预制率、装配率等关键问题。鸿业装配式建筑设计软件从图集、规范和装配式建筑实际出发，将拆分方案和拆分参数内置软件中，实现按照规则批量拆分和灵活手动拆分的完美结合。

2．参数化布置钢筋

装配式建筑结构中的钢筋排布、与现浇部分钢筋的搭接等问题，是制约装配式部件能否顺利施工的关键因素。装配式混凝土结构出图量大，PC 构件也需要逐根绘制钢筋。鸿业装配式建筑设计软件基于对国内装配式建筑发展研究，将布筋规则和参数化结合，充分考虑了规范、图集的相关要求和结构设计习惯，考虑了钢筋避让、钢筋样式等问题，实现一键输入配筋参数即可自动完成钢筋绘制的功能。

3．预埋件布置

鸿业装配式建筑设计软件具有内置参数化预埋件族和支持新建预埋件类型两种模式，既包括单个预制构件自身的吊装预埋件、洞口预埋件、电盒与线管等，又包括与墙、板关联的斜撑预埋件，实现了预埋件的高效率布置。针对竖向构件的灌浆套筒埋件，采用在钢筋参数设置时按规则自动生成，提高了设计效率。

4．自动出顶制件详图

装配式建筑设计需要出大量的预制构件详图，鸿业装配式建筑设计软件提供一键布图功能，可以自动布图并生成预制构件详图。图纸内容包括模板图、配筋图、剖面图、构件参数表、钢筋明细表及预埋件表等。同时，支持详图文件批量导出为 RVT、PDF 文件。

5．实时统计预制率

预制率是装配式项目的重要考察和认定指标。鸿业装配式建筑设计软件通过构件属性信息的埋入，自动统计预制混凝土和现浇混凝土用量。用户只需选择当地的执行标准和计算规则便可实时计算出当前项目的预制率，支持在设计过程的各阶段进行统计。

二、 技术特点

1. 整合 Revit 优点， 克服不足

基于装配式结构的特点，鸿业装配式建筑设计软件集合 Revit 的优点，在模型方面，通过数据库库将主模型和预制件模型关联，将预制件中大量的钢筋、预埋件体现于预制件单独模型中，而在整体的主模型中仅以数据信息存图。这样，既保证模型之间的联动，又满足装配式结构的设计和生产需要，更重要的是大幅度减轻模型体量。在钢筋绘制方面，鸿业装配式建筑设计软件通过界面参数不布置钢筋，程序自动生成构件钢筋，克服了 Revit 绘制钢筋难度大的问题。

2. 一键快速出图

当前，Revit 可实现模型出图，但是出图体量大且不支持批量打印，装配式建筑图纸量是现浇结构图纸量的 10 倍有余。针对装配式结构图纸问题，鸿业装配式建筑设计软件可实现一键布图、自动标注等功能，支持基于构件库的批量打印。

3. 钢筋加工图自动统计

针对 Revit 预制件钢筋成表困难，难以在表格中自动形成钢筋加工图，鸿业装配式建筑设计软件在一键布图的基础上，自动包含钢筋明细表和下料表，提供钢筋清单。

4. 一键统计预制率

针对各地的预制率统计标准不同，鸿业装配式建筑设计软件在精准区分构件类型的基础上，通过构件预设计或施工图设计，实现一键统计预制率的功能。

三、 数据交互

鸿业装配式建筑设计软件基于 Revit API 二次开发，支持 Revit 可识别的所有格式文本，可以对接 BIM Space 等建筑模型、YJK 等结构模型，但目前不能直接对接结构计算数据。

第 2 节　鸿业装配式建筑设计软件在实际项目中的应用

一、 项目概况

项目为某装配式住宅某一层，项目实现部分墙板、内墙及楼板的预制装配。本节以该项目预制板的深化设计来演示鸿业装配式建筑设计软件的应用。

二、 应用内容

1. 施工图设计阶段的 BIM 建模

1） 建筑专业构件按核心层中心创建墙体；门窗构件由族插入墙，软件自动生成洞口。
2） 结构专业异形边缘构件用矩形结构柱构件拼接创建，墙、梁以“边到边”进行创建。
3） 机电专业贴楼板底敷设管线或进行管线预埋。

2. PC 构件深化设计阶段的 BIM 建模

1）PC 构件 BIM 模型的拆分。

2）PC 构件模型与主模型的碰撞检查，包括结构专业 PC 楼板与现浇楼板、PC 梁与现浇梁、PC 柱与现浇柱、PC 墙板与现浇梁的碰撞检查；机电专业的管线、末端的高程检查，末端与 PC 墙板、预留孔洞的碰撞检查。

3）预埋件、非结构构件与混凝土构件的碰撞检查。

4）预埋件、非结构构件与钢筋的碰撞检查。

3. 软件操作

1）双击软件安装文件，按照系统默认的路径，将鸿业装配式建筑设计软件装入计算机，并确保之前已经预装 Revit 系列软件。目前鸿业装配式建筑设计软件 2018 版支持 Revit 2016 ~ Revit 2018 等版本。

2）双击"鸿业装配式建筑 2018"图标，在打开的启动界面中选择 Revit 版本，如图 16 – 1、图 16 – 2 所示。

图 16 – 1　　　　　　　　　　　图 16 – 2

3）启动 Revit 2016，菜单栏将会显示鸿业装配式建筑设计软件的菜单，如图 16 – 3 所示。

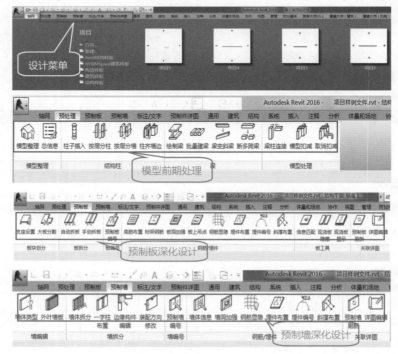

图 16 – 3

4) 打开 "装配式建筑样例文件"，如图 16 - 4 所示。

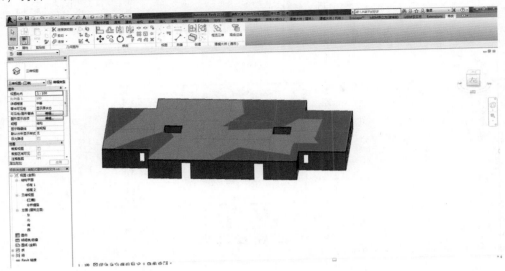

图 16 - 4

5) 选择 "标高 1"，单击 "预处理" 选项卡 "模型整理" 面板中的 "模型整理"。在弹出的 "模型整理" 对话框中，选择要整理的构件类型，单击 "确定" 完成，如图 16 - 5 和图 16 - 6 所示。预处理是对装配式建筑项目中的建筑、结构进行预处理，确保满足后续的装配式深化设计。

6) 单击 "预处理" 选项卡 "模型整理" 面板中的 "总信息"。在弹出的 "总信息" 对话框中，对 "预制板" 和 "预制墙" 进行总信息设置，单击 "确定" 完成，如图 16 - 7 所示。总信息设置是对装配式建筑项目中的预制板、预制墙的通用参数进行设置。

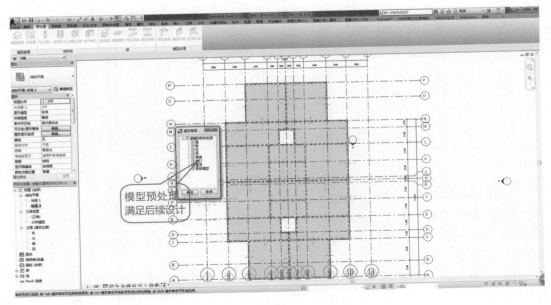

图 16 - 5

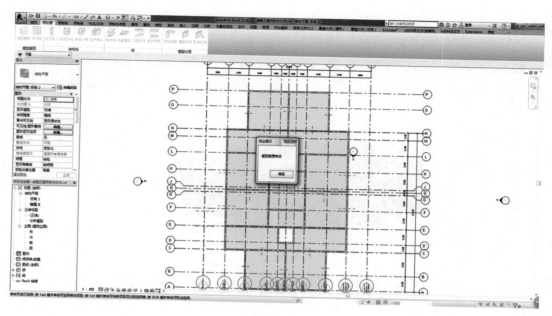

图 16 - 6

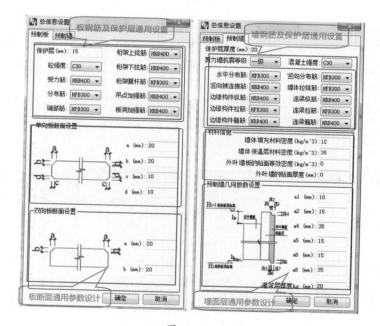

图 16 - 7

7）以梁墙为支座，拆分楼板。确认选择"标高2"楼层平面。单击"预制板"选项卡"板块划分"面板中的"支座设置"，软件自动以模型梁、墙为支座，对模型的整块楼板进行拆分。软件可以自动识别墙、梁并以不同颜色区分，实际项目中可以按照需要，通过单击对支座进行取消和添加操作，如图 16 - 8 所示。

8）按〈Esc〉键，退出"支座设置"命令。单击"板块划分"面板中的"大板分割"，弹出"大板分割"对话框（见图 16 - 9），选择"单选"或"框选"对叠合板进行分割，结果如图16 - 10所示。

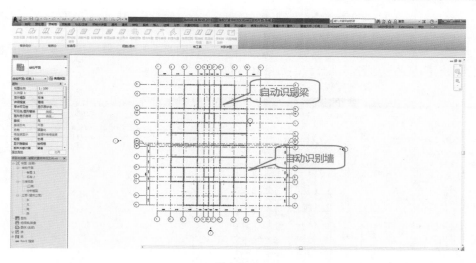

图 16 - 8

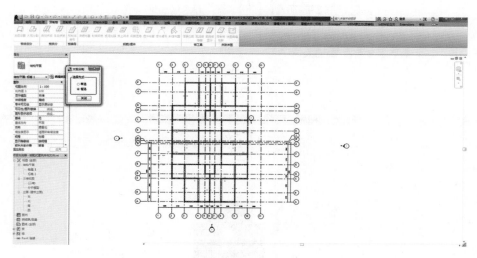

图 16 - 9

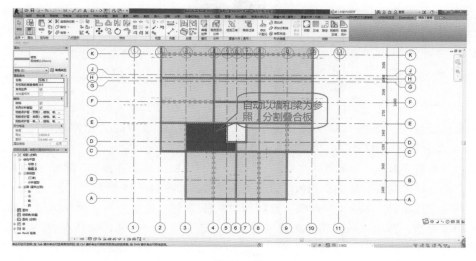

图 16 - 10

9) 单击"预制板"选项卡"板拆分"面板中的"自动拆分",设置相应的参数（见图 16 - 11），对大板分割后的板进行标准分割，如图 16 - 12 所示。

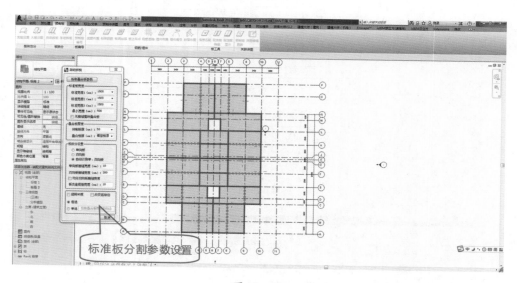

图 16 - 11

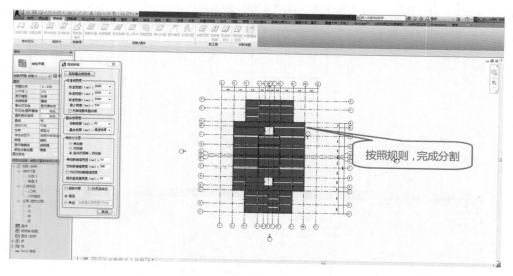

图 16 - 12

10) 预制板编号。单击"预制板"选项卡"板编号"面板中的"预制板编号"（见图 16 - 13），对项目预制板进行编号，如图 16 - 14 所示。

11) 底筋布置。单击"预制板""钢筋/埋件"面板中的"底筋布置"，弹出"预制板底筋"对话框，分别对"单向板"和"双向板"进行底筋配置，如图 16 - 15 所示。

12) 桁架钢筋布置。单击"预制板"选项卡"钢筋/埋件"面板中的"桁架钢筋"，选择完成底筋布置的叠合板，弹出"桁架钢筋布置"对话框，调整参数，完成桁架筋布置，如图 16 - 16 所示。

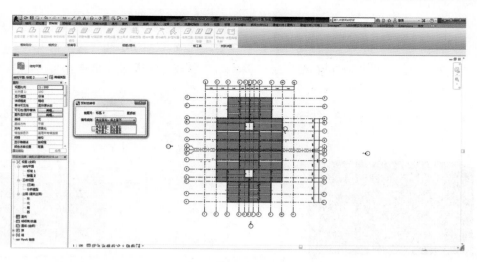

图 16 - 13

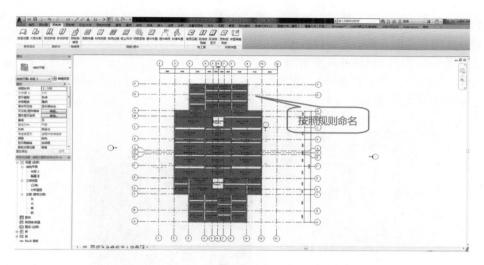

图 16 - 14

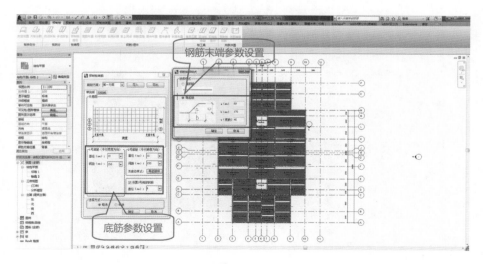

图 16 - 15

13）设置板上吊点。单击"预制板"选项卡"钢筋/埋件"面板中的"板上吊点"，选择完成桁架布置的叠合板，弹出"板上吊点"对话框，调整参数，完成板上吊点布置，如图 16 – 17 所示。

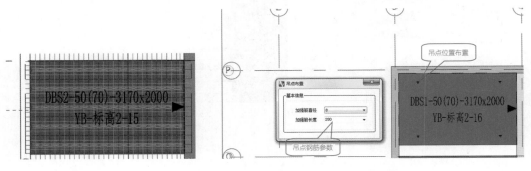

图 16 – 16   图 16 – 17

14）预埋件布置及编号。单击"预制板"选项卡"钢筋/埋件"面板中的"埋件布置"，选择完成桁架布置的叠合板，弹出"预埋件手动布置"对话框，软件提供临时支撑、吊装、圆管及电盒与线管预埋件。新建预埋件并调整参数，配合"布置"命令，完成板上预埋件的布置。单击"钢筋/埋件"面板中的"埋件编号"，修改埋件编号参数（见图16 – 18），框选布置的埋件，完成埋件编号，如图 16 – 19 所示。

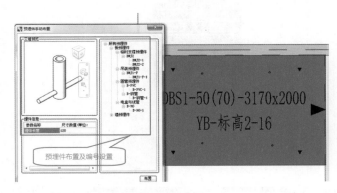

图 16 – 18

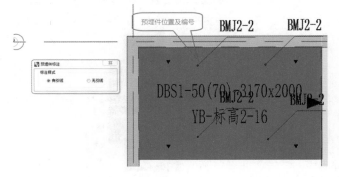

图 16 – 19

注意： 如果两块板的属性一致，可以利用"板工具"中的"信息匹配"命令，快速完成深化建模。

15) 碰撞检查。将模型文件导入至 Revit 支持的碰撞检查软件中，完成模型的碰撞检查并优化。

16) 预制板刷新。单击"预制板"选项卡"关联详图"面板中的"预制板刷新"，框选需要刷新的预制板，弹出"刷新详图信息"对话框，选择要刷新的预制板，软件自动将预制板信息写入到详图数据库。

17) 详图编辑并出图。单击"预制板"选项卡"关联详图"面板中的"详图编辑"，选择要编辑的叠合板，弹出"叠合板详图编辑"对话框，编辑详图并完成出图，如图 16 - 20 所示。

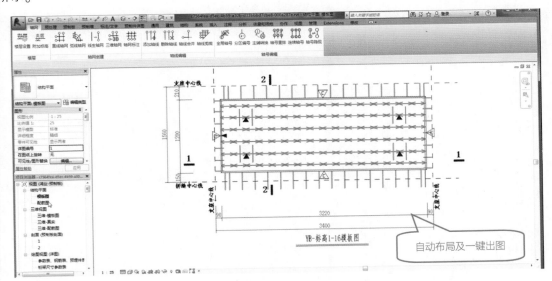

图 16 - 20

三、应用价值

1) 基于国内主流 BIM 设计软件开发，满足国内 BIM 从业者的使用习惯，内置装配式建筑深化设计流程，实现部品一键深化。

2) 实现了国内常规装配式建筑全专业的一体化 BIM 设计，包括建筑、结构、机电、精装修、PC 构件、钢筋等专业和方向。

3) 基于 Revit 平台实现了对装配式建筑建设全过程的 BIM 指导和服务，包括施工图、PC 构件拆分、现浇结构深化、施工模拟等。

4) 实现了对全专业构件模型的碰撞检查，尤其是对现浇和预制钢筋的碰撞检查。

5) 实现了自动预制构件详图出图及工程量表统计。

6) 实现了对装配式建筑全专业 BIM 模型的场景漫游和施工进度的动画模拟。